高等职业教育建设工程管理类专业系列教材

GAODENG ZHIYE JIAOYU JIANSHE GONGCHENG GUANLILEI ZHUANYE XILIE JIAOCAI

# 钢筋工程量计算

GANGJIN GONGCHENGLIANG JISUAN

主　编 / 李雪梅

副主编 / 李和珊　潘桂生　王珍珠

主　审 / 胡兴福　刘鉴秾

U0190628

重庆大学出版社

## 内容简介

本书共 7 章,主要内容包括钢筋工程量计算概述、基础钢筋工程量计算、柱钢筋工程量计算、梁钢筋工程量计算、剪力墙钢筋工程量计算、板钢筋工程量计算、现浇混凝土板式楼梯钢筋工程量计算、综合案例、实训任务。

本书可作为高等职业院校建设工程管理类专业、建筑工程技术专业钢筋工程量计算课程的教材,也可作为专升本考试用书以及有关工程技术人员的参考用书。

**图书在版编目(CIP)数据**

钢筋工程量计算 / 李雪梅主编. -- 重庆:重庆大学出版社,2020.9(2021.8 重印)

高等职业教育建设工程管理类专业系列教材

ISBN 978-7-5689-2441-2

Ⅰ.①钢… Ⅱ.①李… Ⅲ.①配筋工程—工程造价—高等职业教育—教材 Ⅳ.①TU723.32

中国版本图书馆 CIP 数据核字(2020)第 172992 号

高等职业教育建设工程管理类专业系列教材

### 钢筋工程量计算

主 编 李雪梅

副主编 李和珊 潘桂生 王珍珠

主 审 胡兴福 刘鉴秾

策划编辑 林青山 刘颖果

责任编辑:刘颖果　　版式设计:林青山

责任校对:谢 芳　　责任印制:赵 晟

\*

重庆大学出版社出版发行

出版人:饶帮华

社址:重庆市沙坪坝区大学城西路 21 号

邮编:401331

电话:(023)88617190　88617185(中小学)

传真:(023)88617186　88617166

网址:http://www.cqup.com.cn

邮箱:fxk@cqup.com.cn(营销中心)

全国新华书店经销

重庆华林天美印务有限公司印刷

\*

开本:787mm×1092mm　1/16　印张:14.5　字数:451千　插页:8 开 14 页

2020 年 9 月第 1 版　　2021 年 8 月第 2 次印刷

ISBN 978-7-5689-2441-2　定价:45.00 元

# 前　言

本书应用 OBE 教育理念，并贯穿工程教育认证标准于始终，依据钢筋是工程造价和成本控制的核心指标，基于构建钢筋工程量计算、报价、成本控制的核心能力，剖解工程造价与工程管理大类、土木大类等专业钢筋工程计量与计价职业能力与认证标准，结合在工程造价专业多年的教学、实践经验，从分部分项工程入手，按照识图、构造、计算规则、案例的顺序循序渐进地讲述钢筋工程量计算。编写中由浅及深，注重内容的系统性和相互关联性，摒弃烦琐的公式演绎，重点关注基本原理，体现识图、构造措施和计算规则。本书对钢筋工程量计算课程教学中面临的课程内容多、学习难度大、课时少、实训无依据的问题给予了整体解决方案。

本书具有以下特点：

（1）本书应用 OBE 教育理念，教材开发体现"做中学""做中教"的教学方式，突出应用性和实用性。

（2）以能力为本位，重视动手能力的培养，突出高等职业教育特色，强化案例实训操作，突出学生实际工作能力的培养，学之能做，做之能优，优之能展。

（3）依据职业能力编撰内容，结合 16G101 系列图集，先介绍实现任务的相关知识，然后介绍实现任务的整个过程，力求符合学生认知规律，采用图文并茂的方法，尽可能用图片、表格的形式展现知识点，提高可读性。

（4）强化专业技能的训练，附录部分给出具体施工图纸案例，学生在校期间就可塑造耐心钻研、精益求精的学习、工作品质，最终达到能较为熟练地进行钢筋工程量计算的目的，并能够完成工程量清单编制及钢筋放样等相关工作。

本书由四川建筑职业技术学院李雪梅任主编，四川建筑职业技术学院李和珊、潘桂生和王珍珠任副主编，由四川建筑职业技术学院胡兴福教授、刘鉴秋副教授主审。

因编者经验和水平有限，书中难免有不少缺点或错误，敬请读者批评指正，以便及时修正。作者联系邮箱：641873823@ qq. com。

编　者

2020 年 6 月

# 目　录

# 第1章
# 钢筋工程量计算概述

**关键知识点:**
- 钢筋工程量计算依据。
- 钢筋的种类,包括热轧钢筋、冷加工钢筋和预应力钢筋等。
- 钢筋连接的基本知识,包括钢筋焊接、机械连接和钢筋绑扎。
- 钢筋工程量计算的基础知识,包括钢筋单位理论质量、钢筋弯钩、混凝土保护层、钢筋锚固以及钢筋搭接等的基本规定和计算。
- 钢筋工程量项目的划分。

## 1.1 钢筋工程量计算依据

钢筋工程量计算依据包括结构施工图、计价规范以及与结构施工图相关的各种标准图集等。

(1)结构施工图

一个具体的建筑工程其钢筋工程量必须依据该工程结构施工图,并结合该结构施工图涉及的标准图集计算。因此,结构施工图是钢筋工程量计算的重要依据。

(2)《房屋建筑与装饰工程工程量计算规范》(GB 50854—2013)

钢筋工程量必须根据《房屋建筑与装饰工程工程量计算规范》(GB 50854—2013)中的工程量计算规则进行计算。

(3)混凝土结构施工图平面整体表示方法制图规则和构造详图,具体内容如下:

①《混凝土结构施工图平面整体表示方法制图规则和构造详图(现浇混凝土框架、剪力墙、梁、板)》(16G101—1);

②《混凝土结构施工图平面整体表示方法制图规则和构造详图(现浇混凝土板式楼梯)》(16G101—2);

③《混凝土结构施工图平面整体表示方法制图规则和构造详图(独立基础、条形基础、筏形基础、桩基础)》(16G101—3)。

(4)相关构件的其他标准图集

其他标准图集包括国家标准图集及地方标准图集两大类。

国家标准图集如由住房和城乡建设部批准发布的《建筑物抗震构造详图(多层和高层钢筋混凝土房屋)》(20G329—1),又如《钢筋混凝土吊车梁(A4、A5级)》(15G323—2)。地方标准图集如西南地区建筑标准设计图集《多层砖房抗震构造图集》(西南03G601),又如四川省工程建设标准设计图集《砌体填充墙构造 DBJT20-59》(川14G174),各地区均有该地区执行的标准图集。

## 1.2 钢筋的种类

建筑工程中钢筋混凝土结构使用的钢筋分为热轧钢筋、冷加工钢筋、预应力钢筋三类,如图1.1所示。

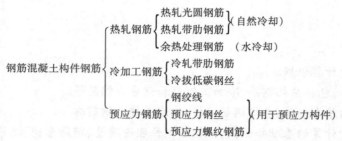

图1.1 钢筋混凝土构件的钢筋种类

### 1.2.1 热轧钢筋

**1)热轧光圆钢筋**

热轧光圆钢筋的表面形状为光圆形。强度等级代号为HPB300,公称直径为8~20 mm,屈服点强度为300 MPa,H、P、B分别为热轧(Hot rolled)、光圆(Plain)、钢筋(Bars)三个词的英文首位字母。

**2)热轧带肋钢筋**

热轧带肋钢筋的表面形状为月牙形,俗称螺纹钢筋,如图1.2所示。强度等级代号为HRB400,HRB500,屈服点强度分别为400 MPa、500 MPa,公称直径为6~50 mm。H、R、B分别为热轧(Hot rolled)、带肋(Ribbed)、钢筋(Bars)三个词的英文首位字母。

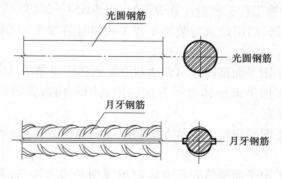

图1.2 热轧钢筋

**3)余热处理钢筋**

余热处理钢筋是热轧带肋钢筋经热轧后立即穿水,进行表面控制冷却,然后利用芯部余热自身完成回火处理所得到的成品钢筋。

余热处理钢筋的表面形状为月牙形。强度等级代号为RRB400,公称直径为8~40 mm,屈服点强度为 400 MPa。R、R、B 分别为热轧(Remained)、带肋(Ribbed)、钢筋(Bars)三个词的英文首位字母。

热轧钢筋的力学性能见表 1.1,余热处理钢筋的力学性能见表 1.2。

表 1.1　热轧钢筋力学性能

| 表面形状 | 牌　号 | 公称直径 $d$/mm | 下屈服强度/MPa | 抗拉强度/MPa | 断后伸长率/% | 冷　弯 | | 符　号 |
|---|---|---|---|---|---|---|---|---|
| | | | 不小于 | | | 弯曲角度 | 弯心直径 $D$ | |
| 光圆 | HPB300 | 6~14 | 300 | 420 | 25 | 180° | $d$ | Φ |
| 月牙(带肋) | HRB400 HRB400F | 6~25 28~40 >40~50 | 400 | 540 | 16 | 180° | $4d$ $5d$ $6d$ | Φ ΦF |
| | HRB500 HRBF500 | 6~25 28~40 >40~50 | 500 | 630 | 15 | 180° | $6d$ $7d$ $8d$ | Φ ΦF |

注:$d$——钢筋公称直径;$D$——钢筋弯曲弯心圆直径。

表 1.2　余热处理钢筋力学性能

| 表面形状 | 牌　号 | 公称直径 $d$/mm | 下屈服强度/MPa | 抗拉强度/MPa | 断后伸长率/% | 冷　弯 | | 符　号 |
|---|---|---|---|---|---|---|---|---|
| | | | 不小于 | | | 弯曲角度 | 弯心直径 $D$ | |
| 月牙(带肋) | RRB400 | 8~25 28~40 | 400 | 540 | 14 | 180° | $4d$ $5d$ | ΦR |

注:$d$——钢筋公称直径;$D$——钢筋弯曲弯心圆直径。

## 1.2.2　冷加工钢筋

### 1)冷轧带肋钢筋

冷轧带肋钢筋是热轧圆盘条经冷轧后,在其表面带有沿长度方向均匀分布的有横肋的钢筋,如图 1.3 所示。冷轧带肋钢筋的力学性能见表 1.3。

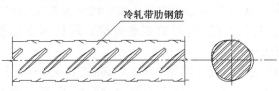

图 1.3　冷轧带肋钢筋

表1.3 冷轧带肋钢筋力学性能

| 分　类 | 牌　号 | 规定塑性延伸强度<br>/MPa<br>不小于 | 抗拉强度/MPa<br>不小于 | 弯曲试验180° | 反复弯曲<br>次数 |
|---|---|---|---|---|---|
| 普通钢筋<br>混凝土用 | CRB550 | 500 | 550 | $D = 3d$ | — |
| | CRB600H | 540 | 600 | $D = 3d$ | — |
| | CRB680H | 600 | 680 | $D = 3d$ | 4 |
| 预应力<br>混凝土用 | CRB650 | 585 | 650 | — | 3 |
| | CRB800 | 720 | 800 | — | 3 |
| | CRB800H | 720 | 800 | — | 4 |

注:$d$——钢筋公称直径;$D$——钢筋弯曲弯心圆直径。

### 2)冷拔低碳钢丝

冷拔低碳钢丝是由低碳钢热轧圆盘条或热轧光圆钢筋经一次或多次冷拔制成的光圆钢丝,如图1.4所示。冷拔低碳钢丝宜作为构造钢筋使用,作为结构构件中纵向受力钢筋使用时应采用钢丝焊接网。冷拔低碳钢丝不得作预应力钢筋使用。作为箍筋使用时,冷拔低碳钢丝的直径不宜小于5 mm,间距不应大于200 mm,构造应符合国家现行相关标准的有关规定。采用冷拔低碳钢丝的混凝土构件,混凝土强度等级不应低于C20。预应力混凝土桩、钢筋混凝土排水管、环形混凝土电杆中的混凝土强度等级尚应符合有关标准的规定。混凝土强度和弹性模量应按现行国家标准《混凝土结构设计规范》(GB 50010—2010,2015年版)的有关规定取值。

图1.4 冷拔低碳钢丝示意图

混凝土构件中冷拔低碳钢丝构造钢筋的混凝土保护层厚度(指钢丝外边缘至混凝土表面的距离)不应小于15 mm。作为砌体结构中夹心墙叶墙间的拉结钢筋或拉结网片使用时,冷拔低碳钢丝应进行防腐处理,其直径、间距的要求应符合现行国家标准《砌体结构设计规范》(GB 50003—2011)的有关规定。

CDW550级冷拔低碳钢丝的直径可为3 mm、4 mm、5 mm、6 mm、7 mm和8 mm。直径小于5 mm的钢丝焊接网不应作为混凝土结构中的受力钢筋使用;除钢筋混凝土排水管、环形混凝土电杆外,不应使用直径3 mm的冷拔低碳钢丝;除大直径的预应力混凝土桩外,不宜使用直径8 mm的冷拔低碳钢丝。钢丝焊接网和焊接骨架中冷拔低碳钢丝抗拉强度设计值$f_y$应按表1.4的规定采用。

表 1.4　钢丝焊接网和焊接骨架中冷拔低碳钢丝的抗拉强度设计值

| 牌　号 | 符号 | $f_y/(\text{N} \cdot \text{mm}^{-2})$ |
|---|---|---|
| CDW550 | $\phi^b$ | 320 |

### 1.2.3　钢绞线及预应力钢丝

#### 1）钢绞线

钢绞线是由多根冷拉钢丝在绞线机上成螺旋形绞合,并经过消除应力回火处理而成。钢绞线的整根破断力大,柔性好,施工方便。预应力钢绞线有 1×2 钢绞线、1×3 钢绞线、1×7 钢绞线等,如图 1.5 所示。

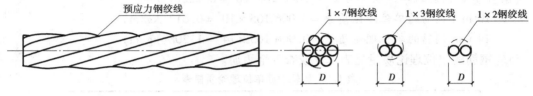

图 1.5　预应力钢绞线

符号:$\phi^s$。

如:1×3 $\phi^s$4 表示由 4 mm 粗的钢丝 3 根绞合而成的钢绞线。查五金手册,每米的单位质量为 0.296 kg/m。

又如:1×7 $\phi^s$9.5 表示由 7 根钢丝绞合而成的钢绞线,其钢绞线直径为 9.5 mm。查五金手册,每米的单位质量为 0.430 kg/m。

#### 2）预应力钢丝

预应力钢丝是用优质高碳素钢盘条经过索氏体化处理、酸洗、镀铜或磷化后冷拔而成的钢丝的总称。

（1）冷拉钢丝

冷拉钢丝是盘条通过拔丝等减径工艺经冷加工而形成的产品,以盘卷供货的钢丝。冷拉钢丝仅用于压力管道。

（2）消除应力钢丝（普通松弛钢丝）

消除应力钢丝（普通松弛钢丝）是钢丝通过矫直工序后在适当的温度下进行短时热处理得到的。

（3）消除应力钢丝（低松弛钢丝）

消除应力钢丝（低松弛钢丝）是钢丝在塑性变形下（轴应变）进行短时热处理得到的。

（4）刻痕钢丝

刻痕钢丝是用冷轧或冷拔方法使钢丝表面沿着长度方向上具有规则间隔的压痕的钢丝。钢丝表面的压痕可增加混凝土的握裹力,这种钢丝主要用于先张法预应力混凝土构件。

（5）螺旋肋钢丝

螺旋肋钢丝是通过专用拔丝模冷拔使钢丝表面沿长度方向上具有连续、规则的螺旋肋的钢丝。钢丝表面的螺旋肋可增加混凝土的握裹力,这种钢丝主要用于先张法预应力混凝土构件。

## 1.3 钢筋工程量计算基础知识

### 1.3.1 热轧钢筋的单位理论质量

钢筋单位理论质量是指钢筋每米长度的质量,单位是 kg/m。钢筋密度按 7 850 kg/m³ 计算。

钢筋单位理论质量 $= 0.006\ 165\ d^2$,$d$ 为钢筋直径,单位为 mm。

钢筋质量 = 钢筋图示尺寸 × 钢筋单位理论质量

【例】计算 6 mm、10 mm、14 mm 钢筋的单位理论质量。

【解】6 mm 钢筋的单位理论质量 $= 0.006\ 165 \times 6^2 = 0.222$(kg/m)

　　　10 mm 钢筋的单位理论质量 $= 0.006\ 165 \times 10^2 = 0.617$(kg/m)

　　　14 mm 钢筋的单位理论质量 $= 0.006\ 165 \times 14^2 = 1.208$(kg/m)

热轧钢筋的单位理论质量见表 1.5 或查五金手册。

表 1.5　热轧钢筋单位理论质量表

| 公称直径 /mm | 内径 /mm | 纵横肋高 $h$、$h_1$/mm | 公称横截面积 /mm² | 单位理论质量 /(kg·m⁻¹) |
|---|---|---|---|---|
| 6 | 5.8 | 0.6 | 28.27 | 0.222 |
| (6.5) | | | 33.18 | 0.260 |
| 8 | 7.7 | 0.8 | 50.27 | 0.395 |
| 10 | 9.6 | 1.0 | 78.54 | 0.617 |
| 12 | 11.5 | 1.2 | 113.10 | 0.888 |
| 14 | 13.4 | 1.4 | 153.94 | 1.208 |
| 16 | 15.4 | 1.5 | 201.06 | 1.578 |
| 18 | 17.3 | 1.6 | 254.47 | 1.998 |
| 20 | 19.3 | 1.7 | 314.16 | 2.466 |
| 22 | 21.3 | 1.9 | 380.13 | 2.984 |
| 25 | 24.2 | 2.1 | 490.87 | 3.853 |
| 28 | 27.2 | 2.2 | 615.75 | 4.834 |
| 32 | 31.0 | 2.4 | 804.25 | 6.313 |
| 36 | 35.0 | 2.6 | 1 017.88 | 7.990 |
| 40 | 38.7 | 2.9 | 1 256.64 | 9.865 |
| 50 | 48.5 | 3.2 | 1 963.50 | 15.413 |

## 1.3.2　钢筋弯钩

钢筋弯钩按弯起角度分有180°、135°和90°三种。

（1）180°弯钩

当钢筋混凝土构件钢筋设置180°弯钩时，平直长度为3d，弯心圆直径为2.5d，则其弯钩长度为6.25d，如图1.6（a）所示。

$$弯钩长度 = 3.5d \times \pi \times 180/360 - 2.25d + 3d = 3.25d + 3d = 6.25d$$

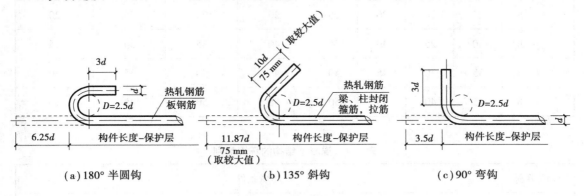

（a）180°半圆钩　　　　（b）135°斜钩　　　　（c）90°弯钩

**图1.6　钢筋弯钩示意图**

（2）135°弯钩

现浇钢筋混凝土梁、柱、剪力墙的箍筋和拉筋，其端部应设135°弯钩，平直长度为$\max(10d,75)$，弯心圆直径为2.5d，则其弯钩为11.87d，如图1.7（b）所示。

$$弯钩长度 = 3.5d \times \pi \times 135/360 - 2.25d + 10d = 1.87d + 10d = 11.87d$$

（3）90°弯钩

如图1.7（c）所示，90°弯钩长度为：

$$弯钩长度 = 3.5d \times \pi \times 90/360 - 2.25d + 3d = 0.5d + 3d = 3.5d$$

## 1.3.3　混凝土保护层

混凝土保护层是指最外层钢筋外边缘至混凝土表面的距离，如图1.7所示。

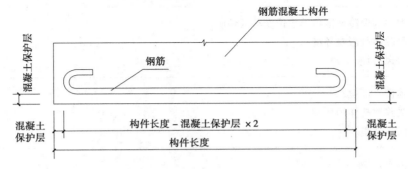

**图1.7　混凝土保护层示意图**

混凝土保护层厚度的规定见表1.6。混凝土结构环境类别见表1.7。

表 1.6　混凝土保护层最小厚度

| 环境类别 | | 板、墙 | | 梁、柱 | | 基础梁（顶面和侧面） | | 独立基础、条形基础、筏形基础（顶面和侧面） | |
|---|---|---|---|---|---|---|---|---|---|
| | | ≤C25 | ≥C30 | ≤C25 | ≥C30 | ≤C25 | ≥C30 | ≤C25 | ≥C30 |
| 一 | | 20 | 15 | 25 | 20 | 25 | 20 | — | — |
| 二 | a | 25 | 20 | 30 | 25 | 30 | 25 | 25 | 20 |
| | b | 30 | 25 | 40 | 35 | 40 | 35 | 30 | 25 |
| 三 | a | 35 | 30 | 45 | 40 | 45 | 40 | 35 | 30 |
| | b | 45 | 40 | 55 | 50 | 55 | 50 | 45 | 40 |

表 1.7　混凝土结构的环境类别

| 环境类别 | | 环境条件 |
|---|---|---|
| 一 | | 室内干燥环境；<br>无侵蚀性静水浸没环境 |
| 二 | a | 室内潮湿环境；<br>非严寒和非寒冷地区的露天环境；<br>非严寒和非寒冷地区与无侵蚀性的水或土壤直接接触的环境；<br>严寒和寒冷地区的冰冻线以下与无侵蚀性的水或土壤直接接触的环境 |
| | b | 干湿交替环境；<br>水位频繁变动环境；<br>严寒和寒冷地区的露天环境；<br>严寒和寒冷地区冰冻线以上与无侵蚀性的水或土壤直接接触的环境 |
| 三 | a | 严寒和寒冷地区冬季水位变动区环境；<br>受除冰盐影响环境；<br>海风环境 |
| | b | 盐渍土环境；<br>受除冰盐作用环境；<br>海岸环境 |
| 四 | | 海水环境 |
| 五 | | 受人为或自然的侵蚀性物质影响的环境 |

## 1.3.4　钢筋的锚固长度

钢筋的锚固长度见表 1.8 至表 1.11。

表 1.8　受拉钢筋基本锚固长度 $l_{ab}$

| 钢筋种类 | 符号 | 公称直径 $d/mm$ | 混凝土强度等级 | | | | | | | | |
|---|---|---|---|---|---|---|---|---|---|---|---|
| | | | C20 | C25 | C30 | C35 | C40 | C45 | C50 | C55 | ≥C60 |
| HPB300 | φ | 6～14 | 39$d$ | 34$d$ | 30$d$ | 28$d$ | 25$d$ | 24$d$ | 23$d$ | 22$d$ | 21$d$ |
| HRB400<br>HRBF400<br>RRB400 | ⊕<br>⊕F<br>⊕R | 6～50 | — | 40$d$ | 35$d$ | 32$d$ | 29$d$ | 28$d$ | 27$d$ | 26$d$ | 25$d$ |
| HRB500<br>HRBF500 | ⊛<br>⊛F | 6～50 | — | 48$d$ | 43$d$ | 39$d$ | 36$d$ | 34$d$ | 32$d$ | 31$d$ | 30$d$ |

表 1.9　抗震设计时受拉钢筋基本锚固长度 $l_{abE}$

| 钢筋种类 | | 混凝土强度等级 | | | | | | | | |
|---|---|---|---|---|---|---|---|---|---|---|
| | | C20 | C25 | C30 | C35 | C40 | C45 | C50 | C55 | ≥C60 |
| HPB300 | 一、二级 | 45$d$ | 39$d$ | 35$d$ | 32$d$ | 29$d$ | 28$d$ | 26$d$ | 25$d$ | 24$d$ |
| | 三级 | 41$d$ | 36$d$ | 32$d$ | 29$d$ | 26$d$ | 25$d$ | 24$d$ | 23$d$ | 22$d$ |
| HRB400<br>HRBF400 | 一、二级 | — | 46$d$ | 40$d$ | 37$d$ | 33$d$ | 32$d$ | 31$d$ | 30$d$ | 29$d$ |
| | 三级 | — | 42$d$ | 37$d$ | 34$d$ | 30$d$ | 29$d$ | 28$d$ | 27$d$ | 26$d$ |
| HRB500<br>HRBF500 | 一、二级 | — | 55$d$ | 49$d$ | 45$d$ | 41$d$ | 39$d$ | 37$d$ | 36$d$ | 35$d$ |
| | 三级 | — | 50$d$ | 45$d$ | 41$d$ | 38$d$ | 36$d$ | 34$d$ | 33$d$ | 32$d$ |

注：①四级抗震时，$l_{abE} = l_{ab}$。
　　②当锚固钢筋的保护层厚度不大于 5$d$ 时，锚固钢筋长度范围内应设置横向构造钢筋，其直径不应小于 $d/4$（$d$ 为锚固钢筋的最大直径）；对梁、柱等构件间距不应大于 5$d$，对板、墙等构件间距不应大于 10$d$，且均不应大于 100 mm（$d$ 为锚固钢筋的最小直径）。

## 1.3.5　纵向受拉钢筋绑扎搭接长度

纵向受拉钢筋的接头方式主要是焊接和机械连接。当纵向受拉钢筋采用绑扎搭接的接头方式时，其绑扎搭接长度见表 1.12、表 1.13。若施工图纸中有绑扎搭接长度的规定时，应按施工图纸中的规定计算。

表1.10　受拉钢筋锚固长度 $l_a$

| 钢筋种类 | C20 | C25 | | C30 | | C35 | | C40 | | C45 | | C50 | | C55 | | ≥C60 | |
|---|---|---|---|---|---|---|---|---|---|---|---|---|---|---|---|---|---|
| | d≤25 | d≤25 | d>25 | d≤25 | d>25 | d≤25 | d>25 | d≤25 | d>25 | d≤25 | d>25 | d≤25 | d>25 | d≤25 | d>25 | d≤25 | d>25 |
| HPB300 | 39d | 34d | — | 30d | — | 28d | — | 25d | — | 24d | — | 23d | — | 22d | — | 21d | — |
| HRB400、HRBF400、RRB400 | — | 40d | 44d | 35d | 39d | 32d | 35d | 29d | 32d | 28d | 31d | 27d | 30d | 26d | 29d | 25d | 28d |
| HRB500、HRBF500 | — | 48d | 53d | 43d | 47d | 39d | 43d | 36d | 40d | 34d | 37d | 32d | 35d | 31d | 34d | 30d | 33d |

表1.11　受拉钢筋抗震锚固长度 $l_{aE}$

| 钢筋种类及抗震等级 | | C20 | C25 | | C30 | | C35 | | C40 | | C45 | | C50 | | C55 | | ≥C60 | |
|---|---|---|---|---|---|---|---|---|---|---|---|---|---|---|---|---|---|---|
| | | d≤25 | d≤25 | d>25 | d≤25 | d>25 | d≤25 | d>25 | d≤25 | d>25 | d≤25 | d>25 | d≤25 | d>25 | d≤25 | d>25 | d≤25 | d>25 |
| HPB300 | 一、二级 | 45d | 39d | — | 35d | — | 32d | — | 29d | — | 28d | — | 26d | — | 25d | — | 24d | — |
| | 三级 | 41d | 36d | — | 32d | — | 29d | — | 26d | — | 25d | — | 24d | — | 23d | — | 22d | — |
| HRB400 HRBF400 | 一、二级 | — | 46d | 51d | 40d | 45d | 37d | 40d | 33d | 37d | 32d | 36d | 31d | 35d | 30d | 33d | 29d | 32d |
| | 三级 | — | 42d | 46d | 37d | 41d | 34d | 37d | 30d | 34d | 29d | 33d | 28d | 32d | 27d | 30d | 26d | 29d |
| HRB500 HRBF500 | 一、二级 | — | 55d | 61d | 49d | 54d | 45d | 49d | 41d | 46d | 39d | 43d | 37d | 40d | 36d | 39d | 35d | 38d |
| | 三级 | — | 50d | 56d | 45d | 49d | 41d | 45d | 38d | 42d | 36d | 39d | 34d | 37d | 33d | 36d | 32d | 35d |

注：①当为环氧树脂涂层带肋钢筋时，表中数据尚应乘以1.25。

②当纵向受拉钢筋在施工过程中易受扰动时，表中数据尚应乘以1.1。

③当锚固长度范围内纵向受力钢筋周边保护层厚度为3d、5d(d为锚固钢筋的直径)时，表中数据可分别乘以0.8、0.7；中间时按内插值。

④当纵向受拉普通钢筋锚固长度修正系数(注①～注③)多于一项时，可按连乘计算。

⑤受拉钢筋的锚固长度 $l_a$、$l_{aE}$ 计算值不应小于200 mm。

⑥四级抗震时，$l_{aE}=l_a$。

⑦当锚固钢筋的保护层厚度不大于5d时，锚固长度范围内应设置横向构造钢筋，其直径不应小于d/4(d为锚固钢筋的最大直径)；对梁、柱等构件间距不应大于5d，对板、墙等构件间距不应大于10d，且均不应大于100 mm(d为锚固钢筋的最小直径)。

表 1.12　纵向受拉钢筋搭接长度 $l_l$

| 钢筋种类及同一区段内搭接钢筋面积百分率 | | 混凝土强度等级 | | | | | | | | | | | | | | | | |
|---|---|---|---|---|---|---|---|---|---|---|---|---|---|---|---|---|---|---|
| | | C20 | C25 | | C30 | | C35 | | C40 | | C45 | | C50 | | C55 | | ≥C60 | |
| | | $d \leq 25$ | $d \leq 25$ | $d > 25$ | $d \leq 25$ | $d > 25$ | $d \leq 25$ | $d > 25$ | $d \leq 25$ | $d > 25$ | $d \leq 25$ | $d > 25$ | $d \leq 25$ | $d > 25$ | $d \leq 25$ | $d > 25$ | $d \leq 25$ | $d > 25$ |
| HPB300 | ≤25% | 47d | 41d | — | 36d | — | 34d | — | 30d | — | 29d | — | 28d | — | 26d | — | 25d | — |
| | 50% | 55d | 48d | — | 42d | — | 39d | — | 35d | — | 34d | — | 32d | — | 31d | — | 29d | — |
| | 100% | 62d | 54d | — | 48d | — | 45d | — | 40d | — | 38d | — | 37d | — | 35d | — | 34d | — |
| HRB400 HRBF400 RRB400 | ≤25% | — | 48d | 53d | 42d | 47d | 38d | 42d | 35d | 38d | 34d | 37d | 32d | 36d | 31d | 35d | 30d | 34d |
| | 50% | — | 56d | 62d | 49d | 55d | 45d | 49d | 41d | 45d | 39d | 43d | 38d | 42d | 36d | 41d | 35d | 39d |
| | 100% | — | 64d | 70d | 56d | 62d | 51d | 56d | 46d | 51d | 45d | 50d | 43d | 48d | 42d | 46d | 40d | 45d |
| HRB500 HRBF500 | ≤25% | — | 58d | 64d | 52d | 56d | 47d | 52d | 43d | 48d | 41d | 44d | 38d | 42d | 37d | 41d | 36d | 40d |
| | 50% | — | 67d | 74d | 60d | 66d | 55d | 60d | 50d | 56d | 48d | 52d | 45d | 49d | 43d | 48d | 42d | 46d |
| | 100% | — | 77d | 85d | 69d | 75d | 62d | 69d | 58d | 64d | 54d | 59d | 51d | 56d | 50d | 54d | 48d | 53d |

注：①表中数值为纵向受拉钢筋绑扎搭接接头的搭接长度。

②两根不同直径钢筋搭接时，表中 d 取较细钢筋直径。

③当为环氧树脂涂层带肋钢筋时，表中数据尚应乘以 1.25。

④当纵向受拉钢筋在施工过程中易受扰动时，表中数据尚应乘以 1.1。

⑤当搭接长度范围内纵向受力钢筋周边保护层厚度为 3d、5d(d 为搭接钢筋的直径)时，表中数据可分别乘以 0.8、0.7；中间时按内插值。

⑥当上述修正系数(注③～注⑤)多于一项时，可按连乘计算。

⑦任何情况下，搭接长度不应小于 300 mm。

表 1.13　纵向受拉钢筋抗震搭接长度 $l_{lE}$

| 钢筋种类及同一区段内搭接钢筋面积百分率 | | C20 | C25 | | C30 | | C35 | | C40 | | C45 | | C50 | | C55 | | ≥C60 | |
|---|---|---|---|---|---|---|---|---|---|---|---|---|---|---|---|---|---|---|
| | | $d≤25$ | $d≤25$ | $d>25$ | $d≤25$ | $d>25$ | $d≤25$ | $d>25$ | $d≤25$ | $d>25$ | $d≤25$ | $d>25$ | $d≤25$ | $d>25$ | $d≤25$ | $d>25$ | $d≤25$ | $d>25$ |
| 一、二级抗震等级 | HPB300 ≤25% | 54d | 47d | — | 42d | — | 38d | — | 35d | — | 34d | — | 31d | — | 30d | — | 29d | — |
| | HPB300 50% | 63d | 55d | — | 49d | — | 45d | — | 41d | — | 39d | — | 36d | — | 35d | — | 34d | — |
| | HRB400 HRBF400 ≤25% | — | 55d | 61d | 48d | 54d | 44d | 48d | 40d | 44d | 38d | 43d | 37d | 42d | 36d | 40d | 35d | 38d |
| | HRB400 HRBF400 50% | — | 64d | 71d | 56d | 63d | 52d | 56d | 46d | 52d | 45d | 50d | 43d | 49d | 42d | 46d | 41d | 45d |
| | HRB500 HRBF500 ≤25% | — | 66d | 73d | 59d | 65d | 54d | 59d | 49d | 55d | 47d | 52d | 44d | 48d | 43d | 47d | 42d | 46d |
| | HRB500 HRBF500 50% | — | 77d | 85d | 69d | 76d | 63d | 69d | 57d | 64d | 55d | 60d | 52d | 56d | 50d | 55d | 49d | 53d |
| 三级抗震等级 | HPB300 ≤25% | 49d | 43d | — | 38d | — | 35d | — | 31d | — | 30d | — | 29d | — | 28d | — | 26d | — |
| | HPB300 50% | 57d | 50d | — | 45d | — | 41d | — | 36d | — | 35d | — | 34d | — | 32d | — | 31d | — |
| | HRB400 HRBF400 ≤25% | — | 50d | 55d | 44d | 49d | 41d | 44d | 36d | 41d | 35d | 40d | 34d | 38d | 32d | 36d | 31d | 35d |
| | HRB400 HRBF400 50% | — | 59d | 64d | 52d | 57d | 48d | 52d | 42d | 48d | 41d | 46d | 39d | 45d | 38d | 42d | 36d | 41d |
| | HRB500 HRBF500 ≤25% | — | 60d | 67d | 54d | 59d | 49d | 54d | 46d | 50d | 43d | 47d | 41d | 44d | 40d | 43d | 38d | 42d |
| | HRB500 HRBF500 50% | — | 70d | 78d | 63d | 69d | 57d | 63d | 53d | 59d | 50d | 55d | 48d | 52d | 46d | 50d | 45d | 49d |

混凝土强度等级

注:①表中数值为纵向受拉钢筋绑扎搭接接头的搭接长度。
②两根不同直径钢筋搭接时,表中 d 取较细钢筋直径。
③当为环氧树脂涂层带肋钢筋时,表中数据尚应乘以 1.25。
④当纵向受拉钢筋在施工过程中易受扰动时,表中数据尚应乘以 1.1。
⑤当搭接长度范围内纵向受力钢筋周边保护层厚度为 3d、5d(d 为搭接钢筋的直径时,表中数值尚可分别乘以 0.8、0.7;中间时按内插值。
⑥当上述修正系数(注③~注⑤)多于一项时,可按连乘计算。
⑦任何情况下,搭接长度不应小于 300 mm。
⑧四级抗震等级时,$l_{lE}=l_l$,详见 16G101—1 图集第 60 页。

### 1.3.6　钢筋连接

为了便于钢筋的运输、保管及施工操作,钢筋是按一定长度(定尺长度)生产出厂的,如 6 m、8 m、12 m 等,因此在实际施工时必须进行连接。钢筋的连接包括焊接、机械连接和绑扎搭接等。

## 1.4　钢筋工程项目划分

根据《房屋建筑与装饰工程工程量计算规范》(GB 50854—2013)中所列的项目,将钢筋工程项目划分为现浇构件钢筋、预制构件钢筋、钢筋网片、钢筋笼、先张法预应力钢筋、后张法预应力钢筋、预应力钢丝、预应力钢绞线、支撑钢筋(马凳筋)、声测管。

习　题

1.计算钢筋应该准备哪些资料?

2.钢筋的种类有哪些?

3.HPB300 级和 HRB400 级钢筋的符号是什么?

4.钢筋的理论质量怎么计算?

5.钢筋的连接方式有哪些?

6.怎么划分钢筋工程项目?

# 第2章
# 基础钢筋工程量计算

**关键知识点:**

- 独立基础的代号、平面尺寸、竖向尺寸及标高的注写。
- 独立基础底板配筋、上部配筋的注写,独立基础配筋相关规定。
- 独立基础钢筋工程量计算的基本方法。
- 条形基础及基础梁的代号、平面尺寸、竖向尺寸及标高的注写。
- 条形基础底板配筋、上部配筋的注写,条形基础配筋相关规定。
- 条形基础钢筋工程量计算的基本方法。
- 筏板基础底筋、面筋及马凳筋的计算方法。

## 2.1 独立基础

### 2.1.1 独立基础平法施工图识图

**1)独立基础平法施工图的表示方法**

①独立基础平法施工图有平面注写与截面注写两种表达方式,设计者可根据具体工程情况选择一种,或两种方式相结合进行独立基础的施工图设计。

②当绘制独立基础平面布置图时,应将独立基础平面与基础所支承的柱一起绘制。当设置基础联系梁时,可根据图面的疏密情况,将基础联系梁与基础平面布置图一起绘制,或将基础联系梁布置图单独绘制。

③在独立基础平面布置图上应标注基础定位尺寸;当独立基础的柱中心线或杯口中心线与建筑轴线不重合时,应标注其定位尺寸。编号相同且定位尺寸相同的基础,可仅选择一个进行标注。

**2)独立基础编号**

独立基础的编号规定见表2.1。

当独立基础截面形状为坡形时,其坡面应采用能保证混凝土浇筑、振捣密实的较缓坡度;当采用较陡坡度时,应要求施工采用在基础顶部坡面加模板等措施,以确保独立基础的坡面浇筑成型、振捣密实。

表 2.1　独立基础编号

| 类　型 | 基础底板截面形状 | 代　号 | 序　号 |
|---|---|---|---|
| 普通独立基础 | 阶形 | DJ$_J$ | ×× |
| | 坡形 | DJ$_P$ | ×× |
| 杯口独立基础 | 阶形 | BJ$_J$ | ×× |
| | 坡形 | BJ$_P$ | ×× |

**3)独立基础的平面注写方式**

独立基础的平面注写方式分为集中标注和原位标注两部分内容。

(1)集中标注

普通独立基础和杯口独立基础的集中标注,系在基础平面图上集中引注基础编号、截面竖向尺寸、配筋三项必注内容,以及基础底面标高(与基础底面基准标高不同时)和必要的文字注解两项选注内容。素混凝土普通独立基础的集中标注,除无基础配筋内容外,其他均与钢筋混凝土普通独立基础相同。

(2)原位标注

①普通独立基础。原位标注 $x$、$y$,$x_c$、$y_c$(或圆柱直径 $d_c$),$x_i$、$y_i$($i=1,2,3,\cdots$)。其中,$x$、$y$ 为普通独立基础两向边长,$x_c$、$y_c$ 为柱截面尺寸,$x_i$、$y_i$ 为阶宽或坡形平面尺寸(当设置短柱时,尚应标注短柱的截面尺寸)。

对称阶形截面普通独立基础的原位标注如图 2.1 所示,非对称阶形截面普通独立基础的原位标注如图 2.2 所示。

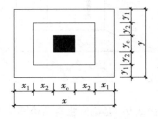

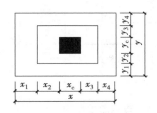

图 2.1　对称阶形截面　　　　　图 2.2　非对称阶形截面

设置短柱独立基础的原位标注如图 2.3 所示,对称坡形截面普通独立基础的原位标注如图 2.4 所示,非对称坡形截面普通独立基础的原位标注如图 2.5 所示。

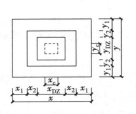

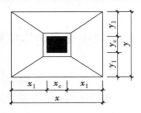

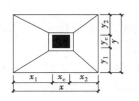

图 2.3　设置短柱坡形截面　　　图 2.4　对称坡形截面　　　图 2.5　非对称坡形截面

②杯口独立基础。原位标注 $x$、$y$、$x_u$、$y_u$、$t_i$、$x_i$、$y_i$ ( $i=1,2,3,\cdots$ )。其中，$x$、$y$ 为杯口独立基础两向边长，$x_u$、$y_u$ 为杯口上口尺寸，$t_i$ 为杯壁上口厚度，下口厚度为 $t_i+25$，$x_i$、$y_i$ 为阶宽或坡形截面尺寸。

杯口上口尺寸 $x_u$、$y_u$，按柱截面边长两侧双向各加 75 mm；杯口下口尺寸按标准构造详图（为插入杯口的相应柱截面边长尺寸，每边各加 50 mm），设计不注。

阶形截面杯口独立基础的原位标注如图 2.6 和图 2.7 所示，高杯口独立基础原位标注与杯口独立基础完全相同。

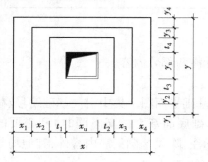

图 2.6　每边等阶截面

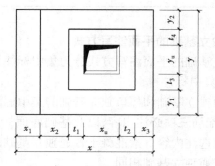

图 2.7　基础底板一边比其他三边多一阶截面

坡形截面杯口独立基础的原位标注如图 2.8 和图 2.9 所示，高杯口独立基础的原位标注与杯口独立基础完全相同。

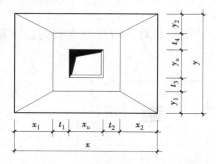

图 2.8　每边放坡截面

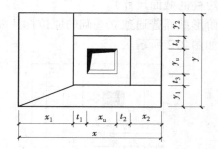

图 2.9　基础底板有两边不放坡截面

普通独立基础采用平面注写方式的集中标注和原位标注综合设计表达示意，如图 2.10 所示。

带短柱独立基础采用平面注写方式的集中标注和原位标注综合设计表达示意，如图 2.11 所示。

杯口独立基础采用平面注写方式的集中标注和原位标注综合设计表达示意，如图 2.12 所示。

③多柱独立基础。独立基础通常为单柱独立基础，也可为多柱独立基础（双柱或四柱等）。多柱独立基础的编号、几何尺寸和配筋的标注方法与单柱独立基础相同。

当为双柱独立基础且柱距较小时，通常仅配置基础底部钢筋；当柱距较大时，除基础底部配筋外，尚需在两柱间配置基础顶部钢筋或设置基础梁；当为四柱独立基础时，通常可设置两道平行的基础梁，需要时可在两道基础梁之间配置基础顶部钢筋。

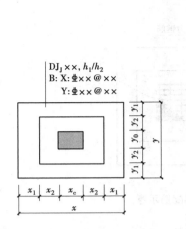

**图 2.10　普通独立基础平面注写方式设计表达示意**

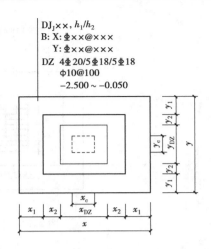

**图 2.11　独立基础带短柱配筋示例**

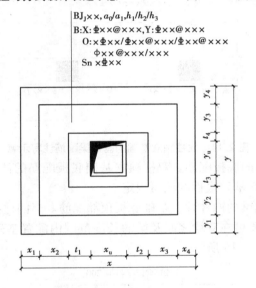

**图 2.12　杯口独立基础平面注写方式设计表达示意**

多柱独立基础顶部配筋和基础梁的注写方法规定如下：

a. 注写双柱独立基础底板顶部配筋。双柱独立基础的顶部配筋，通常对称分布在双柱中心线两侧。以大写字母"T"打头，注写为：双柱间纵向受力钢筋/分布钢筋。当纵向受力钢筋在基础底板顶面非满布时，应注明其总根数，如图 2.13 所示。

b. 注写双柱独立基础的基础梁配筋。当双柱独立基础为基础底板与基础梁相结合时，注写基础梁的编号、几何尺寸和配筋。如 JL××(1)表示该基础梁为 1 跨，两端无外伸；JL××(1A)表示该基础梁为 1 跨，一端有外伸；JL××(1B)表示该基础梁为 1 跨，两端均有外伸。

通常情况下，双柱独立基础宜采用端部有外伸的基础梁，基础底板则采用受力明确、构造简单的单向受力配筋与分布筋。基础梁宽度宜比柱截面宽出不小于 100 mm（每边不小于 50 mm）。

基础梁的注写规定与条形基础的基础梁注写规定相同，如图 2.14 所示。

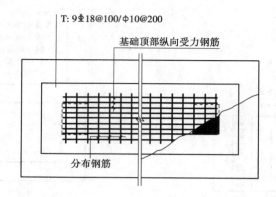

**图 2.13　双柱独立基础顶部配筋示意**

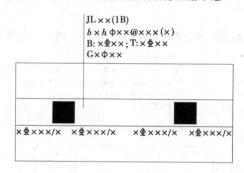

**图 2.14　双柱独立基础的基础梁配筋注写示意**

　　c.注写双柱独立基础的底板配筋。双柱独立基础底板配筋的注写,可以按条形基础底板的注写规定,也可以按独立基础底板的注写规定。

　　d.注写配置两道基础梁的四柱独立基础底板顶部配筋。当四柱独立基础已设置两道平行的基础梁时,根据内力需要可在双梁之间及梁的长度范围内配置基础顶部钢筋,注写为:梁间受力钢筋/分布钢筋,如图2.15 所示。

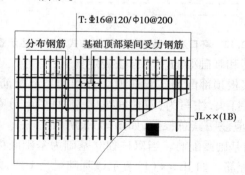

**图 2.15　四柱独立基础底板顶部基础梁间配筋注写示意**

　　平行设置两道基础梁的四柱独立基础底板配筋,也可按双梁条形基础底板配筋的注写规定。

　　采用平面注写方式表达的独立基础设计施工图示意如图 2.16 所示。

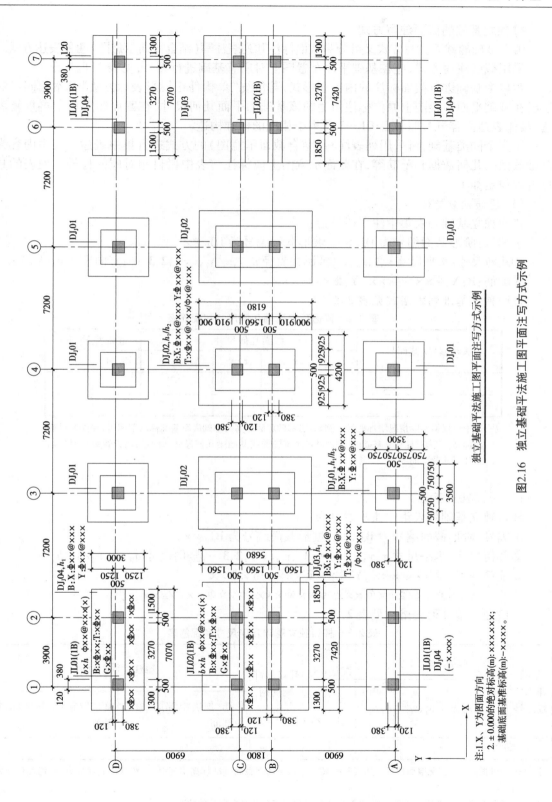

图2.16 独立基础平法施工图平面注写方式示例

#### 4）独立基础的截面注写方式

独立基础的截面注写方式又可分为截面标注和列表注写（结合截面示意图）两种表达方式。

采用截面注写方式，应在基础平面布置图上对所有基础进行编号，见表2.1。

对单个基础进行截面标注的内容和形式，与传统"单构件正投影表示方法"基本相同。对于已在基础平面布置图上原位标注清楚的该基础的平面几何尺寸，在截面图上可不再重复表达，具体表达内容可参照16G101—3图集中相应的标准构造。

对多个同类基础，可采用列表注写（结合截面示意图）的方式进行集中表达。表中内容为基础截面的几何数据和配筋等，在截面示意图上应标注与表中栏目相对应的代号。列表的具体内容规定如下：

（1）普通独立基础

普通独立基础列表集中注写栏目为：

①编号：阶形截面编号为 $DJ_J \times \times$ ，坡形截面编号为 $DJ_P \times \times$ 。

②几何尺寸：水平尺寸 $x$ 、 $y$ , $x_c$ 、 $y_c$ （或圆柱直径 $d_c$ ）， $x_i$ 、 $y_i$ , $i = 1, 2, 3, \cdots$ ；竖向尺寸 $h_1 / h_2 / \cdots$ 。

③配筋：$B : X : \Phi \times \times @ \times \times \times$ , $Y : \Phi \times \times @ \times \times \times$ 。

普通独立基础列表格式见表2.2。

表2.2 普通独立基础几何尺寸和配筋表

| 基础编号/截面号 | 截面几何尺寸 | | | | 底部配筋（B） | |
|---|---|---|---|---|---|---|
| | $x$ 、 $y$ | $x_c$ 、 $y_c$ | $x_i$ 、 $y_i$ | $h_1 / h_2 / \cdots$ | X 向 | Y 向 |
| | | | | | | |
| | | | | | | |

注：表中可根据实际情况增加栏目。例如：当基础底面标高与基础底面基准标高不同时，加注基础底面标高；当为双柱独立基础时，加注基础顶部配筋或基础梁几何尺寸和配筋；当设置短柱时增加短柱尺寸及配筋等。

（2）杯口独立基础

杯口独立基础列表集中注写栏目为：

①编号：阶形截面编号为 $BJ_J \times \times$ ，坡形截面编号为 $BJ_P \times \times$ 。

②几何尺寸：水平尺寸 $x$ 、 $y$ , $x_u$ 、 $y_u$ , $t_i$ , $x_i$ 、 $y_i$ , $i = 1, 2, 3 \cdots$ ；竖向尺寸 $a_0$ 、 $a_1$ , $h_1 / h_2 / h_3 \cdots$ 。

③配筋：$B : X : \Phi \times \times @ \times \times \times$ , $Y : \Phi \times \times @ \times \times \times$ , $Sn \times \Phi \times \times$

　　　　$O : \times \Phi \times \times / \Phi \times \times @ \times \times \times / \Phi \times \times @ \times \times \times$ , $\phi \times \times @ \times \times \times / \times \times \times$ 。

杯口独立基础列表格式见表2.3。

表2.3 杯口独立基础几何尺寸和配筋表

| 基础编号/截面号 | 截面几何尺寸 | | | | 底部配筋（B） | | 杯口顶部钢筋网（Sn） | 短柱配筋（O） | |
|---|---|---|---|---|---|---|---|---|---|
| | $x$ 、 $y$ | $x_c$ 、 $y_c$ | $x_i$ 、 $y_i$ | $a_0$ 、 $a_1$ , $h_1 / h_2 / h_3 \cdots$ | X 向 | Y 向 | | 角筋/长边中部筋/短边中部筋 | 杯口壁箍筋/其他部位箍筋 |
| | | | | | | | | | |

注：①表中可根据实际情况增加栏目。如当基础底面标高与基础底面基准标高不同时，加注基础底面标高，或增加说明栏目等。

②短柱配筋适用于高杯口独立基础，并适用于杯口独立基础杯壁有配筋的情况。

## 2.1.2 独立基础钢筋分布

独立基础钢筋分布如图2.17所示。

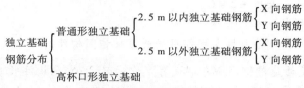

**图2.17 独立基础钢筋分布**

## 2.1.3 2.5 m以内普通独立基础钢筋构造与计算

2.5 m以内普通独立基础底板配筋构造如图2.18所示。

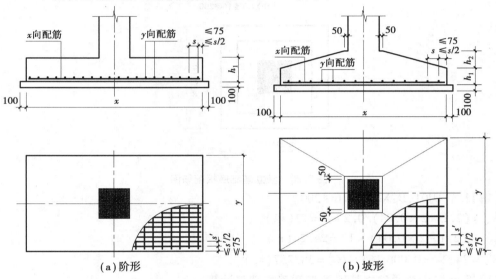

（a）阶形　　　　　　　　（b）坡形

**图2.18 2.5 m以内普通独立基础底板配筋构造**

**1）2.5 m以内普通独立基础X向钢筋构造与计算**

2.5 m以内普通独立基础X向钢筋构造,如图2.19所示。

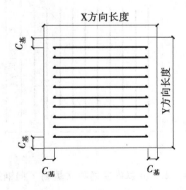

注：$C_基$为基础保护层厚度,下同。

**图2.19 2.5 m以内普通独立基础X向钢筋构造**

根据 2.5 m 以内普通独立基础 X 向钢筋构造,推导公式如下:

X 向钢筋根数 =(Y 向构件长度 $-2 \times C_基$)/X 向钢筋间距 +1

单根长度 = X 向构件长度 $-2 \times C_基$

X 向钢筋长度 = 根数 × 单根长度

X 向钢筋质量 = X 向钢筋长度 × 钢筋每米质量 × 相同构件数

【注意】Y 向构件长度为基础钢筋所在层投影 Y 向的尺寸;X 向构件长度为基础钢筋所在层投影 X 向的尺寸,下同。

【例 2.1】请计算图 2.20 所示 DJ01 的 X 向钢筋工程量,基础保护层厚度为 40 mm。

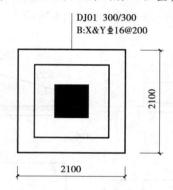

DJ01 300/300
B:X&Y $\Phi$16@200

2100

2100

图 2.20 独立基础底板配筋图

【解】1 个 DJ01,B:X&Y $\Phi$16@200。

$N_X \doteq (2.1 - 2 \times 0.04)/0.2 + 1 = 12(根)$

$L_X = (2.1 - 2 \times 0.04) \times 12 = 24.24(m)$

$W_X = 24.24 \times 0.006\ 165 \times 16^2 = 38.257(kg)$

**2)2.5 m 以内普通独立基础 Y 向钢筋构造与计算**

2.5 m 以内普通独立基础 Y 向钢筋构造如图 2.21 所示。

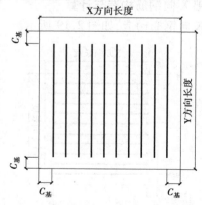

X方向长度

$C_基$

Y方向长度

$C_基$

$C_基$

$C_基$

图 2.21 2.5 m 以内普通独立基础 Y 向钢筋构造

根据 2.5 m 以内普通独立基础 Y 向钢筋构造,推导公式如下:

Y 向钢筋根数 =(X 向构件长度 $-2 \times C_基$)/Y 向钢筋间距 +1

单根长度 = Y 向构件长度 $-2 \times C_基$

Y 向钢筋长度 = 根数 × 单根长度

Y 向钢筋质量 = Y 向钢筋长度 × 钢筋每米质量 × 相同构件数

【例2.2】请计算图2.20所示 DJ01 的 Y 向钢筋工程量,基础保护层厚度为40 mm。

【解】1 个 DJ01,B:X&Y:$\Phi$16@200。

$N_Y = (2.1 - 2 \times 0.04)/0.2 + 1 = 12($根$)$

$L_Y = 12 \times (2.1 - 2 \times 0.04) = 24.24($m$)$

$W_Y = 24.24 \times 0.006\ 165 \times 16^2 = 38.257($kg$)$

## 2.1.4　2.5 m 以外普通独立基础钢筋构造与计算

2.5 m 以外普通独立基础钢筋构造如图2.22所示。

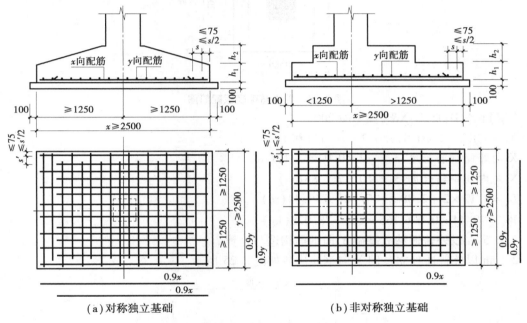

（a）对称独立基础　　　　　　　（b）非对称独立基础

**图 2.22　独立基础底板配筋长度减短 10% 构造**

### 1)2.5 m 以外普通独立基础 X 向钢筋构造与计算

2.5 m 以外普通独立基础 X 向钢筋构造如图2.23所示。

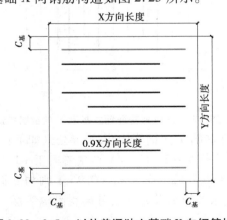

**图 2.23　2.5 m 以外普通独立基础 X 向钢筋构造**

根据2.5 m以外普通独立基础X向钢筋构造,推导公式如下:

X向钢筋根数 =(Y向构件长度 $-2\times C_{\text{基}}$)/X向钢筋间距 $+1$

X向钢筋长度 =(X向构件长度 $-2\times C_{\text{基}}$)$\times2 +0.9\times$X向构件长度 $\times$(根数 $-2$)

X向钢筋质量 = X向钢筋长度 $\times$ 钢筋每米质量 $\times$ 相同构件数

**【例2.3】**请计算图2.24所示DJ02的X向钢筋工程量,基础保护层厚度为40 mm。

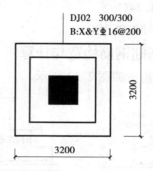

DJ02 300/300
B:X&Y:±16@200

3200

3200

**图2.24 独立基础底板配筋图**

**【解】**1个DJ02,B:X&Y:±16@200。

$N_{\text{X}} =(3.2 -2\times0.04)/0.2 +1 =17($根$)$

X向外侧钢筋长度:$3.2 -2\times0.04 =3.12($m$)$

X向内侧钢筋长度:$3.2\times0.9 =2.88($m$)$

$L_{\text{X}} =3.12\times2 +2.88\times(17 -2) =49.44($m$)$

$W_{\text{X}} =49.44\times0.006\ 165\times16^2 =78.028($kg$)$

**2)2.5 m以外普通独立基础Y向钢筋构造与计算**

2.5 m以外普通独立基础Y向钢筋构造如图2.25所示。

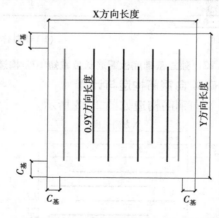

X方向长度

$C_{\text{基}}$

0.9Y方向长度

Y方向长度

$C_{\text{基}}$

$C_{\text{基}}$

$C_{\text{基}}$

**图2.25 2.5 m以外普通独立基础Y向钢筋构造**

根据2.5 m以外普通独立基础Y向钢筋构造,推导公式如下:

Y向钢筋根数 =(X向构件长度 $-2\times C_{\text{基}}$)/Y向钢筋间距 $+1$

Y向钢筋长度 =(Y向构件长度 $-2\times C_{\text{基}}$)$\times2 +0.9\times$Y向构件长度 $\times$(根数 $-2$)

Y向钢筋质量 = Y向钢筋长度 $\times$ 钢筋每米质量 $\times$ 相同构件数

【例 2.4】请计算图 2.24 所示 DJ02 的 Y 向钢筋工程量,基础保护层厚度为 40 mm。

【解】1 个 DJ02,B:X&Y:$\Phi$16@200。

$N_Y = (3.2 - 2 \times 0.04)/0.2 + 1 = 17(根)$

Y 向外侧钢筋长度:$3.2 - 2 \times 0.04 = 3.12(m)$

Y 向内侧钢筋长度:$3.2 \times 0.9 = 2.88(m)$

$L_Y = 3.12 \times 2 + 2.88 \times (17 - 2) = 49.44(m)$

$W_Y = 49.44 \times 0.006\ 165 \times 16^2 = 78.028(kg)$

## 2.1.5　圆形独立基础

### 1)圆形独立基础的构造

圆形独立基础的构造如图 2.26 所示。

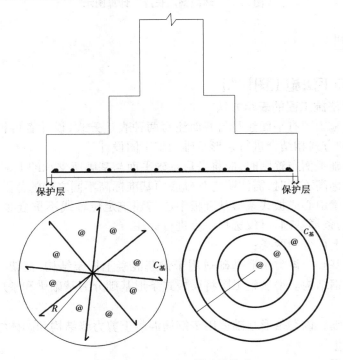

**图 2.26　圆形独立基础的构造**

### 2)径向钢筋计算

径向钢筋根数 $= 2\pi(R - C_基)/$间距

径向钢筋长度 $= (R - C_基) \times$ 根数

径向钢筋质量 = 径向钢筋长度 $\times 0.006\ 165 d^2 \times$ 相同构件数

### 3)环向钢筋计算

环向钢筋根数 $= (R - C_基)/$间距

环向钢筋长度 $1 =$ 第一圈长度 + 第二圈长度 $+ \cdots +$ 最后一圈长度

$\qquad = (2\pi@ + 2 \times 6.25d) + (2\pi \times 2@ + 2 \times 6.25d) + \cdots +$

$\qquad\quad [2\pi(R - C_基) + 2 \times 6.25d]$

环向钢筋长度 $2 = [2\pi(R - C_基)/2 + 2 \times 6.25d] \times$ 根数

环向钢筋长度 2 计算图示如图 2.27 所示。

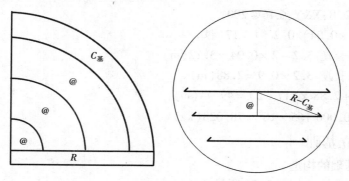

图 2.27　环向钢筋长度 2 计算图示

## 2.2　条形基础

### 2.2.1　条形基础平法施工图识图

#### 1)条形基础平法施工图的表示方法

条形基础平法施工图有平面注写与截面注写两种表达方式,设计者可根据具体工程情况选择一种,或将两种方式相结合进行条形基础的施工图设计。

当绘制条形基础平面布置图时,应将条形基础平面与基础所支承的上部结构的柱、墙一起绘制。当基础底面标高不同时,需注明与基础底面基准标高不同之处的范围和标高。

当梁板式基础梁中心或板式条形基础板中心与建筑定位轴线不重合时,应标注其定位尺寸;对于编号相同的条形基础,可仅选择一个进行标注。

条形基础整体上可分为两类:

①梁板式条形基础。该类条形基础适用于钢筋混凝土框架结构、框架-剪力墙结构、部分框支剪力墙结构和钢结构。平法施工图将梁板式条形基础分为基础梁和条形基础底板分别进行表达。

②板式条形基础。该类条形基础适用于钢筋混凝土剪力墙结构和砌体结构。平法施工图仅表达条形基础底板。

#### 2)条形基础编号

条形基础编号分为基础梁和条形基础底板编号,应按表 2.4 的规定编号。

表 2.4　条形基础梁及底板编号

| 类　型 | | 代　号 | 序　号 | 跨数及有无外伸 |
|---|---|---|---|---|
| 基础梁 | | JL | ×× | (××)端部无外伸 |
| 条形基础底板 | 坡　形 | TJB$_P$ | ×× | (××A)一端有外伸 |
| | 阶　形 | TJB$_J$ | ×× | (××B)两端有外伸 |

注:条形基础通常采用坡形截面和阶梯形截面。

#### 3)基础梁的平面注写方式

基础梁 JL 的平面注写方式分集中标注和原位标注两部分内容,当集中标注的某项数值不适用于基础梁的某部位时,则将该项数值采用原位标注,施工时,原位标注优先。

(1)集中标注

基础梁的集中标注内容为:基础梁编号、截面尺寸、配筋三项必注内容,以及基础梁底面标高(与基础底面基准标高不同时)和必要的文字注解两项选注内容。具体规定如下:

①注写基础梁编号(必注内容),见表2.4。

②注写基础梁截面尺寸(必注内容)。注写 $b \times h$,表示梁截面宽度与高度。当为竖向加腋梁时,用 $b \times h Y c_1 \times c_2$ 表示,其中 $c_1$ 为腋长,$c_2$ 为腋高。

③注写基础梁配筋(必注内容)。

A. 注写基础梁箍筋:

a. 当具体设计仅采用一种箍筋间距时,注写钢筋级别、直径、间距与肢数(箍筋肢数写在括号内,下同)。

b. 当具体设计采用两种箍筋时,用"/"分隔不同箍筋,按照从基础梁两端向跨中的顺序注写。先注写第 1 段箍筋(在前面加注箍筋道数),在斜线后再注写第 2 段箍筋(不再加注箍筋道数)。

B. 注写基础梁底部、顶部及侧面纵向钢筋:

a. 以 B 打头,注写梁底部贯通纵筋(不应少于梁底部受力钢筋总截面面积的 1/3)。当跨中所注根数少于箍筋肢数时,需要在跨中增设梁底部架立筋以固定箍筋,采用"+"将贯通纵筋与架立筋相连,架立筋注写在加号后面的括号内。

b. 以 T 打头,注写梁顶部贯通纵筋。注写时用分号";"将底部与顶部贯通纵筋分隔开,如有个别跨与其不同者按基础梁 JL 原位注写的规定处理。

c. 当梁底部或顶部贯通纵筋多于一排时,用"/"将各排纵筋自上而下分开。

d. 以大写字母 G 打头注写梁两侧面对称设置的纵向构造钢筋的总配筋值(当梁腹板高度 $h_w$ 不小于 450 mm 时,根据需要配置)。

当需要配置抗扭纵向钢筋时,梁两个侧面设置的抗扭纵向钢筋以 N 打头。

【注】①当为梁侧面构造钢筋时,其搭接与锚固长度可取为 $15d$。

②当为梁侧面受扭纵向钢筋时,其锚固长度为 $l_a$,搭接长度为 $l_l$;其锚固方式同基础梁上部纵筋。

④注写基础梁底面标高(选注内容)。当条形基础的底面标高与基础底面基准标高不同时,将条形基础底面标高注写在"( )"内。

⑤必要的文字注解(选注内容)。当基础梁的设计有特殊要求时,宜增加必要的文字注解。

(2)原位标注

基础梁 JL 的原位标注规定如下:

①基础梁支座的底部纵筋,系指包含贯通纵筋与非贯通纵筋在内的所有纵筋。

a. 当底部纵筋多于一排时,用"/"将各排纵筋自上而下分开。

b. 当同排纵筋有两种直径时,用"+"将两种直径的纵筋相连。

c. 当梁支座两边的底部纵筋配置不同时,需在支座两边分别标注;当梁支座两边的底部纵筋相同时,可仅在支座的一边标注。

d. 当梁支座底部全部纵筋与集中注写过的底部贯通纵筋相同时,可不再重复做原位标注。

e. 竖向加腋梁加腋部位钢筋,需在设置加腋的支座处以 Y 打头注写在括号内。

②原位注写基础梁的附加箍筋或(反扣)吊筋。当两向基础梁十字交叉,但交叉位置无柱时,应根据需要设置附加箍筋或(反扣)吊筋。

③原位注写基础梁外伸部位的变截面高度尺寸。当基础梁外伸部位采用变截面高度时,在该部位原位注写 $b \times h_1/h_2$,$h_1$ 为根部截面高度,$h_2$ 为尽端截面高度。

④原位注写修正内容。当在基础梁上集中标注的某项内容(如截面尺寸、箍筋、底部与顶部贯通纵筋或架立筋、梁侧面纵向构造钢筋、梁底面标高等)不适用于某跨或某外伸部位时,将其修正内容原位标注在该跨或该外伸部位,施工时原位标注取值优先。

当在多跨基础梁的集中标注中已注明竖向加腋,而该梁某跨根部不需要竖向加腋时,则应在该跨原位标注无 $Yc_1 \times c_2$ 的 $b \times h$,以修正集中标注中的竖向加腋要求。

**4)基础梁底部非贯通纵筋的长度规定**

①为方便施工,对于基础梁柱下区域底部非贯通纵筋的伸出长度值:当配置不多于两排时,在标准构造详图中统一取值为自柱边向跨内伸出至 $l_n/3$ 位置;当非贯通纵筋配置多于两排时,从第三排起向跨内的伸出长度值应由设计者注明。$l_n$ 的取值规定:边跨边支座的底部非贯通纵筋,$l_n$ 取本边跨的净跨长度值;对于中间支座的底部非贯通纵筋,$l_n$ 取支座两边较大一跨的净跨长度值。

②基础梁外伸部位底部纵筋的伸出长度,在标准构造详图中统一取值为:第一排伸出至梁端头后,全部上弯 $12d$ 或 $15d$;其他排钢筋伸至梁端头后截断。

**5)条形基础底板的平面注写方式**

条形基础底板 $TJB_P$、$TJB_J$ 的平面注写方式分集中标注和原位标注两部分内容。

(1)集中标注

条形基础底板的集中标注内容为:条形基础底板编号、截面竖向尺寸、配筋三项必注内容,以及条形基础底板底面标高(与基础底面基准标高不同时)、必要的文字注解两项选注内容。

素混凝土条形基础底板的集中标注,除无底板配筋内容外,其他与钢筋混凝土条形基础底板相同。具体规定如下:

①注写条形基础底板编号(必注内容),见表 2.4。条形基础底板向两侧的截面形状通常有两种:

a. 阶形截面,编号加下标"J",如 $TJB_J \times \times (\times \times)$;

b. 坡形截面,编号加下标"P",如 $TJB_P \times \times (\times \times)$。

②注写条形基础底板截面竖向尺寸(必注内容)。注写 $h_1/h_2/\cdots$,具体标注为:

a. 当条形基础底板为坡形截面时,注写为 $h_1/h_2$,如图 2.28(a)所示。

b. 当条形基础底板为阶形截面时,单阶即 $h_1$,当为多阶时各阶尺寸自下而上以"/"分隔顺写,如图 2.28(b)所示。

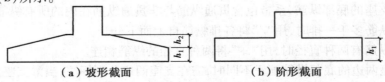

(a)坡形截面　　　　　　　(b)阶形截面

**图 2.28　条形基础底板截面竖向尺寸**

③注写条形基础底板底部及顶部配筋(必注内容)。以 B 打头,注写条形基础底板底部的横向受力钢筋;以 T 打头,注写条形基础底板顶部的横向受力钢筋;注写时,用"/"分隔条形基础底板的横向受力钢筋与纵向分布钢筋,如图 2.29 所示。

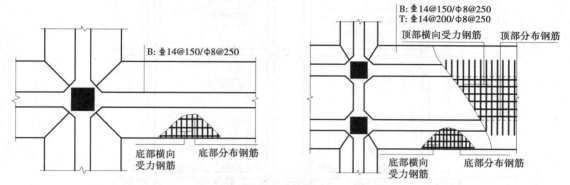

**图 2.29　条形基础底板底部配筋示意**

④注写条形基础底板底面标高(选注内容)。当条形基础底板的底面标高与条形基础底面基准标高不同时,应将条形基础底板底面标高注写在"(　　)"内。

⑤必要的文字注解(选注内容)。当条形基础底板有特殊要求时,应增加必要的文字注解。

(2)原位标注

条形基础底板的原位标注规定如下:

①原位注写条形基础底板的平面尺寸。原位标注 $b$、$b_i$,$i=1,2,\cdots$。其中,$b$ 为基础底板总宽度,$b_i$ 为基础底板台阶的宽度。当基础底板采用对称于基础梁的坡形截面或单阶形截面时,$b_i$ 可不注,如图 2.30 所示。

素混凝土条形基础底板的原位标注与钢筋混凝土条形基础底板相同。对于相同编号的条形基础底板,可仅选择一个进行标注。

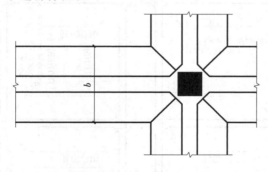

**图 2.30　条形基础底板平面尺寸原位标注**

②原位注写修正内容。当在条形基础底板上集中标注的某项内容,如底板截面竖向尺寸、底板配筋、底板底面标高等,不适用于条形基础底板的某跨或某外伸部分时,可将其修正内容原位标注在该跨或该外伸部位,施工时原位标注取值优先。

采用平面注写方式表达的条形基础设计施工图示意如图 2.31 所示。

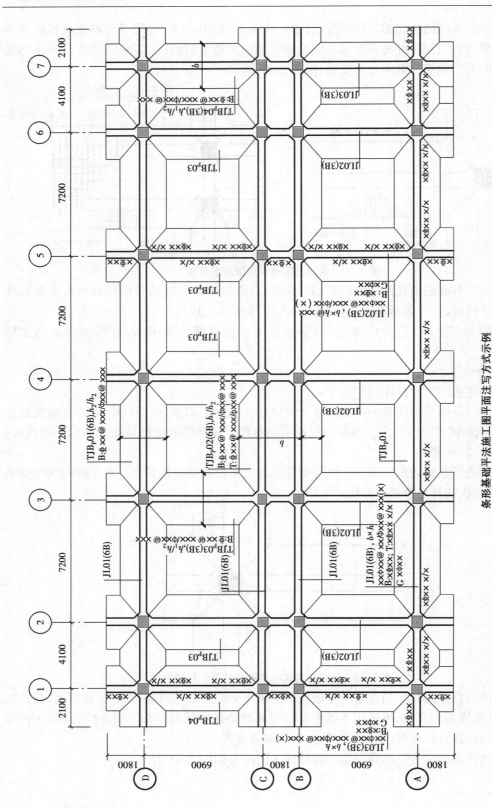

条形基础平法施工图平面注写方式示例

**图2.31 平法施工图平面注写方式示例**

注：±0.000的绝对标高(m)：×.×××；基础底面标高(m)：-×.×××。

## 2.2.2　条形基础钢筋分布

条形基础钢筋分布如图 2.32 所示。

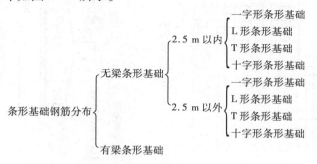

**图 2.32　条形基础钢筋分布**

## 2.2.3　条形基础钢筋构造与计算

### 1) 平法图集中条形基础钢筋构造

16G101—3 平法图集中条形基础钢筋构造如图 2.33、图 2.34 和图 2.35 所示。

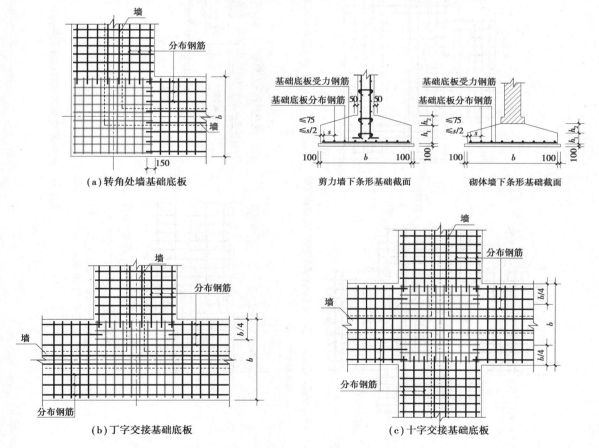

**图 2.33　墙下条形基础底板配筋构造**

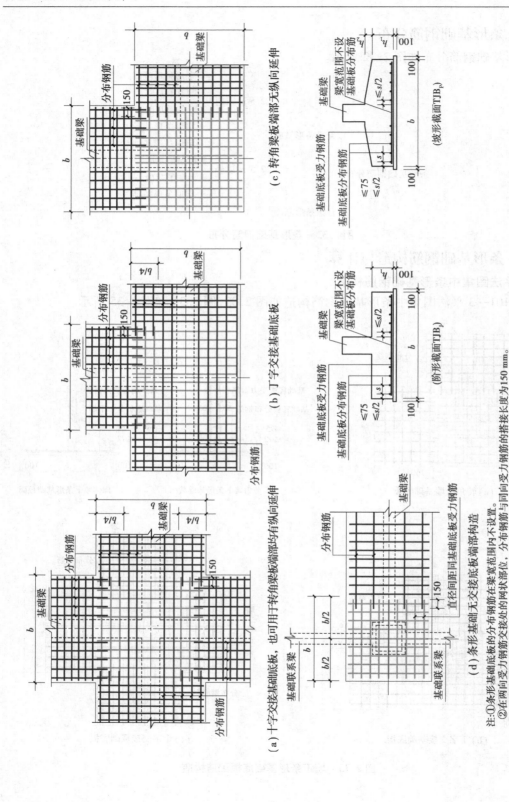

（a）十字交接基础底板，也可用于转角梁板端部均有纵向延伸

（b）丁字交接基础底板

（c）转角梁板端部无纵向延伸

（d）条形基础无交接底板端部构造

注：①条形基础底板的分布钢筋在梁宽范围内不设置。
②在两向受力钢筋交接处的网状部位，分布钢筋与同向受力钢筋的搭接长度为150 mm。

图2.34  条形基础有基础梁基础梁底板配筋构造

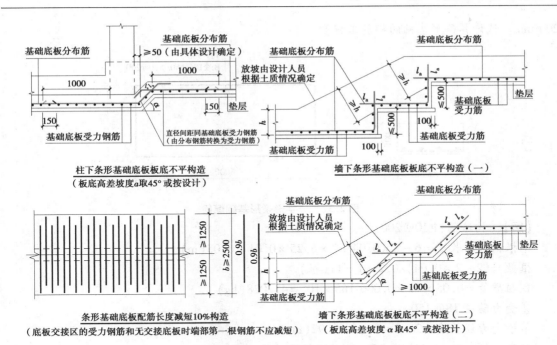

图 2.35　条形基础底板板底不平构造

### 2）一字形条形基础钢筋构造与计算

一字形条形基础钢筋构造如图 2.36 所示。

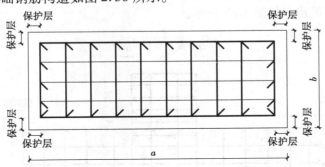

图 2.36　一字形条形基础钢筋构造

根据一字形条形基础钢筋构造,推导公式如下:

①受力筋:

单根长度 $= b - 2 \times C_{\text{基}}$

根数 $= (a - 2 \times C_{\text{基}})/$ 间距 $+ 1$

钢筋质量 $=$ 单根长度 $\times$ 根数 $\times 0.006\ 165 d^2$

②构造筋:

单根长度 $= a - 2 \times C_{\text{基}} + 2 \times 6.25 d$

根数 $= (b - 2 \times C_{\text{基}})/$ 间距 $+ 1$

钢筋质量 $=$ 单根长度 $\times$ 根数 $\times 0.006\ 165 d^2$

【例 2.5】已知图 2.37 所示条形基础长 6 m,宽 2 m,保护层厚度为 40 mm,其中受力筋为 HRB400 级,底筋直径为 18 mm,间距为 150 mm;构造筋为 HPB300,直径为 10 mm,间距为

200 mm。试计算条形基础的钢筋工程量。

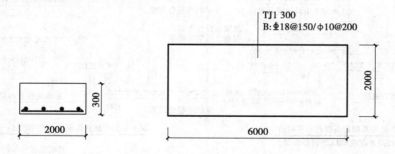

**图 2.37　一字形条形基础配筋**

【解】①构造筋：$\phi 10@200$。

单根构造筋长度 $= 6 - 2 \times 0.04 + 2 \times 6.25 \times 0.01 = 6.05(\mathrm{m})$

根数 $= (2 - 2 \times 0.04)/0.2 + 1 = 11(根)$

钢筋质量 $= 6.05 \times 11 \times 0.006\,165 \times 10^2 = 41.028(\mathrm{kg})$

②受力筋：$\Phi 18@150$。

单根受力筋长度 $= 2 - 2 \times 0.04 = 1.92(\mathrm{m})$

根数 $= (6 - 2 \times 0.04)/0.15 + 1 = 41(根)$

钢筋质量 $= 1.92 \times 41 \times 0.006\,165 \times 18^2 = 157.240(\mathrm{kg})$

**3)T 形条形基础钢筋构造与计算**

T 形条形基础钢筋构造如图 2.38 所示。

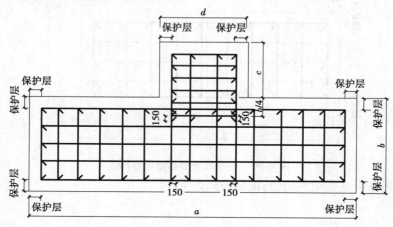

**图 2.38　T 形条形基础钢筋构造**

根据 T 形条形基础钢筋构造,推导公式如下：

①受力筋：

X 向单根长度 $= b - 2 \times C_基$

X 向根数 $= (a - 2 \times C_基)/间距 + 1$

Y 向单根长度 $= d - 2 \times C_基$

Y 向根数 $= (c + b/4 - C_基)/间距 + 1$

钢筋质量 $=$ 单根长度 $\times$ 根数 $\times 0.006\,165d^2$

②构造筋：

X 向单根长度 $= a - 2 \times C_{基} + 2 \times 6.25d$

X 向根数 $= ( b - 2 \times C_{基} ) /$ 间距 $+ 1$

Y 向单根长度 $= c + b/4 - C_{基} + 0.15 + 6.25d$

Y 向根数 $= ( b - 2 \times C_{基} ) /$ 间距 $+ 1$

钢筋质量 = 单根长度 × 根数 × 0.006 165$d^2$

【例2.6】已知图2.39所示的 T 形条形基础长10 m,宽皆为2 m,$c$ 为1.5 m,保护层厚度为40 mm,其中受力筋为 HRB400 级,底筋直径为18 mm,间距为150 mm;构造筋为 HPB300 级,直径为10 mm,间距为200 mm。试计算 T 形条形基础钢筋工程量。

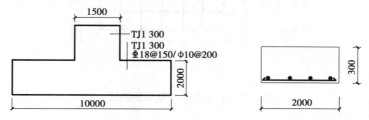

图 2.39 T 形条形基础配筋

【解】①构造筋:φ10@ 200。

X 向单根长度 $= 10 - 2 \times 0.04 + 2 \times 6.25 \times 0.01 = 10.05 ( m )$

X 向根数 $= ( 2 - 2 \times 0.04 ) /0.2 + 1 = 11 ($ 根$)$

Y 向单根长度 $= 1.5 - 0.04 + 0.15 + 0.04 + 6.25 \times 0.01 \times 2 = 1.78 ( m )$

Y 向根数 $= ( 2 - 2 \times 0.04 ) /0.2 + 1 = 11 ($ 根$)$

钢筋质量 $= ( 10.05 \times 11 + 1.78 \times 11 ) \times 0.006 165 \times 10^2 = 80.225 ( kg )$

②受力筋:坐18@ 150。

X 向单根长度 $= 2 - 2 \times 0.04 = 1.92 ( m )$

X 向根数 $= ( 10 - 2 \times 0.04 ) /0.15 + 1 = 68 ($ 根$)$

Y 向单根长度 $= 1.5 - 2 \times 0.04 = 1.42 ( m )$

Y 向根数 $= ( 1.5 - 0.04 + 2/4 ) /0.15 + 1 = 15 ($ 根$)$

钢筋质量 $= ( 1.42 \times 15 + 1.92 \times 68 ) \times 0.006 165 \times 18^2 = 303.334 ( kg )$

### 4)L 形条形基础钢筋构造与计算

L 形条形基础钢筋构造,如图2.40所示。

根据 L 形条形基础钢筋构造,推导公式如下:

①受力筋：

X 向单根长度 = 条形基础宽度 $- 2 \times C_{基}$

X 向根数 $= ( b - 2 \times C_{基} ) /$ 间距 $+ 1$

Y 向单根长度 = 条形基础宽度 $- 2 \times C_{基}$

Y 向根数 $= ( a - 2 \times C_{基} ) /$ 间距 $+ 1$

钢筋质量 = 单根长度 × 根数 × 0.006 165$d^2$

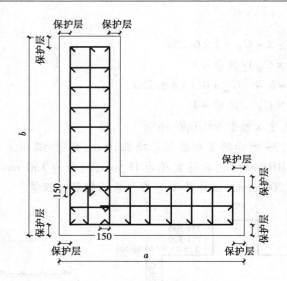

**图2.40 L形条形基础钢筋构造**

②构造筋:

X向单根长度 $= a -$ 条形基础宽度 $+ C_基 - C_基 + 0.15 + 2 \times 6.25d$

X向根数 $= ($ 条形基础宽度 $- 2 \times C_基 )/$ 间距 $+ 1$

Y向单根长度 $= b -$ 条形基础宽度 $+ C_基 - C_基 + 0.15 + 2 \times 6.25d$

Y向根数 $= (b - 2 \times C_基)/$ 间距 $+ 1$

钢筋质量 $=$ 单根长度 $\times$ 根数 $\times 0.006\,165d^2 \times$ 相同构件数

【例2.7】已知图2.41所示的L形条形基础X向长为5 m,Y向长为7 m,宽皆为2 m,保护层厚度为40 mm,其中受力筋为HRB400级,底筋直径为18 mm,间距为150 mm;构造筋为HPB300级,直径为10 mm,间距为200 mm。试计算L形条形基础钢筋工程量。

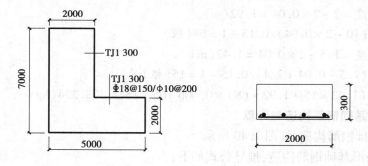

**图2.41 L形条形基础配筋**

【解】①构造筋:φ10@200。

X向单根长度 $= 5 - 2 + 0.04 - 0.04 + 0.15 + 2 \times 6.25 \times 0.01 = 3.28(\text{m})$

X向根数 $= (2 - 2 \times 0.04)/0.2 + 1 = 11(\text{根})$

Y向单根长度 $= 7 - 2 + 0.04 - 0.04 + 0.15 + 2 \times 6.25 \times 0.01 = 5.28(\text{m})$

Y向根数 $= (2 - 2 \times 0.04)/0.2 + 1 = 11(\text{根})$

钢筋质量 $= (3.28 + 5.28) \times 11 \times 0.006\,165 \times 10^2 = 58.050(\text{kg})$

②受力筋:$\Phi$18@150。

X 向单根长度 $= 2 - 2 \times 0.04 = 1.92(\text{m})$

X 向根数 $= (7 - 2 \times 0.04)/0.15 + 1 = 48(\text{根})$

Y 向单根长度 $= 2 - 2 \times 0.04 = 1.92(\text{m})$

Y 向根数 $= (5 - 2 \times 0.04)/0.15 + 1 = 34(\text{根})$

钢筋质量 $= 1.92 \times (48 + 34) \times 0.006\ 165 \times 18^2 = 314.480(\text{kg})$

**5)十字形条形基础钢筋构造与计算**

十字形条形基础钢筋构造如图 2.42 所示。

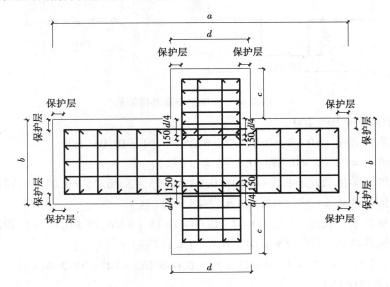

**图 2.42　十字形条形基础钢筋构造**

根据十字形条形基础钢筋构造,推导公式如下:

①受力筋:

X 向上部钢筋单根长度 $= d - 2 \times C_{\text{基}}$

X 向上部钢筋根数 $= (c - C_{\text{基}} + b/4)/\text{间距} + 1$

X 向下部钢筋单根长度 $= d - 2 \times C_{\text{基}}$

X 向下部钢筋根数 $= (c - C_{\text{基}} + b/4)/\text{间距} + 1$

Y 向钢筋单根长度 $= b - 2 \times C_{\text{基}}$

Y 向钢筋根数 $= (a - 2 \times C_{\text{基}})/\text{间距} + 1$

钢筋质量 $= \text{单根长度} \times \text{根数} \times 0.006\ 165 d^2$

②构造筋:

X 向钢筋单根长度 $= a - 2 \times C_{\text{基}} + 2 \times 6.25 d$

X 向钢筋根数 $= (b - 2 \times C_{\text{基}})/\text{间距} + 1$

Y 向上部钢筋单根长度 $= c + C_{\text{基}} - C_{\text{基}} + 0.15 + 2 \times 6.25 d$

Y 向上部钢筋根数 $= (d - 2 \times C_{\text{基}})/\text{间距} + 1$

Y 向下部钢筋单根长度 $= c + C_{\text{基}} - C_{\text{基}} + 0.15 + 2 \times 6.25 d$

Y 向下部钢筋根数 $= (d - 2 \times C_{\text{基}})/\text{间距} + 1$

钢筋质量 = 单根长度×根数×0.006 165$d^2$

【例2.8】已知图2.43所示的十字形条形基础 X 向长 10 m,Y 向长 5 m,宽皆为 2 m,保护层厚度为 40 mm,其中受力筋为 HRB400 级,底筋直径为 18 mm,间距为 150 mm;构造筋为 HPB300 级,直径为 10 mm,间距为 200 mm。试计算十字形条形基础钢筋工程量。

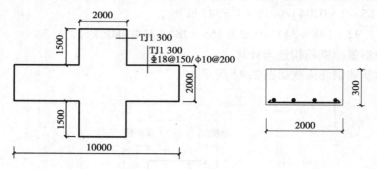

图2.43  十字形条形基础配筋

【解】①构造筋:Φ10@200。

X 向钢筋单根长度 = $10 - 2 \times 0.04 + 2 \times 6.25 \times 0.01 = 10.05(m)$

X 向钢筋根数 = $(2 - 2 \times 0.04)/0.2 + 1 = 11(根)$

Y 向上部钢筋单根长度 = $1.5 + 0.04 - 0.04 + 0.15 + 2 \times 6.25 \times 0.01 = 1.78(m)$

Y 向上部钢筋根数 = $(2 - 2 \times 0.04)/0.2 + 1 = 11(根)$

Y 向下部钢筋单根长度 = $1.5 + 0.04 - 0.04 + 0.15 + 2 \times 6.25 \times 0.01 = 1.78(m)$

Y 向下部钢筋根数 = $(2 - 2 \times 0.04)/0.2 + 1 = 11(根)$

钢筋质量 = $(10.05 \times 11 + 1.78 \times 11 \times 2) \times 0.006\ 165 \times 10^2 = 92.296(kg)$

②受力筋:Φ18@150。

X 向上部钢筋单根长度 = $2 - 2 \times 0.04 = 1.92(m)$

X 向上部钢筋根数 = $(1.5 - 0.04 + 2/4)/0.15 + 1 = 15(根)$

X 向下部钢筋单根长度 = $2 - 2 \times 0.04 = 1.92(m)$

X 向上部钢筋根数 = $(1.5 - 0.04 + 2/4)/0.15 + 1 = 15(根)$

Y 向钢筋单根长度 = $2 - 2 \times 0.04 = 1.92(m)$

Y 向钢筋根数 = $(10 - 2 \times 0.04)/0.15 + 1 = 68(根)$

钢筋质量 = $(1.92 \times 15 \times 2 + 1.92 \times 68) \times 0.006\ 165 \times 18^2 = 375.842(kg)$

# 2.3  筏板基础

## 2.3.1  筏板基础平法施工图识图

平板式筏形基础平法施工图,系在基础平面布置图上采用平面注写方式进行表达。

当绘制基础平面布置图时,应将平板式筏形基础与其所支承的柱、墙一起绘制。当基础底面标高不同时,需注明与基础底面基准标高不同之处的范围和标高。

平板式筏形基础的平面注写表达方式有两种。一是划分为柱下板带和跨中板带进行表达;二是按基础平板进行表达。平板式筏形基础构件按表2.5的规定编号。

表 2.5　平板式筏形基础构件编号

| 构件类型 | 代　号 | 序　号 | 跨数及有无外伸 |
|---|---|---|---|
| 柱下板带 | ZXB | ×× | （××）或（××A）或（××B） |
| 跨中板带 | KZB | ×× | （××）或（××A）或（××B） |
| 平板式筏形基础平板 | BPB | ×× | |

注:①（××A）为一端有外伸,（××B）为两端有外伸,外伸不计入跨数。

　　②平板式筏形基础平板,其跨数及是否有外伸分别在 X、Y 两向的贯通纵筋之后表达。

　　图面从左至右为 X 向,从下至上为 Y 向。

**1）柱下板带、跨中板带的平面注写方式**

①柱下板带 ZXB（视其为无箍筋的宽扁梁）与跨中板带 KZB 的平面注写,分集中标注与原位标注两部分内容。

②柱下板带与跨中板带的集中标注,应在第一跨（X 向为左端跨,Y 向为下端跨）引出。具体规定如下:

a.注写编号,见表 2.5。

b.注写截面尺寸,注写 $b = ××××$ 表示板带宽度（在图注中注明基础平板厚度）。确定柱下板带宽度应根据规范要求与结构实际受力需要。当柱下板带宽度确定后,跨中板带宽度亦随之确定（即相邻两平行柱下板带之间的距离）。当柱下板带中心线偏离柱中心线时,应在平面图上标注其定位尺寸。

c.注写底部与顶部贯通纵筋。注写底部贯通纵筋（B 打头）与顶部贯通纵筋（T 打头）的规格与间距,用分号";"将其分隔开。柱下板带的柱下区域,通常在其底部贯通纵筋的间隔内插空设有（原位注写的）底部附加非贯通纵筋。

③柱下板带与跨中板带原位标注的内容,主要为底部附加非贯通纵筋。具体规定如下:

a.注写内容:以一段与板带同向的中粗虚线代表附加非贯通纵筋;柱下板带:贯穿其柱下区域绘制;跨中板:横贯柱中线绘制。在虚线上注写底部附加非贯通纵筋的编号（如 ①、②等）、钢筋级别、直径、间距,以及自柱中线分别向两侧跨内的伸出长度值。当向两侧对称伸出时,长度值可仅在一侧标注,另一侧不注。外伸部位的伸出长度与方式按标准构造,设计不注。对同一板带中底部附加非贯通筋相同者,可仅在一根钢筋上注写,其他可仅在中粗虚线上注写编号。

b.注写修正内容。当在柱下板带、跨中板带上集中标注的某些内容（如截面尺寸、底部与顶部贯通纵筋等）不适用于某跨或某外伸部分时,则将修正的数值原位标注在该跨或该外伸部位,施工时原位标注取值优先。

④柱下板带 ZXB 与跨中板带 KZB 的注写规定,同样适用于平板式筏形基础上局部有剪力墙的情况。

**2）平板式筏形基础平板 BPB 的平面注写方式**

①平板式筏形基础平板 BPB 的平面注写分为集中标注与原位标注两部分内容。

基础平板 BPB 的平面注写与柱下板带 ZXB、跨中板带 KZB 的平面注写虽是不同的表达方式,但可以表达同样的内容。当整片板式筏形基础配筋比较规律时,宜采用 BPB 表达方式。

②平板式筏形基础平板 BPB 的集中标注,除按表 2.5 注写编号外,所有规定均与

16G101—3 平法图集第 4.5.2 条相同。

当某向底部贯通纵筋或顶部贯通纵筋的配置,在跨内有两种不同间距时,先注写跨内两端的第一种间距,并在前面加注纵筋根数(以表示其分布的范围);再注写跨中部的第二种间距(不需加注根数),两者用"/"分隔。

③平板式筏形基础平板 BPB 的原位标注,主要表达横跨柱中心线下的底部附加非贯通纵筋。注写规定如下:

a. 原位注写位置及内容。在配置相同的若干跨的第一跨,垂直于柱中线绘制一段中粗虚线代表底部附加非贯通纵筋,在虚线上的注写内容与 16G101—3 第 4.5.3 条第 1 款相同。

b. 当某些柱中心线下的基础平板底部附加非贯通纵筋横向配置相同时(其底部、顶部的贯通纵筋可以不同),可仅在一条中心线下做原位注写,并在其他柱中心线上注明"该柱中心线下基础平板底部附加非贯通纵筋同××柱中心线"。

平板式筏形基础平板 BPB 的平面注写规定,同样适用于平板式筏形基础上局部有剪力墙的情况。

**3)其他**

①与平板式筏形基础相关的后浇带、上柱墩、下柱墩、基坑(沟)等构造的平法施工图设计,详见 16G101—3 平法图集制图规则部分第 7 章的相关规定。

②平板式筏形基础应在图中注明的其他内容为:

a. 注明板厚。当整片平板式筏形基础有不同板厚时,应分别注明各板厚值及其各自的分布范围。

b. 当在基础平板周边沿侧面设置纵向构造钢筋时,应在图注中注明。

c. 应注明基础平板外伸部位的封边方式,当采用 U 形钢筋封边时,应注明其规格、直径及间距。

d. 当基础平板厚度大于 2 m 时,应注明设置在基础平板中部的水平构造钢筋网。

e. 当在基础平板外伸阳角部位设置放射筋时,应注明放射筋的强度等级、直径、根数以及设置方式等。

f. 板的上、下部纵筋之间设置拉筋时,应注明拉筋的强度等级、直径、双向间距等。

g. 应注明混凝土垫层厚度与强度等级。

h. 当基础平板同一层面的纵筋相交叉时,应注明何向纵筋在下,何向纵筋在上。

i. 设计需注明的其他内容。

## 2.3.2 筏板基础钢筋分布

筏板基础钢筋分布如图 2.44 所示。

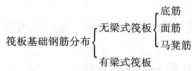

图 2.44 筏板基础钢筋分布

## 2.3.3 筏板基础钢筋构造与计算

筏板基础钢筋构造如图 2.45 所示。

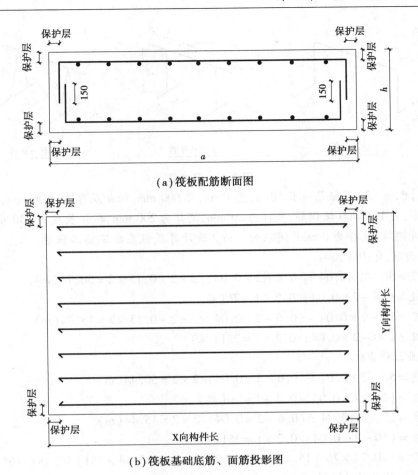

(a)筏板配筋断面图

(b)筏板基础底筋、面筋投影图

**图2.45 筏板基础钢筋构造**

①根据筏板基础钢筋构造,推导面筋公式如下:

X向面筋长度 = X向构件长 $-2 \times C_基$ + (板厚 $-2 \times C_基$)/2 × 2 + 0.15 × 2

X向面筋根数 = (Y向构件长 $-2 \times C_基$)/X向间距 + 1

Y向面筋长度 = Y向构件长 $-2 \times C_基$ + (板厚 $-2 \times C_基$)/2 × 2 + 0.15 × 2

Y向面筋根数 = (X向构件长 $-2 \times C_基$)/Y向间距 + 1

②根据筏板基础钢筋构造,推导底筋公式如下:

X向底筋长度 = X向构件长 $-2 \times C_基$ + (板厚 $-2 \times C_基$)/2 × 2

X向底筋根数 = (Y向构件长 $-2 \times C_基$)/X向间距 + 1

Y向底筋长度 = X向构件长 $-2 \times C_基$ + (板厚 $-2 \times C_基$)/2 × 2

Y向底筋根数 = (X向构件长 $-2 \times C_基$)/Y向间距 + 1

③马凳筋计算:施工组织设计中筏板基础的马凳筋一般按1 m一个设置。常见马凳筋如图2.46所示。

马凳筋根数 = [(X向构件长 $-2 \times C_基$)/1 + 1] × [(Y向构件长 $-2 \times C_基$)/1 + 1]

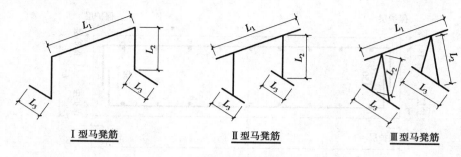

Ⅰ型马凳筋　　　　　　　Ⅱ型马凳筋　　　　　　　Ⅲ型马凳筋

图 2.46　马凳筋

【例2.9】已知 C30 筏板基础长 50 m,宽 15 m,厚 600 mm,保护层厚度为 40 mm,其中钢筋为双层双向分布,为 HRB400 级钢筋,直径为 20 mm,间距为 200 mm,搭接长度为 150 mm。马凳筋为 HPB300 级钢筋,直径为 8 mm,间距为 1 m。请计算筏板基础钢筋工程量。

【解】①面筋:$\Phi$20@200。

X 向长度 $= 50 - 2 \times 0.04 + (0.6 - 2 \times 0.04)/2 \times 2 + 0.15 \times 2 = 50.74(\text{m})$

X 向根数 $= (15 - 2 \times 0.04)/0.2 + 1 = 76(\text{根})$

Y 向长度 $= 15 - 2 \times 0.04 + (0.6 - 2 \times 0.04)/2 \times 2 + 0.15 \times 2 = 15.74(\text{m})$

Y 向根数 $= (50 - 2 \times 0.04)/0.2 + 1 = 251(\text{根})$

②底筋:$\Phi$20@200。

X 向长度 $= 50 - 2 \times 0.04 + (0.6 - 2 \times 0.04)/2 \times 2 = 50.44(\text{m})$

X 向根数 $= (15 - 2 \times 0.04)/0.2 + 1 = 76(\text{根})$

Y 向长度 $= 15 - 2 \times 0.04 + (0.6 - 2 \times 0.04)/2 \times 2 = 15.44(\text{m})$

Y 向根数 $= (50 - 2 \times 0.04)/0.2 + 1 = 251(\text{根})$

钢筋质量 $= (50.74 \times 76 + 15.74 \times 251 + 50.44 \times 76 + 15.44 \times 251) \times 0.006\ 165 \times 20^2$
$= 38\ 262.111(\text{kg})$

③马凳筋。

马凳筋长度 $= 0.1 \times 3 + (0.6 - 2 \times 0.04) \times 2 = 1.34(\text{m})$

马凳筋根数 $= [(50 - 2 \times 0.04)/1 + 1] \times [(15 - 2 \times 0.04)/1 + 1] = 811(\text{根})$

钢筋质量:$811 \times 1.34 \times 0.006\ 165 \times 8^2 = 428.784(\text{kg})$

# 习　题

1. 画出独立基础钢筋构造。

2. 画出条形基础钢筋构造。

3. 计算回龙小学(图纸见附录,余同)独立基础钢筋工程量。

# 第 *3* 章
# 柱钢筋工程量计算

**关键知识点:**

- 柱平法施工图的注写方式及识读。
- 柱的钢筋种类及在平法图集中不同节点处钢筋的锚固形式。
- 柱钢筋在基础层、地下室层、中间层和顶层的锚固形式和计算公式。
- 柱箍筋的长度计算公式及加密区、非加密区的判断。
- 柱钢筋工程量计算的基本方法。

## 3.1 柱平法施工图识图

### 3.1.1 柱平法施工图的表示方法

柱平法施工图系在柱平面布置图上采用列表注写方式或截面注写方式表达。

在柱平法施工图中,应按照规定注明各结构层的楼面标高、结构层高及相应的结构层号,尚应注明上部结构嵌固部位位置。

### 3.1.2 列表注写方式

列表注写方式,系在柱平面布置图上(一般只需采用适当比例绘制一张柱平面布置图,包括框架柱、转换柱、梁上柱和剪力墙上柱),分别在同一编号的柱中选择一个(有时需要选择几个)截面标注几何参数代号;在柱表中注写柱编号、柱段起止标高、几何尺寸(含柱截面对轴线的偏心情况)与配筋的具体数值,并配以各种柱截面形状及其箍筋类型图的方式,来表达柱平法施工图。

①柱表注写内容规定:

a.注写柱编号,柱编号由类型代号和序号组成,应符合表3.1的规定。

表3.1 柱编号

| 柱类型 | 代 号 | 序 号 |
|---|---|---|
| 框架柱 | KZ | ×× |
| 转换柱 | ZHZ | ×× |
| 芯柱 | XZ | ×× |

续表

| 柱类型 | 代 号 | 序 号 |
|---|---|---|
| 梁上柱 | LZ | ×× |
| 剪力墙上柱 | QZ | ×× |

b.注写各段柱的起止标高。自柱根部往上以变截面位置或截面未变但配筋改变处为界分段注写。框架柱和转换柱的根部标高系指基础顶面标高;芯柱的根部标高系指根据结构实际需要而定的起始位置标高;梁上柱的根部标高系指梁顶面标高;剪力墙上柱的根部标高为墙顶面标高。

c.对于矩形柱,注写柱截面尺寸 $b \times h$ 及与轴线关系的几何参数代号 $b_1$、$b_2$ 和 $h_1$、$h_2$ 的具体数值,需对应于各段柱分别注写。其中 $b = b_1 + b_2$,$h = h_1 + h_2$。当截面的某一边收缩变化至与轴线重合或偏到轴线另一侧时,$b_1$、$b_2$,$h_1$、$h_2$ 中的某项为零或为负值。

对于圆柱,表中 $b \times h$ 一栏改用在圆柱直径数字前加 $d$ 表示。为表达简单,圆柱截面与轴线的关系也用 $b_1$、$b_2$ 和 $h_1$、$h_2$ 表示,并使 $d = b_1 + b_2 = h_1 + h_2$。

d.注写柱纵筋。当柱纵筋直径相同,各边根数也相同时,将纵筋注写在"全部纵筋"一栏中;除此之外,柱纵筋分角筋、截面 $b$ 边中部筋和 $h$ 边中部筋三项分别注写(对于采用对称配筋的矩形截面柱,可仅注写一侧中部筋,对称边省略不注;对于采用非对称配筋的矩形截面柱,必须每侧均注写中部筋)。

e.注写箍筋类型号及箍筋肢数,在箍筋类型栏内注写箍筋类型号与肢数。

f.注写柱箍筋,包括钢筋级别、直径与间距。用斜线"/"区分柱端箍筋加密区与柱身非加密区长度范围内箍筋的不同间距。施工人员需根据标准构造详图的规定,在规定的几种长度值中取最大者作为加密区长度。当框架节点核心区内箍筋与柱端箍筋设置不同时,应在括号中注明核心区箍筋直径及间距。

当箍筋沿柱全高为一种间距时,则不使用"/"线。

当圆柱采用螺旋箍筋时,需在箍筋前加"L"。

②具体工程所设计的各种箍筋类型图以及箍筋复合的具体方式,需画在表的上部或图中的适当位置,并在其上标注与表中相对应的 $b$、$h$ 和类型号。

【注】确定箍筋肢数时要满足对柱纵筋"隔一拉一"以及箍筋肢距的要求。

柱平法施工图列表注写方式示例如图 3.1 所示。

### 3.1.3 截面注写方式

截面注写方式,系在柱平面布置图的柱截面上,分别在同一编号的柱中选择一个截面,以直接注写截面尺寸和配筋具体数值的方式来表达柱平法施工图。

在截面注写方式中,如柱的分段截面尺寸和配筋均相同,仅截面与轴线的关系不同时,可将其编为同一柱号。但此时应在未画配筋的柱截面上注写该柱截面与轴线关系的具体尺寸。

另外,当按规定绘制柱平面布置图时,如果局部区域发生重叠、过挤现象,可在该区域采用另外一种比例绘制予以消除。

柱平法施工图截面注写方式示例如图 3.2 所示。

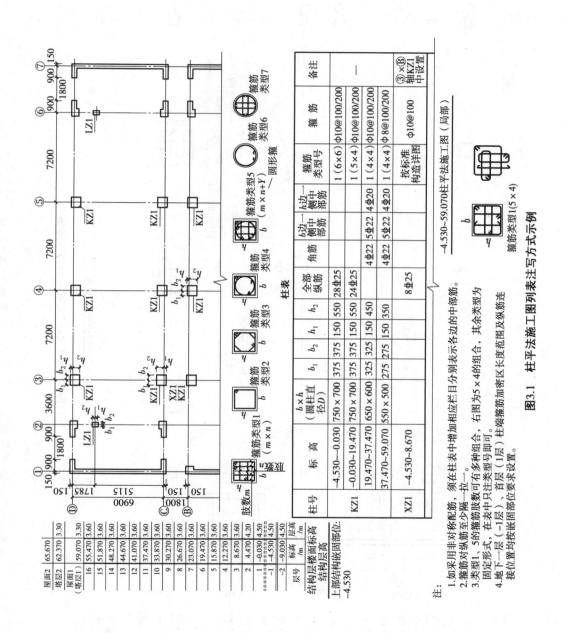

**图3.1 柱平法施工图列表注写方式示例**

注：
1. 如采用非对称配筋，须在柱表中增加相应栏目分别表示各边的中部筋。
2. 箍筋对纵筋至少隔一拉一。
3. 类型1、5的箍筋肢数可有多种组合，右图为5×4的组合，其余类型为固定形式，在表中只注类型号即可。
4. 地下一层（−1层），首层（1层）柱端箍筋加密区长度范围及纵筋搭接位置均按嵌固部位要求设置。

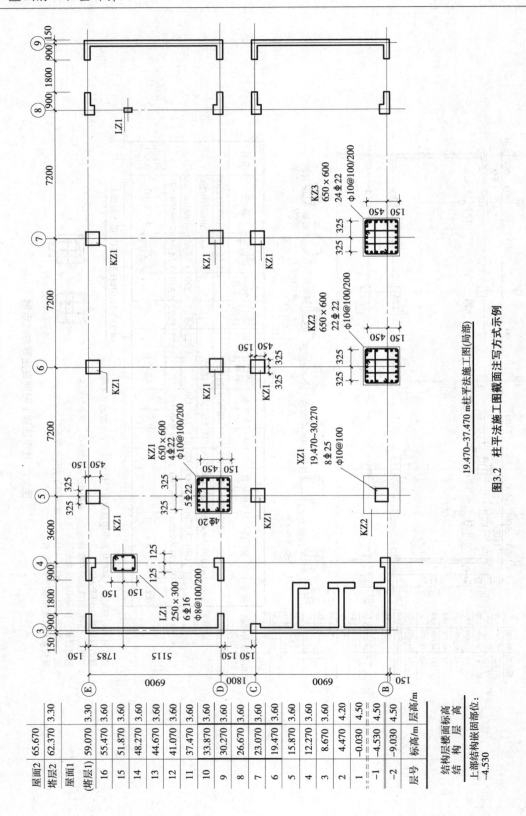

19.470~37.470 m柱平法施工图(局部)

**图3.2 柱平法施工图截面注写方式示例**

| 层号 | 标高/m | 层高/m |
|---|---|---|
| 屋面2 | 65.670 | 3.30 |
| 塔层2 | 62.370 | 3.30 |
| 屋面1 (塔层1) | 59.070 | 3.30 |
| 16 | 55.470 | 3.60 |
| 15 | 51.870 | 3.60 |
| 14 | 48.270 | 3.60 |
| 13 | 44.670 | 3.60 |
| 12 | 41.070 | 3.60 |
| 11 | 37.470 | 3.60 |
| 10 | 33.870 | 3.60 |
| 9 | 30.270 | 3.60 |
| 8 | 26.670 | 3.60 |
| 7 | 23.070 | 3.60 |
| 6 | 19.470 | 3.60 |
| 5 | 15.870 | 3.60 |
| 4 | 12.270 | 3.60 |
| 3 | 8.670 | 3.60 |
| 2 | 4.470 | 4.20 |
| 1 | -0.030 | 4.50 |
| -1 | -4.530 | 4.50 |
| -2 | -9.030 | 4.50 |

结构层楼面标高
结 构 层 高
上部结构嵌固部位:
-4.530

## 3.2 柱筋分布

柱筋分布如图 3.3 所示。

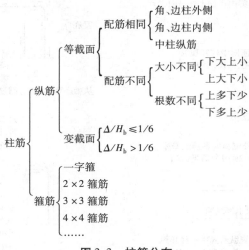

图 3.3 柱筋分布

## 3.3 框架柱的分类与等截面配筋情况完全相同的柱纵筋计算

### 3.3.1 框架柱的分类

框架柱分为角柱、边柱和中柱,如图 3.4 所示。

判断标准:屋面框架梁平面图。框架柱两边与屋面框架梁连接为角柱;框架柱三边与屋面框架梁连接为边柱;框架柱四边与屋面框架梁连接为中柱;连接梁的一侧为框架柱内侧边,其余为外侧边,内侧边上的钢筋为框架柱内侧钢筋,外侧边上的钢筋为框架柱外侧钢筋,先满足外侧钢筋,再满足内侧钢筋。

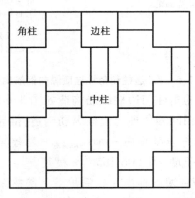

图 3.4 屋面框架梁平面图

### 3.3.2 等截面配筋情况完全相同的角柱与边柱纵筋计算

KZ 边柱和角柱柱顶纵向钢筋构造如图 3.5 所示。

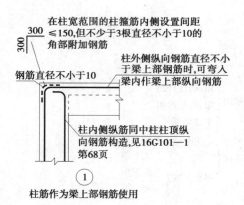

柱筋作为梁上部钢筋使用

①

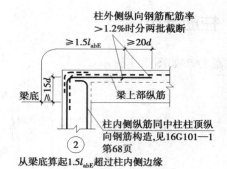

④ (用于①、②或③节点未伸入梁内的柱外侧钢筋锚固)

当现浇板厚度不小于100 mm时,也可按②节点方式伸入板内锚固,且伸入板内长度不宜小于15d

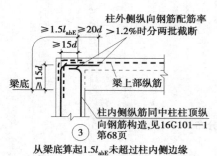

② 从梁底算起1.5$l_{abE}$超过柱内侧边缘

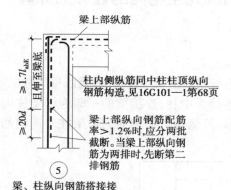

③ 从梁底算起1.5$l_{abE}$未超过柱内侧边缘

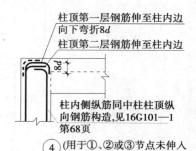

节点纵向钢筋弯折要求

$d \leqslant 25$  $r=6d$
$d > 25$  $r=8d$

注:①节点①、②、③、④应配合使用,节点④不应单独使用(仅用于未伸入梁内的柱外侧钢筋锚固),伸入梁内的柱外侧钢筋不宜少于柱外侧全部纵筋面积的65%。可选择②+④或③+④或①+②+④或①+③+④的做法。
②节点⑤用于梁、柱纵向钢筋接头沿节点柱顶外侧直线布置的情况,可与节点①组合使用。

⑤

梁、柱纵向钢筋搭接接头沿节点外侧直线布置

**图 3.5 KZ 边柱和角柱柱顶纵向钢筋构造**

等截面配筋情况完全相同的角柱与边柱纵筋构造如图 3.6 所示。

根据等截面配筋情况完全相同的角柱与边柱纵筋构造,推导公式如下:

外侧纵筋长度 = WKL 标高 − 基础标高 − max$_{WKL梁高}$ − 基础保护层 + 1.5$l_{abE}$ + 水平插筋

外侧纵筋质量 = 外侧纵筋长度 × 0.006 165$d^2$ × 根数

内侧纵筋长度 = WKL 标高 − 基础标高 − 柱保护层 − 基础保护层 + 12$d$ + 水平插筋

内侧纵筋质量 = 内侧纵筋长度 × 0.006 165$d^2$ × 根数

【例3.1】计算图 3.7 所示等截面角柱 KZ1 的纵筋工程量,WKL 标高为 7.15 m,基础标高为 −3.8 m,基础保护层厚度为 40 mm,柱保护层厚度为 30 mm,WKL 的梁高最大值为 0.6 m,

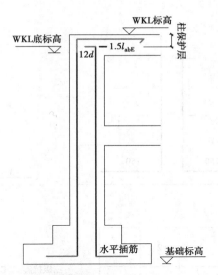

**图 3.6　等截面配筋情况完全相同的角柱与边柱纵筋构造**

水平插筋为 150 mm,混凝土采用 C30,三级抗震等级,钢筋皆采用 HRB400 级。

【解】①7 ⚍20

$L_1 = 7.15 + 3.8 + 0.15 - 0.4 - 0.04 + 1.5 \times 37 \times 0.02 = 11.77 (\text{m})$

$W_1 = 11.77 \times 0.006\ 165 \times 20^2 \times 7 = 203.174 (\text{kg})$

②5 ⚍20

$L_1 = 7.15 + 3.8 - 0.03 - 0.04 + 12 \times 0.02 + 0.15 = 11.27 (\text{m})$

$W_2 = 11.27 \times 0.006\ 165 \times 20^2 \times 5 = 138.959 (\text{kg})$

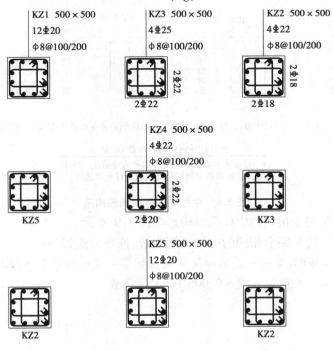

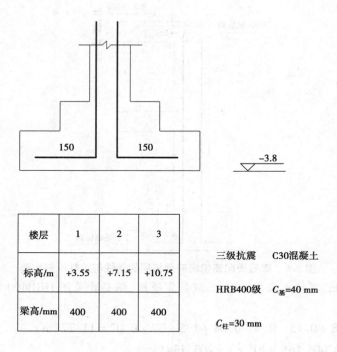

图 3.7 例 3.1 图

### 3.3.3 等截面配筋情况完全相同的中柱纵筋计算

16G101—1 平法图集中中柱柱顶纵筋构造如图 3.8 所示。

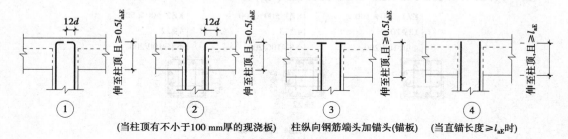

中柱柱顶纵向钢筋构造①~④
(中柱柱顶纵向钢筋构造分四种构造做法,施工
人员应根据各种做法所要求的条件正确选用)

图 3.8 中柱柱顶纵向钢筋构造

等截面配筋情况完全相同的中柱纵筋构造如图 3.9 所示。

根据等截面配筋情况完全相同的中柱纵筋构造,推导公式如下:

中柱纵筋长度 = WKL 标高 − 基础标高 − 柱保护层 − 基础保护层 + 12$d$ + 水平插筋

中柱纵筋质量 = 中柱纵筋长度 × 0.006 165$d^2$ × 根数

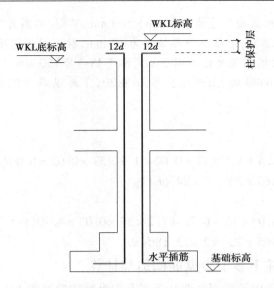

**图 3.9　等截面配筋情况完全相同的中柱纵筋构造**

## 3.4　等截面框架柱上多下少和下多上少纵筋计算

### 3.4.1　等截面框架柱上多下少纵筋构造与计算

16G101—1 平法图集中等截面框架柱上多下少纵筋构造如图 3.10 所示。

根据平法图集中等截面框架柱上多下少钢筋构造补全上多下少多余纵筋构造,如图 3.11 所示。

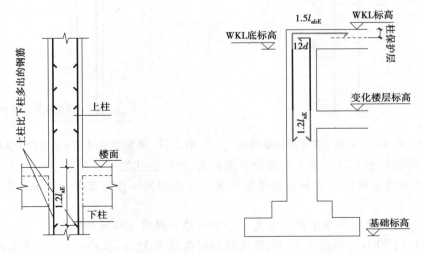

**图 3.10　等截面框架柱上多下少纵筋构造　　图 3.11　等截面框架柱上多下少多余纵筋构造**

根据等截面框架柱上多下少多余纵筋构造,推导公式如下:

角、边柱多余的外侧纵筋长度 = WKL 标高 − 变化楼层标高 − $\max_{\text{WKL梁高}}$ + $1.5l_{abE}$ + $1.2l_{aE}$

角、边柱多余的内侧纵筋长度 = WKL 标高 − 变化楼层标高 − 柱保护层 + $12d$ + $1.2l_{aE}$

多余纵筋的质量 = 多余纵筋长度 × 每米质量 × 根数 × 相同构件数

【例 3.2】已知框架柱截面尺寸为 500 mm×500 mm,WKL 标高为 7.15 m,变化楼层标高为 3.55 m,基础标高为 −3.8 m,基础保护层厚度为 40 mm,柱保护层厚度为 30 mm,WKL 的梁高最大值为 600 mm,KL 的梁高最大值为 400 mm,水平插筋为 150 mm。混凝土采用 C30,三级抗震等级,钢筋皆采用 HRB400 级,上部纵筋为 16$\Phi$20,下部纵筋为 12$\Phi$20,求多余出来的钢筋工程量。

【解】1 个 KZ(角柱)。

外侧:①2$\Phi$20

$L_1 = 7.15 − 3.55 − 0.6 + 1.5 × 37 × 0.02 + 1.2 × 37 × 0.02 = 5.00(m)$

$W_1 = 5.00 × 0.006\ 165 × 20^2 × 2 = 24.66(kg)$

内侧:②2$\Phi$20

$L_2 = 7.15 − 3.55 − 0.03 + 12 × 0.02 + 1.2 × 37 × 0.02 = 4.70(m)$

$W_2 = 4.70 × 0.006\ 165 × 20^2 × 2 = 23.180(kg)$

### 3.4.2 等截面框架柱下多上少纵筋构造与计算

16G101—1 平法图集中等截面框架柱下多上少纵筋构造如图 3.12 所示。

根据平法图集中等截面框架柱下多上少纵筋构造补全下多上少多余纵筋构造,如图 3.13 所示。

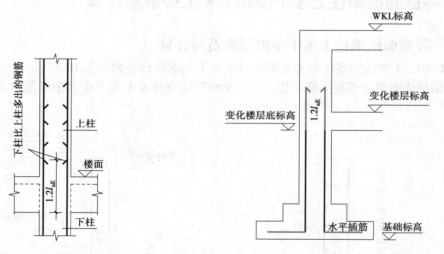

图 3.12 等截面框架柱下多上少纵筋构造　　图 3.13 等截面框架柱下多上少多余纵筋构造

根据等截面框架柱下多上少多余纵筋构造,推导公式如下:

内、外侧多余纵筋长度 = 变化楼层标高 − 基础标高 − 基础保护层 − max 变化楼层梁高 + 水平插筋 + 1.2$l_{aE}$

多余纵筋的质量 = 多余纵筋长度 × 每米质量 × 根数 × 相同构件数

【例 3.3】WKL 标高为 7.15 m,变化楼层标高为 3.55 m,基础标高为 −3.8 m,基础保护层厚度为 40 mm,柱保护层厚度为 30 mm,WKL 的梁高最大值为 600 mm,KL 的梁高最大值为 400 mm,水平插筋为 150 mm。混凝土采用 C30,三级抗震等级,钢筋皆采用 HRB400 级,上部纵筋为 12$\Phi$20,下部纵筋为 16$\Phi$20,求多余出来的钢筋工程量。

【解】根据等截面框架柱下多上少多余钢筋构造计算其长度及质量:

下多钢筋长度:$L = 3.55 + 3.8 − 0.04 − 0.4 + 0.15 + 1.2 × 37 × 0.02 = 7.95(m)$

下多钢筋质量:$W = 7.95 \times 0.006\,165 \times 20^2 \times 4 = 78.419(\text{kg})$

### 3.4.3　等截面框架柱上大下小和下大上小纵筋构造与计算

#### 1)等截面框架柱上大下小纵筋构造与计算

16G101—1 平法图集中等截面框架柱上大下小纵筋构造如图 3.14 所示。

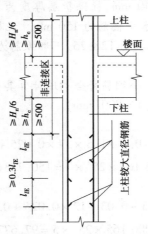

**图 3.14　等截面框架柱上大下小纵筋构造**

等截面框架柱上大下小纵筋补全构造如图 3.15 所示。

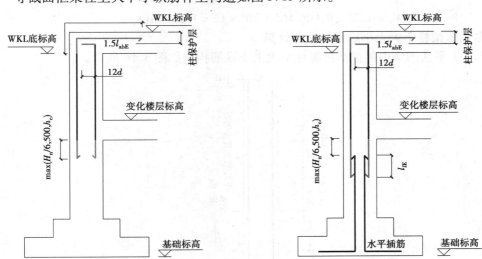

**图 3.15　等截面框架柱上大下小纵筋补全构造**

根据等截面框架柱上大下小纵筋补全构造,推导其上大纵筋长度公式和下小纵筋长度公式如下:

角柱、边柱外侧上大纵筋长度 = WKL 标高 − 变化楼层标高 − max$_{\text{WKL梁高}}$ + 1.5$l_{\text{abE}}$ + 加密区长度 + max$_{\text{变化楼层梁高}}$

角柱、边柱外侧下小纵筋长度 = 变化楼层标高 − 基础标高 − 基础保护层 − 加密区长度 − max$_{\text{变化楼层梁高}}$ + 水平插筋

角柱、边柱内侧及中柱上大纵筋长度 = WKL 标高 − 变化楼层标高 − 柱保护层 + 12$d$ +

$\max_{变化楼层梁高}$+加密区长度

角柱、边柱内侧及中柱下小纵筋长度=变化楼层标高-基础标高-基础保护层-加密区长度-$\max_{变化楼层梁高}$+水平插筋

**【例3.4】**WKL标高为7.15 m,变化楼层标高为3.55 m,基础顶部标高为-0.2 m,基础标高为-3.8 m,基础保护层厚度为40 mm,柱保护层厚度为30 mm,WKL的梁高最大值为600 mm,KL的梁高最大值为400 mm,水平插筋为150 mm。混凝土采用C30,三级抗震等级,钢筋皆为HRB400级,全部纵筋:上部纵筋为12φ25,下部纵筋为12φ20。求钢筋工程量。KZ(角柱)截面尺寸为800 mm×800 mm。

**【解】**根据等截面框架柱上大下小钢筋补全构造计算其长度及质量。

加密区长度:$\max(H_n/6,500,h_c)=800(\text{mm})$

上部外侧钢筋:①7φ25

$$L_1=7.15-3.55-0.6+1.5\times37\times0.025+0.8+0.4=5.59(\text{m})$$

$$W_1=5.59\times0.006\,165\times25^2\times7=150.773(\text{kg})$$

上部内侧钢筋:②5φ25

$$L_2=7.15-3.55-0.03+12\times0.025+0.4+0.8=5.07(\text{m})$$

$$W_2=5.07\times0.006\,165\times25^2\times5=97.677(\text{kg})$$

下部钢筋:③12φ20

$$L_3=3.55+3.8-0.04-0.4-0.8+0.15=6.26(\text{m})$$

$$W_3=6.26\times0.006\,165\times20^2\times12=185.246(\text{kg})$$

**2)等截面框架柱下大上小纵筋构造与计算**

16G101—1平法图集中等截面框架柱下大上小纵筋构造如图3.16所示。

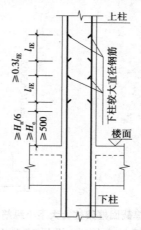

**图3.16 等截面框架柱下大上小纵筋构造**

等截面框架柱下大上小纵筋补全构造如图3.17所示。

根据等截面框架柱下大上小纵筋补全构造,推导公式如下:

角柱、边柱内外侧及中柱纵筋下大长度=变化楼层标高-基础标高-基础保护层+加密区长度+水平插筋

角柱、边柱外侧纵筋上小长度=WKL标高-变化楼层标高-加密区长度-$\max_{WKL梁高}$+$1.5l_{abE}$

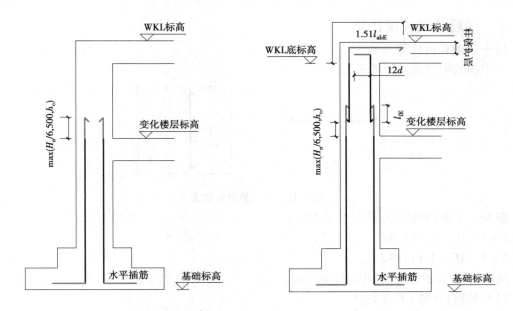

**图 3.17　等截面框架柱下大上小纵筋补全构造**

角柱、边柱内侧及中柱纵筋上小长度＝WKL 标高 − 变化楼层标高 − 柱保护层 − 加密区长度 +12$d$

**【例 3.5】** WKL 标高为 7.15 m,变化楼层标高为 3.55 m,基础顶部标高为 −0.2 m,基础标高为 −3.8 m,基础保护层厚度为 40 mm,柱的保护层厚度为 30 mm,WKL 的梁高最大值为 600 mm,KL 的梁高最大值为 400 mm,水平插筋为 150 mm。混凝土采用 C30,三级抗震等级,钢筋皆采用 HRB400 级,全部纵筋:上部纵筋为 12$\oplus$20,下部纵筋为 12$\oplus$25。求钢筋工程量。KZ(角柱)截面尺寸为 800 mm×800 mm。

**【解】** 根据等截面框架柱下大上小钢筋补全构造计算其长度及质量。

加密区长度:max($H_n$/6,500,$h_c$)＝800(mm)

下部钢筋:①12$\oplus$25

$$L_1 = 3.55 + 3.8 − 0.04 + 0.8 + 0.15 = 8.26(\text{m})$$

$$W_1 = 8.26 \times 0.006\ 165 \times 25^2 \times 12 = 381.922(\text{kg})$$

上部钢筋外侧:②7$\oplus$20

$$L_2 = 7.15 − 3.55 − 0.8 − 0.6 + 1.5 \times 37 \times 0.02 = 3.31(\text{m})$$

$$W_2 = 3.31 \times 0.006\ 165 \times 20^2 \times 7 = 57.137(\text{kg})$$

上部钢筋内侧:③5$\oplus$20

$$L_3 = 7.15 − 3.55 − 0.03 − 0.8 + 12 \times 0.02 = 3.01(\text{m})$$

$$W_3 = 3.01 \times 0.006\ 165 \times 20^2 \times 5 = 37.113(\text{kg})$$

# 3.5　箍筋计算

框架柱常见的箍筋类型有一字箍、2×2 箍筋、3×3 箍筋、4×4 箍筋等。

### 3.5.1 箍筋单根长度计算

#### 1)一字箍长度计算

一字箍的钢筋构造如图 3.18 所示。

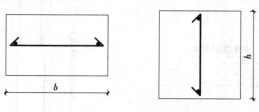

**图 3.18 一字箍钢筋构造**

根据一字箍钢筋构造,推导公式如下:

$$L = b - 2C + 2 \times 11.9d$$
$$L = h - 2C + 2 \times 11.9d$$

式中,$C$ 为保护层厚度,$d$ 为箍筋直径。

#### 2)双肢箍(外箍)长度计算

双肢箍的钢筋构造如图 3.19 所示。

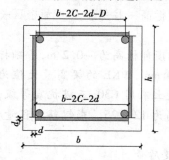

**图 3.19 双肢箍钢筋构造**

根据双肢箍构造,推导公式如下:

$$L = \left[ (b - 2C - 2d) + (h - 2C - 2d) \right] \times 2 + 3d + 2 \times 11.9d$$

式中,$C$ 为保护层厚度,$d$ 为箍筋直径,$D$ 为角筋直径。

【例 3.6】计算 $2 \times 2$ 箍筋的工程量,$b$ 边长度为 400 mm,$h$ 边长度为 400 mm,$C$ 为 30 mm,箍筋为 $\phi$10。

【解】$2 \times 2$ 箍筋:$\phi$10。

$$L = \left[ (0.4 - 2 \times 0.03 - 2 \times 0.01) + (0.4 - 2 \times 0.03 - 2 \times 0.01) \right] \times 2 + 3 \times 0.01 + 2 \times 11.9 \times 0.01 = 1.55(\text{m})$$

$$W = 1.55 \times 0.006\,165 \times 10^2 = 0.956(\text{kg})$$

### 3.5.2 双肢箍(内箍)长度计算

双肢箍内箍构造如图 3.20 所示。

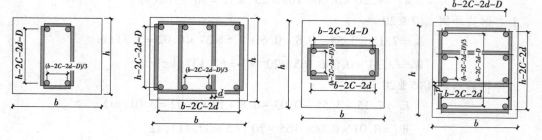

**图 3.20 双肢箍内箍构造**

根据双肢箍内箍构造,推导其长度计算公式(分内箍 1 和内箍 2)如下:

内箍长度 $1 = \left[ (b - 2C_柱 - 2d - D)/3 + D' + (h - 2C_柱 - 2d) \right] \times 2 + 3d + 2 \times 11.9d$

内箍长度 $2 = \left[ (h - 2C_柱 - 2d - D)/3 + D' + (b - 2C_柱 - 2d) \right] \times 2 + 3d + 2 \times 11.9d$

式中,$D$ 为角筋直径,$D'$ 为 $b$ 边或 $h$ 边一侧钢筋直径,$C_柱$ 为柱保护层厚度。

【例3.7】计算4×4箍筋内箍工程量，已知 $b$ 边长度为400 mm，$h$ 边长度为400 mm，柱保护层厚度为30 mm，箍筋为Φ10，全部纵筋为12Φ20。

【解】$L_1=[(0.4-2\times0.03-2\times0.01-0.02)/3+0.02+(0.4-2\times0.03-2\times0.01)]\times2+3\times0.01+2\times11.9\times0.01=1.15(\mathrm{m})$

$W_1=1.15\times0.006\ 165\times10^2=0.709(\mathrm{kg})$

$L_2=L_1=1.15(\mathrm{m})$

$W_2=W_1=0.709(\mathrm{kg})$

$W_{总}=0.709\times2=1.418(\mathrm{kg})$

4×4箍筋由一个“2×2”外箍、一个内箍1和一个内箍2组成，如图3.21所示。因此

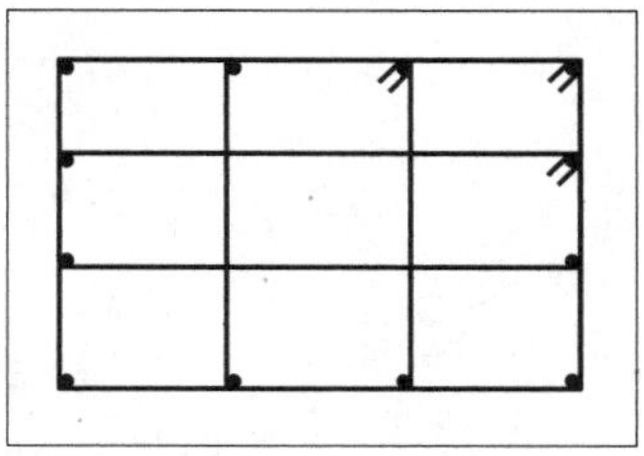

图3.21　4×4箍筋构造

4×4箍筋长度=外箍长度+内箍1长度+内箍2长度

【例3.8】已知 $b$ 边长度为400 mm，$h$ 边长度为400 mm，柱保护层厚度为30 mm，箍筋为Φ10，全部纵筋为12Φ20，请计算4×4箍筋长度。

【解】$L_{外}=[(0.4-2\times0.03-2\times0.01)+(0.4-2\times0.03-2\times0.01)]\times2+3\times0.01+2\times11.9\times0.01=1.55(\mathrm{m})$

$L_{内1}=[(0.4-2\times0.03-2\times0.01-0.02)/3+0.02+(0.4-0.03\times2-2\times0.01)]\times2+3\times0.01+2\times11.9\times0.01=1.15(\mathrm{m})$

$L_{内2}=[(0.4-2\times0.03-2\times0.01-0.02)/3+0.02+(0.4-0.03\times2-2\times0.01)]\times2+3\times0.01+2\times11.9\times0.01=1.15(\mathrm{m})$

$W=(1.55+1.15+1.15)\times0.006\ 165\times10^2=2.374(\mathrm{kg})$

### 3.5.3　KZ、QZ、LZ箍筋构造与计算

**1)平法图集中箍筋加密区范围**

16G101—1平法图集中KZ、QZ、LZ箍筋加密区范围如图3.22所示。

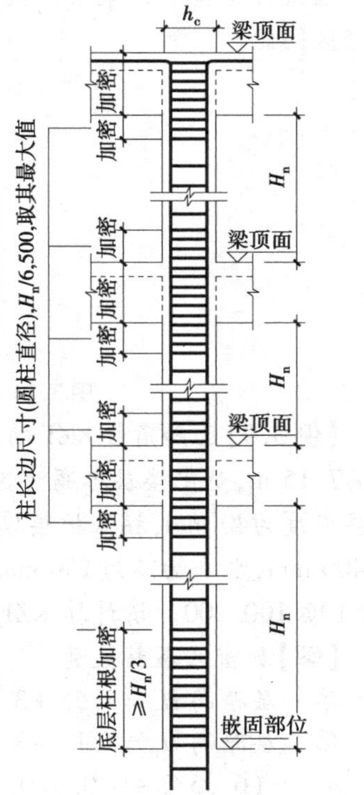


图3.22　KZ、QZ、LZ箍筋加密区范围

**2)施工规范中框架柱与各构件连接构造要求**

(1)框架柱与基础连接的箍筋加密区构造及加密区根数计算

框架柱与基础连接的箍筋加密区构造如图3.23所示。

框架柱与基础连接的箍筋加密区根数 $=(H_n/3-0.05)$/加密间距+1

(2)框架柱与框架梁连接的箍筋加密区构造及加密区根数计算

框架柱与框架梁连接的箍筋加密区构造如图3.24所示。

框架柱与框架梁连接的上部箍筋加密区根数 $=[\max(H_n/6,500,h_c)-0.05]$/加密区间距

框架柱与框架梁连接的下部箍筋加密区根数 $=\max(H_n,500,h_c)+\max_{KL梁高}$/加密区间距

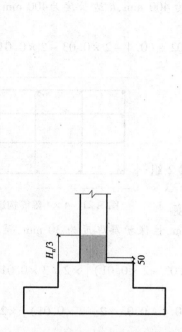

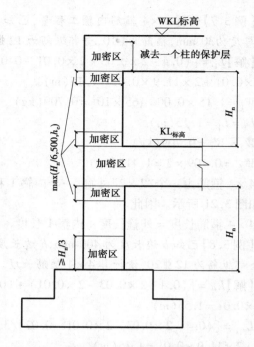

图 3.23　框架柱与基础连接的箍筋加密区构造　　　图 3.24　框架柱与框架梁连接的箍筋加密区构造

（3）框架柱与屋面框架梁连接的箍筋加密区构造及加密区根数计算

框架柱与屋面框架梁连接的箍筋加密区构造如图 3.25 所示。

框架柱与屋面框架梁连接的箍筋加密区根数 $= \left[ \max_{\text{WKL梁高}} + \max(H_n/6,500,h_c) - C_{\text{柱}} \right] /$ 加密区间距

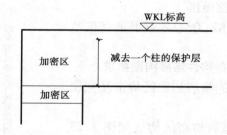

图 3.25　框架柱与屋面框架梁连接的箍筋加密区构造

【例 3.9】已知角柱 KZ1 的截面尺寸为 800 mm×800 mm,KZ1 全部纵筋为 12$\Phi$20,WKL 标高为 7.15 m,变化楼层标高为 3.55 m,基础顶部标高为 −3.2 m,基础标高为 −3.8 m,基础保护层厚度为 40 mm,柱保护层厚度为 30 mm,WKL 的梁高最大值为 600 mm,KL 的梁高最大值为 400 mm,水平插筋为 150 mm,如图 3.26 所示。混凝土采用 C30,三级抗震等级,箍筋为 4×4 的 $\Phi$10@100/200。请计算 KZ1 箍筋工程量。

【解】加密区箍筋数量:

第一层净高 $H_n = 3.55 + 3.2 - 0.4 = 6.35(\text{m})$

第二层净高 $H_n = 7.15 - 3.55 - 0.6 = 3(\text{m})$

$n_{加1} = (6.35/3 - 0.05)/0.1 + 1 = 22(\text{根})$

$n_{加2} = 1.1/0.1 = 11(\text{根})$

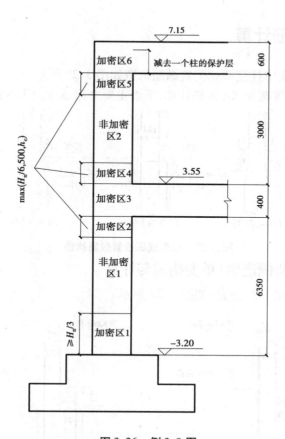

图 3.26  例 3.9 图

$n_{加3} = 0.4/0.1 = 4(根)$

$n_{加4} = n_{加5} = 0.8/0.1 = 8(根)$

$n_{加6} = 0.6/0.1 = 6(根)$

$n_{非加1} = (6.35 - 2.1 - 1.1)/0.2 = 16(根)$

$n_{非加2} = (3 - 0.6 - 0.8)/0.2 = 8(根)$

$n_{总} = 83(根)$

$L_{外} = [(0.8 - 2 \times 0.03 - 2 \times 0.01) + (0.8 - 2 \times 0.03 - 2 \times 0.01)] \times 2 + 3 \times 0.01 + 2 \times 11.9 \times 0.01 = 3.15(m)$

$L_{内1} = [(0.8 - 2 \times 0.03 - 2 \times 0.01 - 0.02)/3 + 0.02 + (0.8 - 2 \times 0.03 - 2 \times 0.01)] \times 2 + 3 \times 0.01 + 2 \times 11.9 \times 0.01 = 2.22(m)$

$L_{内2} = [(0.8 - 2 \times 0.03 - 2 \times 0.01 - 0.02)/3 + 0.02 + (0.8 - 2 \times 0.03 - 2 \times 0.01)] \times 2 + 3 \times 0.01 + 2 \times 11.9 \times 0.01 = 2.22(m)$

$L_{总} = L_{外} + L_{内1} + L_{内2} = 7.59(m)$

$W = 7.59 \times 0.006\ 165 \times 10^{2} \times 83 = 388.377(kg)$

## 3.6 变截面柱纵筋计算

16G101—1 平法图集中柱变截面位置纵筋构造如图 3.27 所示。

若 $\Delta/h_b \leq 1/6$，则按等截面 KZ 纵筋计算，下面主要介绍 $\Delta/h_b > 1/6$ 的计算。

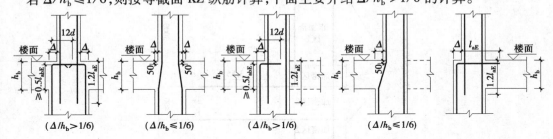

**图 3.27 柱变截面位置纵筋构造**

### 3.6.1 $\Delta/h_b > 1/6$（两侧连梁）单变构造与计算

$\Delta/h_b > 1/6$（两侧连梁）单变构造如图 3.28 所示。

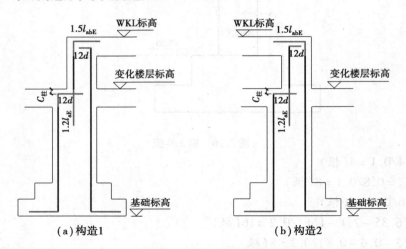

**图 3.28 $\Delta/h_b > 1/6$（两侧连梁）单变构造**

根据 $\Delta/h_b > 1/6$（两侧连梁）单变构造，推导公式如下：

角柱、边柱外侧上部纵筋长度 = WKL 标高 − 变化楼层标高 − $\max_{WKL梁高}$ + $1.5l_{abE}$ + $1.2l_{aE}$

角柱、边柱内侧上部纵筋长度 = WKL 标高 − 变化楼层标高 − 柱保护层 + $12d$ + $1.2l_{aE}$

下部纵筋长度 = 变化楼层标高 − 基础标高 − 基础保护层 − 柱保护层 + 水平插筋 + $12d$

【例 3.10】计算变截面（$\Delta/h_b > 1/6$，单变构造）角柱纵筋工程量。已知 WKL 标高为 7.15 m，变化楼层标高为 3.55 m，基础顶部标高为 −3.2 m，基础标高为 −3.8 m，基础保护层厚度为 40 mm，柱保护层厚度为 30 mm，WKL 的梁高最大值为 600 mm，KL 的梁高最大值为 400 mm，水平插筋为 150 mm。混凝土采用 C30，三级抗震等级，全部纵筋为 12 $\Phi$ 20。

【解】(1) 构造 1

角柱外侧上部纵筋：①7 $\Phi$ 20

$L_1 = (7.15 − 3.55 − 0.6 + 1.5 \times 37 \times 0.02 + 1.2 \times 37 \times 0.02) \times 7 = 34.99(\text{m})$

$W_1 = 34.99 \times 0.006\ 165 \times 20^2 = 86.285(\text{kg})$

角柱外侧下部纵筋：②7 $\Phi$ 20

$L_2 = (3.55 + 3.8 - 0.04 - 0.03 + 12 \times 0.02 + 0.15) \times 7 = 53.69(\text{m})$

$W_2 = 53.69 \times 0.006\ 165 \times 20^2 = 132.400(\text{kg})$

角柱内侧纵筋：③5 $\Phi$ 20

$L_3 = (7.15 + 3.8 - 0.04 - 0.03 + 0.15 + 12 \times 0.02) \times 5 = 56.35(\text{m})$

$W_3 = 56.35 \times 0.006\ 165 \times 20^2 = 138.959(\text{kg})$

（2）构造2

角柱内侧上部纵筋：①5 $\Phi$ 20

$L_1 = (7.15 - 3.55 - 0.03 + 12 \times 0.02 + 1.2 \times 37 \times 0.02) \times 5 = 23.49(\text{m})$

$W_1 = 23.49 \times 0.006\ 165 \times 20^2 = 57.926(\text{kg})$

角柱内侧下部纵筋：②5 $\Phi$ 20

$L_2 = (3.55 + 3.8 - 0.04 - 0.03 + 12 \times 0.02 + 0.15) \times 5 = 38.35(\text{m})$

$W_2 = 38.35 \times 0.006\ 165 \times 20^2 = 94.571(\text{kg})$

角柱外侧纵筋：③7 $\Phi$ 20

$L_3 = (7.15 + 3.8 - 0.04 - 0.4 + 0.15 + 1.5 \times 37 \times 0.02) \times 7 = 82.39(\text{m})$

$W_3 = 82.39 \times 0.006\ 165 \times 20^2 = 203.174(\text{kg})$

## 3.6.2　$\Delta/h_b > 1/6$ 双变构造与计算

双变的框架柱纵筋构造如图3.29所示。

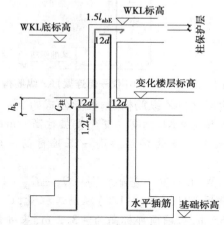

图3.29　双变的框架柱纵筋构造

根据双变的框架柱纵筋构造，推导公式如下：

角、边柱外侧上部纵筋长度 = WKL 标高 − 变化楼层标高 − $\max_{\text{WKL梁高}}$ + $1.5l_{abE}$ + $1.2l_{aE}$

角、边柱内侧及中柱上部纵筋长度 = WKL 标高 − 变化楼层标高 − 柱保护层 + $12d$ + $1.2l_{aE}$

下部纵筋长度 = 变化楼层标高 − 基础标高 − 基础保护层 − 柱保护层 + 水平插筋 + $12d$

【例3.11】请计算变截面角柱（$\Delta/h_b > 1/6$，双变构造）纵筋工程量。已知 WKL 标高为 7.15 m，变化楼层标高为 3.55 m，基础顶部标高为 −3.2 m，基础标高为 −3.8 m，基础保护层厚度为 40 mm，柱保护层厚度为 30 mm，WKL 的梁高最大值为 600 mm，KL 的梁高最大值为 400 mm，水平插筋为 150 mm。混凝土采用 C30，三级抗震等级，框架柱全部纵筋为 12 $\Phi$ 20。

【解】外侧上部纵筋：①7 $\Phi$ 20

$L_1 = (7.15 - 3.55 - 0.6 + 1.5 \times 37 \times 0.02 + 1.2 \times 37 \times 0.02) \times 7 = 34.99(\text{m})$

$W_1 = 34.99 \times 0.006\,165 \times 20^2 = 86.285(\text{kg})$

内侧上部纵筋：②5 $\Phi$ 20

$L_2 = (7.15 - 3.55 - 0.03 + 12 \times 0.02 + 1.2 \times 37 \times 0.02) \times 5 = 23.49(\text{m})$

$W_2 = 23.49 \times 0.006\,165 \times 20^2 = 57.926(\text{kg})$

下部纵筋：③12 $\Phi$ 20

$L_3 = 3.55 + 3.8 - 0.03 - 0.04 + 0.15 + 12 \times 0.02 = 7.67(\text{m})$

$W_3 = 7.67 \times 0.006\,165 \times 20^2 \times 12 = 226.971(\text{kg})$

### 3.6.3  $\Delta/h_b > 1/6$（仅一侧连梁）KZ 纵筋构造与计算

$\Delta/h_b > 1/6$（仅一侧连梁）KZ 纵筋构造如图 3.30 所示。

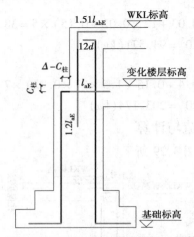

**图 3.30  $\Delta/h_b > 1/6$（仅一侧连梁）KZ 纵筋构造**

根据 $\Delta/h_b > 1/6$（仅一侧连梁）KZ 纵筋构造，推导公式如下：

角、边柱外侧上部纵筋长度 = WKL 标高 − 变化楼层标高 − max$_{\text{WKL梁高}}$ + $1.5l_{abE}$ + $1.2l_{aE}$

角、边柱外侧下部纵筋长度 = 变化楼层标高 − 基础标高 − $C_{基}$ − $C_{柱}$ + 水平插筋 + $\Delta$ − $C_{柱}$ + $l_{aE}$

角、边柱内侧纵筋长度 = WKL 标高 − 基础标高 − $C_{基}$ − $C_{柱}$ + $12d$ + 水平插筋

【例 3.12】计算变截面角柱 KZ1（$\Delta/h_b > 1/6$）纵筋工程量，已知 $\Delta = 200\ \text{mm}$，WKL 标高为 7.15 m，变化楼层标高为 3.55 m，基础顶部标高为 −3.2 m，基础标高为 −3.8 m，基础保护层厚度为 40 mm，柱保护层厚度为 30 mm，WKL 的梁高最大值为 600 mm，KL 的梁高最大值为 400 mm，水平插筋为 150 mm，混凝土采用 C30，三级抗震等级，全部纵筋为 12 $\Phi$ 20。

【解】外侧上部纵筋：①7 $\Phi$ 20

$L_1 = (7.15 - 3.55 - 0.6 + 1.2 \times 37 \times 0.02 + 1.5 \times 37 \times 0.02) \times 7 = 34.99(\text{m})$

$W_1 = 34.99 \times 0.006\,165 \times 20^2 = 86.285(\text{kg})$

外侧下部纵筋：①7 $\Phi$ 20

$L_2 = (3.55 + 3.8 - 0.04 - 0.03 + 0.15 + 0.2 - 0.03 + 37 \times 0.02) \times 7 = 58.38(\text{m})$

$W_2 = 58.38 \times 0.006\,165 \times 20^2 = 143.965(\text{kg})$

角柱内侧纵筋：③5 $\Phi$ 20

$$L_3 = (7.15 + 3.8 - 0.04 - 0.03 + 12 \times 0.02 + 0.15) \times 5 = 56.35(\text{m})$$
$$W_3 = 56.35 \times 0.006\ 165 \times 20^2 = 138.959(\text{kg})$$

### 3.6.4　梁上柱纵筋构造与计算

16G101—1 平法图集中梁上柱 LZ 的纵筋构造如图 3.31 所示。

梁上柱 LZ 纵筋补全构造如图 3.32 所示。

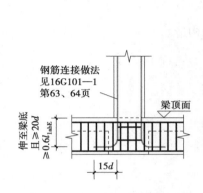

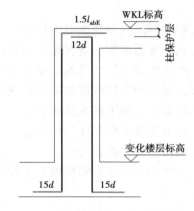

图 3.31　梁上柱 LZ 纵筋构造　　　　　图 3.32　梁上柱 LZ 纵筋补全构造

根据梁上柱 LZ 纵筋补全构造，推导公式如下：

角、边柱外侧纵筋长度 = WKL 标高 − 变化楼层标高 − $\max_{\text{WKL梁高}}$ + $\max_{\text{变化楼层梁高}}$ − $C_柱$ + $15d + 1.5l_{abE}$

框架柱内侧纵筋长度 = WKL 标高 − 变化楼层标高 − $C_柱$ + $\max_{\text{变化楼层梁高}}$ − $C_柱$ + $15d + 12d$

### 3.6.5　剪力墙上柱纵筋构造与计算

16G101—1 平法图集中剪力墙上柱 QZ 的纵筋构造如图 3.33 所示。

剪力墙上柱 QZ 纵筋补全构造如图 3.34 所示。

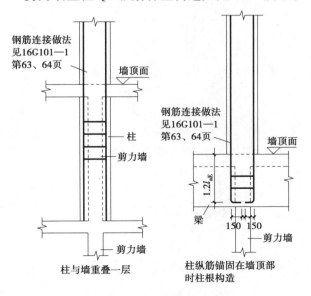

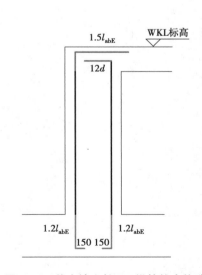

图 3.33　剪力墙上柱 QZ 纵筋构造　　　　图 3.34　剪力墙上柱 QZ 纵筋补全构造

根据剪力墙上柱 QZ 纵筋补全构造,推导公式如下:

角、边柱外侧纵筋长度 = WKL 标高 − 变化楼层标高 − $\max_{\text{WKL梁高}}$ + $1.5l_{\text{abE}}$ + $1.2l_{\text{aE}}$ + 0.15

框架柱内侧纵筋长度 = WKL 标高 − 变化楼层标高 − $C_{\text{柱}}$ + $12d$ + $1.2l_{\text{aE}}$ + 0.15

# 习 题

1. 如何判断框架柱插筋的长度?
2. 画出等截面配筋情况完全相同的框架柱纵筋构造。
3. 画出根数不同情况的框架柱纵筋构造。
4. 画出大小不同情况的框架柱纵筋构造。
5. 画出剪力墙上柱纵筋构造。
6. 画出变截面框架柱纵筋构造。
7. 画出框架柱箍筋构造。
8. 计算回龙小学框架柱钢筋工程量。

# 第4章
# 梁钢筋工程量计算

**关键知识点:**

- 梁平法施工图识图。
- 梁钢筋的种类。
- 梁内各种钢筋的工程量计算方法。

## 4.1 梁平法施工图识图

### 4.1.1 梁平法施工图的表示方法

梁平法施工图系在梁平面布置图上采用平面注写方式或截面注写方式表达。

梁平面布置图,应分别按梁的不同结构层(标准层),将全部梁和与其相关联的柱、墙、板一起采用适当比例绘制。

在梁平法施工图中,尚应按规定注明各结构层的顶面标高及相应的结构层号。

对于轴线未居中的梁,应标注其偏心定位尺寸(贴柱边的梁可不注)。

### 4.1.2 平面注写方式

平面注写方式,系在梁平面布置图上,分别在不同编号的梁中各选一根梁,在其上注写截面尺寸和配筋具体数值的方式来表达梁平法施工图。

平面注写包括集中标注与原位标注。集中标注表达梁的通用数值,原位标注表达梁的特殊数值。当集中标注中的某项数值不适用于梁的某部位时,则将该项数值原位标注,施工时,原位标注取值优先(图4.1)。

**1)梁编号**

梁编号由梁类型代号、序号、跨数及有无悬挑代号几项组成,并应符合表4.1的规定。

表4.1 梁编号

| 梁类型 | 代号 | 序号 | 跨数及是否带有悬挑 |
|---|---|---|---|
| 楼层框架梁 | KL | ×× | (××)、(××A)或(××B) |
| 楼层框架扁梁 | KBL | ×× | (××)、(××A)或(××B) |
| 屋面框架梁 | WKL | ×× | (××)、(××A)或(××B) |
| 框支梁 | KZL | ×× | (××)、(××A)或(××B) |

续表

| 梁类型 | 代 号 | 序 号 | 跨数及是否带有悬挑 |
|---|---|---|---|
| 托柱转换梁 | TZL | ×× | （××）、（××A）或（××B） |
| 非框架梁 | L | ×× | （××）、（××A）或（××B） |
| 悬挑梁 | XL | ×× | （××）、（××A）或（××B） |
| 井字梁 | JZL | ×× | （××）、（××A）或（××B） |

注：（××A）为一端有悬挑，（××B）为两端有悬挑，悬挑不计入跨数。

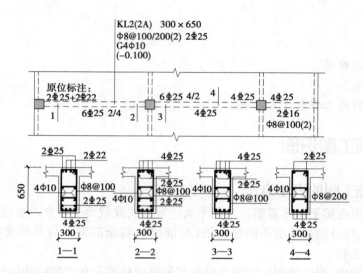

注：本图4个梁截面系采用传统表示方法绘制，用于对比按平面注写方式表达的同样内容。实际采用
　　平面注写方式表达时，不需绘制梁截面配筋图和图中的相应截面号。

**图4.1　平面注写方式示例**

**2）梁集中标注的内容**

梁集中标注的内容有五项必注值及一项选注值（集中标注可以从梁的任意一跨引出），规定如下：

①梁编号（见表4.1），该项为必注值。

②梁截面尺寸，该项为必注值。

当为等截面梁时，用 $b \times h$ 表示；当为竖向加腋梁时，用 $b \times h \ Yc_1 \times c_2$ 表示，其中 $c_1$ 为腋长，$c_2$ 为腋高；当为水平加腋梁时，一侧加腋时用 $b \times h \ PYc_1 \times c_2$ 表示，其中 $c_1$ 为腋长，$c_2$ 为腋宽，加腋部位应在平面图中绘制，如图4.2所示。

当有悬挑梁且根部和端部的高度不同时，用斜线分隔根部与端部的高度值，即 $b \times h_1/h_2$，如图4.3所示。

③梁箍筋，包括钢筋级别、直径、加密区与非加密区间距及肢数，该项为必注值。箍筋加密区与非加密区的不同间距及肢数需用斜线"/"分隔；当梁箍筋为同一种间距及肢数时，则不需用斜线；当加密区与非加密区的箍筋肢数相同时，则将肢数注写一次；箍筋肢数应写在括号内。加密区范围见相应抗震等级的标准构造详图。

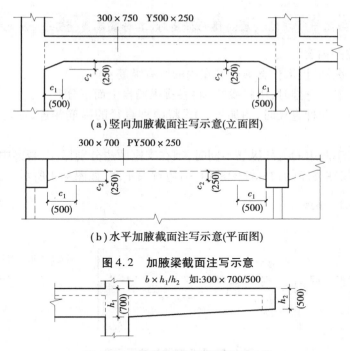

（a）竖向加腋截面注写示意（立面图）

（b）水平加腋截面注写示意（平面图）

**图 4.2　加腋梁截面注写示意**

**图 4.3　悬挑梁不等高截面注写示意**

非框架梁、悬挑梁、井字梁采用不同的箍筋间距及肢数时，也用斜线"/"将其分隔开来。注写时，先注写梁支座端部的箍筋（包括箍筋的箍数、钢筋级别、直径、间距与肢数），在斜线后注写梁跨中部分的箍筋间距及肢数。

④梁上部通长筋或架立筋配置（通长筋可为相同或不同直径采用搭接连接、机械连接或焊接的钢筋），该项为必注值。所注规格与根数应根据结构受力要求及箍筋肢数等构造要求而定。当同排纵筋中既有通长筋又有架立筋时，应用加号"＋"将通长筋和架立筋相连。注写时需将角部纵筋写在加号的前面，架立筋写在加号后面的括号内，以示不同直径及与通长筋的区别。当全部采用架立筋时，则将其写入括号内。

当梁的上部纵筋和下部纵筋为全跨相同，且多数跨配筋相同时，此项可加注下部纵筋的配筋值，用分号"；"将上部与下部纵筋的配筋值分隔开来，少数跨不同者，按规定处理。

⑤梁侧面纵向构造钢筋或受扭钢筋配置，该项为必注值。当梁腹板高度 $h_w$≥450 mm 时，需配置纵向构造钢筋，所注规格与根数应符合规范规定。此项注写值以大写字母 G 打头，接续注写设置在梁两个侧面的总配筋值，且对称配置。

当梁侧面需配置受扭纵向钢筋时，此项注写值以大写字母 N 打头，接续注写配置在梁两个侧面的总配筋值，且对称配置。受扭纵向钢筋应满足梁侧面纵向构造钢筋的间距要求，且不再重复配置纵向构造钢筋。

【注】1.当为梁侧面构造钢筋时，其搭接与锚固长度可取为 15$d$。
　　　2.当为梁侧面受扭纵筋时，其搭接长度为 $l_l$ 或 $l_{lE}$，锚固长度为 $l_a$ 或 $l_{aE}$；其锚固方式同框架梁下部纵筋。

⑥梁顶面标高高差（该项为选注值），系指相对于结构层楼面标高的高差值，对于位于结构夹层的梁，则指相对于结构夹层楼面标高的高差。有高差时，需将其写入括号内，无高差时不注。

【注】当某梁的顶面高于所在结构层的楼面标高时,其标高高差为正值,反之为负值。

### 3)梁原位标注的内容

①梁支座上部纵筋,该部位含通长筋在内的所有纵筋:

a.当上部纵筋多于一排时,用斜线"/"将各排纵筋自上而下分开。

b.当同排纵筋有两种直径时,用加号"+"将两种直径的纵筋相连,注写时将角部纵筋写在前面。

c.当梁中间支座两边的上部纵筋不同时,须在支座两边分别标注;当梁中间支座两边的上部纵筋相同时,可仅在支座的边标注配筋值,另边省去不注,如图4.4所示。

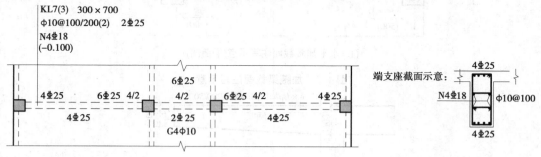

**图4.4 大小跨梁的注写示意**

②梁下部纵筋:

a.当下部纵筋多于一排时,用斜线"/"将各排纵筋自上而下分开。

b.当同排纵筋有两种直径时,用加号"+"将两种直径的纵筋相连,注写时角筋写在前面。

c.当梁下部纵筋不全部伸入支座时,将梁支座下部纵筋减少的数量写在括号内。

d.当梁的集中标注中已按规定分别注写了梁上部和下部均为通长的纵筋值时,则不需在梁下部重复做原位标注。

e.当梁设置竖向加腋时,加腋部位下部斜纵筋应在支座下部以Y打头注写在括号内(图4.5),16G101—1图集中框架梁竖向加腋构造适用于加腋部位参与框架梁计算,其他情况设计者应另行给出构造。当梁设置水平加腋时,水平加腋内上、下部斜纵筋应在加腋支座上部以Y打头注写在括号内,上下部斜纵筋之间用斜体"/"分隔(图4.6)。

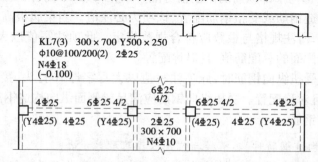

**图4.5 梁竖向加腋平面注写方式表达示例**

③当在梁上集中标注的内容(即梁截面尺寸、箍筋、上部通长筋或架立筋,梁侧面纵向构造钢筋或受扭纵向钢筋,以及梁顶面标高高差中的某一项或几项数值)不适用于某跨或某悬挑部分时,则将其不同数值原位标注在该跨或该悬挑部位,施工时应按原位标注数值取用。

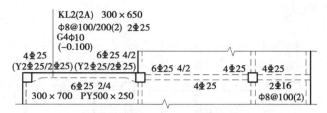

**图 4.6 梁水平加腋平面注写方式表达示例**

当在多跨梁的集中标注中已注明加腋,而该梁某跨的根部却不需要加腋时,则应在该跨原位标注等截面的 $b×h$,以修正集中标注中的加腋信息(图 4.5)。

④附加箍筋或吊筋,将其直接画在平面图中的主梁上,用线引注总配筋值(附加箍筋的肢数注在括号内),如图 4.7 所示。当多数附加箍筋或吊筋相同时,可在梁平法施工图上统一注明,少数与统一注明值不同时,再原位引注。

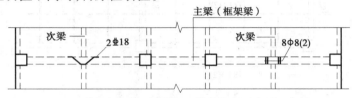

**图 4.7 附加箍筋和吊筋原位标注示例**

**4)框架扁梁注写规则**

框架扁梁注写规则同框架梁,对于上部纵筋和下部纵筋,尚需注明未穿过柱截面的纵向受力钢筋根数(图 4.8)。

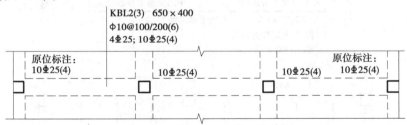

**图 4.8 框架扁梁平面注写方式示例**

框架扁梁节点核心区代号为 KBH,包括柱内核心区和柱外核心区两部分。框架扁梁节点核心区钢筋注写包括柱外核心区竖向拉筋及节点核心区附加纵向钢筋,端支座节点核心区尚需注写附加 U 形箍筋。

柱内核心区箍筋见框架柱箍筋。

柱外核心区竖向拉筋,注写其钢筋级别与直径;端支座柱外核心区尚需注写附加 U 形箍筋的钢筋级别、直径及根数。

框架扁梁节点核心区附加纵向钢筋以大写字母"F"打头,注写其设置方向(X 向或 Y 向)、层数、每层的钢筋根数、钢筋级别、直径及未穿过柱截面的纵向受力钢筋根数。

**5)井字梁注写规则**

井字梁通常由非框架梁构成,并以框架梁为支座(特殊情况下以专门设置的非框架大梁为支座)。在此情况下,为明确区分井字梁与作为井字梁支座的梁,井字梁用单粗虚线表示(当井字梁顶面高出板面时可用单粗实线表示),作为井字梁支座的梁用双细虚线表示(当梁顶面高出板面时可用双细实线表示),如图 4.9 所示。

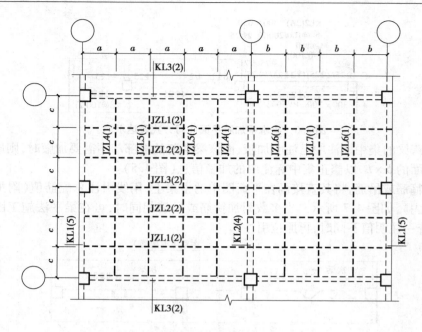

图4.9 井字梁矩形平面网格区域示意

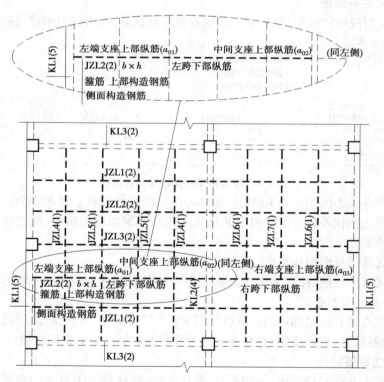

注：本图仅示意井字梁的注写方法，未注明截面几何尺寸 $b \times h$，支座
上部纵筋伸出长度 $a_{01} \sim a_{03}$，以及纵筋与箍筋的具体数值。

图4.10 井字梁平面注写方式示例

井子梁的端部支座和中间支座上部纵筋的伸出长度 $a_0$ 值,应由设计者在原位加注具体数值予以注明。

当采用平面注写方式时,则在原位标注的支座上部纵筋后面括号内加注具体伸出长度值,如图 4.10 所示。

当采用截面注写方式时,则在梁端截面配筋图上注写的上部纵筋后面括号内加注具体伸出长度值,如图 4.11 所示。

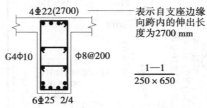

**图 4.11　井字梁截面注写方式示例**

采用平面注写方式表达的梁平法施工图示例如图 4.12 所示。

## 4.1.3　截面注写方式

截面注写方式,系在分标准层绘制的梁平面布置图上,分别在不同编号的梁中各选择一根梁用剖面号引出配筋图,并在其上注写截面尺寸和配筋具体数值的方式来表达梁平法施工图。

对所有梁按表 4.1 的规定编号,从相同编号的梁中选择一根梁,先将"单边截面号"画在该梁上,再将截面配筋详图画在本图或其他图上。当某梁的顶面标高与结构层的楼面标高不同时,尚应继其梁编号后注写梁顶面标高高差(注写规定与平面注写万式相同)。

在截面配筋详图上注写截面尺寸 $b \times h$、上部筋、下部筋、侧面构造筋或受扭筋以及箍筋的具体数值时,其表达形式与平面注写方式相同。

对于框架扁梁,尚需在截面详图上注写未穿过柱截面的纵向受力筋根数。对于框架扁梁节点核心区附加钢筋,需采用平、剖面图表达节点核心区附加纵向钢筋、柱外核心区全部竖向拉筋以及端支座附加 U 形箍筋,注写其具体数值。

截面注写方式既可以单独使用,也可与平面注写方式结合使用。

采用截面注写方式表达的梁平法施工图示例如图 4.13 所示。

## 4.1.4　梁支座上部纵筋的长度规定

①为方便施工,凡框架梁的所有支座和非框架梁(不包括井字梁)的中间支座上部纵筋的伸出长度 $a_0$ 在标准构造详图中统一取值为:第一排非通长筋及与跨中直径不同的通长筋从柱(梁)边起伸出至 $l_n/3$ 位置;第二排非通长筋伸出至 $l_n/4$ 位置。$l_n$ 的取值规定:对于端支座,$l_n$ 为本跨的净跨值;对于中间支座,$l_n$ 为支座两边较大一跨的净跨值。

②悬挑梁(包括其他类型梁的悬挑部分)上部第一排纵筋伸出至梁端头并下弯,第二排伸出至 $3l/4$ 位置,$l$ 为自柱(梁)边算起的悬挑净长。当具体工程需要将悬挑梁中的部分上部钢筋从悬挑梁根部开始斜向弯下时,应由设计者另加注明。

③设计者在执行梁支座端上部纵筋伸出长度的统一取值规定时,特别是在大小跨相邻和端跨外为长悬臂的情况下,还应注意按《混凝土结构设计规范》(GB 50010—2010,2015 年版)的相关规定进行校核,若不满足时应根据规范规定进行变更。

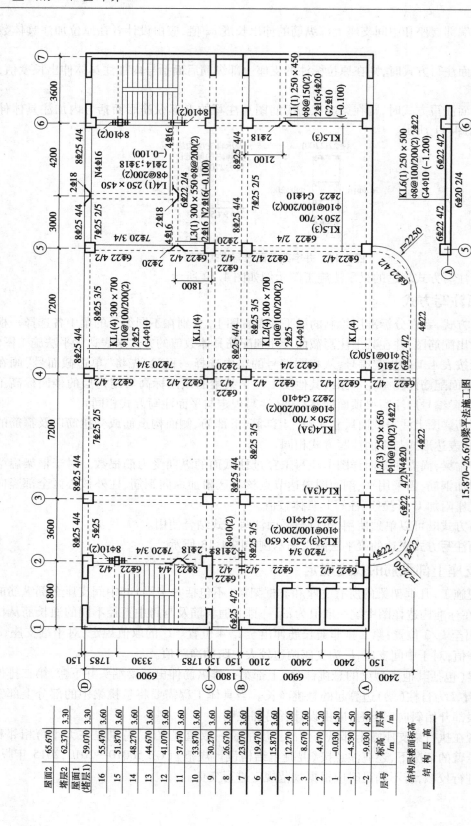

图4.12 梁平法施工图平面注写方式示例

15.870~26.670梁平法施工图

注：可在结构层面标高、结构层高表中加设混凝土强度等级等栏目。

| 层号 | 标高/m | 层高/m |
| --- | --- | --- |
| 屋面2 | 65.670 | |
| 塔层2 | 62.370 | 3.30 |
| 屋面1<br>(塔层1) | 59.070 | 3.30 |
| 16 | 55.470 | 3.60 |
| 15 | 51.870 | 3.60 |
| 14 | 48.270 | 3.60 |
| 13 | 44.670 | 3.60 |
| 12 | 41.070 | 3.60 |
| 11 | 37.470 | 3.60 |
| 10 | 33.870 | 3.60 |
| 9 | 30.270 | 3.60 |
| 8 | 26.670 | 3.60 |
| 7 | 23.070 | 3.60 |
| 6 | 19.470 | 3.60 |
| 5 | 15.870 | 3.60 |
| 4 | 12.270 | 3.60 |
| 3 | 8.670 | 3.60 |
| 2 | 4.470 | 4.20 |
| 1 | -0.030 | 4.50 |
| -1 | -4.530 | 4.50 |
| -2 | -9.030 | 4.50 |
| | 结构层楼面标高<br>结构层高 | |

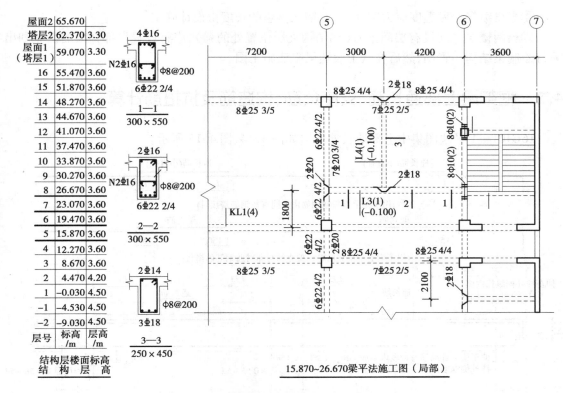

**图 4.13　梁平法施工图平面注写方式示例**

## 4.1.5　不伸入支座的梁下部纵筋长度规定

①当梁（不包括框支梁）下部纵筋不全部伸入支座时，不伸入支座的梁下部纵筋截断点距支座边的距离，在标准构造详图中统一取为 $0.1l_{ni}$（$l_{ni}$ 为本跨梁的净跨值）。

②当按上述规定确定不伸入支座的梁下部纵筋的数量时，应符合《混凝土结构设计规范》（GB 50010—2010,2015 年版）的有关规定。

## 4.1.6　其他

①非框架梁、井字梁的上部纵向钢筋在端支座的锚固要求，16G101—1 平法图集标准构造详图中规定：当设计按铰接时（代号 L、JZL），平直段伸至端支座对边后弯折，且平直段长度 ≥ $0.35l_{ab}$，弯折段投影长度 $15d$（$d$ 为纵向钢筋直径）；当充分利用钢筋的抗拉强度时（代号 Lg、JZLg），直段伸至端支座对边后弯折，且平直段长度 ≥ $0.6l_{ab}$，弯折段投影长度 $15d$。

②非框架梁的下部纵向钢筋在中间支座和端支座的锚固长度：在 16G101—1 平法图集的标准构造详图中规定对于带肋钢筋为 $12d$，对于光面钢筋为 $15d$（$d$ 为纵向钢筋直径）；端支座直锚长度不足时，可采取弯钩锚固形式措施；当计算中需要充分利用下部纵向钢筋的抗压强度或抗拉强度，或具体工程有特殊要求时，其锚固长度应由设计者按照《混凝土结构设计规范》（GB 50010—2010,2015 年版）的相关规定进行变更。

③当非框架梁配有受扭纵向钢筋时，梁纵筋锚入支座的长度为 $l_a$，在端支座直锚长度不足时可伸至端支座对边后弯折，且平直段长度 ≥ $0.6l_{ab}$，弯折段投影长度 $15d$。设计者应在图中注明。

④当梁纵筋兼做温度应力钢筋时,其锚入支座的长度由设计确定。

⑤当两楼层之间设有层间梁时(如结构夹层位置处的梁),应将设置该部分梁的区域划出另行绘制梁结构布置图,然后在其上表达梁平法施工图。

## 4.2 框架梁上部通长筋、支座负筋、构造筋及抗扭筋计算

16G101—1 平法图集中上部通长筋构造如图 4.14、图 4.15 所示。

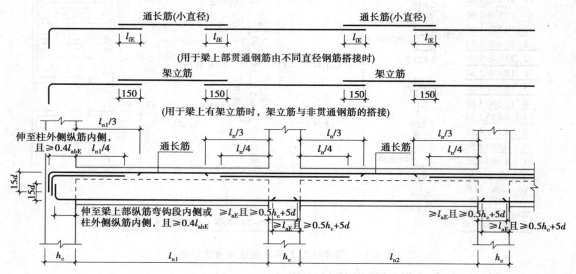

图 4.14 楼层框架梁 KL 纵向钢筋构造

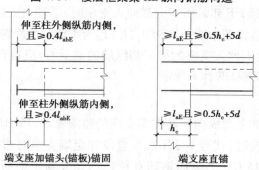

图 4.15 梁纵筋在支座处直锚构造

### 4.2.1 KL 上部通长筋的构造与计算

**1)KL 上部通长筋两端均弯锚的构造与计算**

KL 上部通长筋两端均弯锚的构造如图 4.16 所示。

两端均弯锚 KL 上部通长筋长度 = 通跨净长 + 左弯锚长度 + 右弯锚长度

**2)KL 上部通长筋两端均直锚的构造与计算**

KL 上部通长筋两端均直锚的构造如图 4.17 所示。

两端均直锚 KL 上部通长筋长度 = 通跨净长 + 左直锚长度 + 右直锚长度

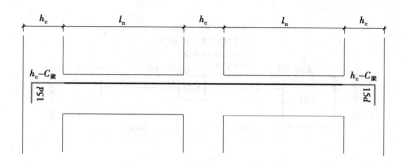

图 4.16 KL 上部通长筋两端均弯锚的构造

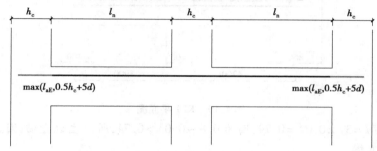

图 4.17 KL 上部通长筋两端均直锚的构造

### 3)KL 上部通长筋一端弯锚一端直锚的构造与计算

KL 上部通长筋一端弯锚一端直锚的构造如图 4.18 所示。

一端直锚一端弯锚 KL 上部通长筋长度 = 通跨净长 + 左直锚长度 + 右弯锚长度

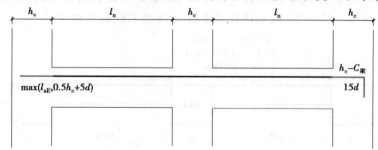

图 4.18 KL 上部通长筋一端弯锚一端直锚的构造

### 4)直锚、弯锚长度的确定

若 $h_c - C_梁 \leqslant l_{aE}$，则弯锚，弯锚长度 $= h_c - C_梁 + 15d$；

若 $h_c - C_梁 > l_{aE}$，则直锚，直锚长度 $= \max(l_{aE}, 0.5h_c + 5d)$。

### 5)KL 上部通长筋长度公式

两端弯锚:KL 上部通长筋长度 $= l_n + h_{c_左} - C_梁 + 15d + h_{c_右} - C_梁 + 15d$

两端直锚:KL 上部通长筋长度 $= l_n + \max(l_{aE}, 0.5h_c + 5d) \times 2$

一端弯锚一端直锚:KL 上部通长筋长度 $= l_n + h_c - C_梁 + 15d + \max(l_{aE}, 0.5h_c + 5d)$

【例 4.1】已知图 4.19 所示框架柱均为中心柱,KL1 的混凝土强度等级为 C30,三级抗震等级,钢筋为 HRB400 级,$C_梁 = 30$ mm,请计算 KL1 上部通长钢筋工程量。

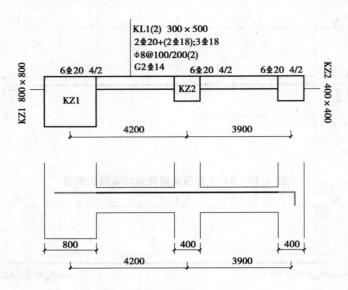

图 4.19 KL1 平面图

【解】$l_{aE} = 37d = 37 \times 0.02 = 0.74$，因为 $0.8 - 0.03 > 0.74$，所以左边直锚;因为 $0.4 - 0.03 < 0.74$，所以右边弯锚。

KL1 上部通长筋: ①2 $\pm$ 20

$$L_1 = \left[ (4.2 + 3.9 - 0.4 - 0.2) + 0.74 + (0.4 - 0.03 + 15 \times 0.02) \right] \times 2 = 17.82 (\text{m})$$

$$W_1 = 17.82 \times 0.006\ 165 \times 20^2 = 43.944 (\text{kg})$$

【例 4.2】已知图 4.20 所示框架柱均为中心柱，KL1 混凝土强度等级为 C30，三级抗震等级，钢筋为 HRB400 级，$C_{梁} = 30$ mm，请计算 KL1 上部通长钢筋工程量。

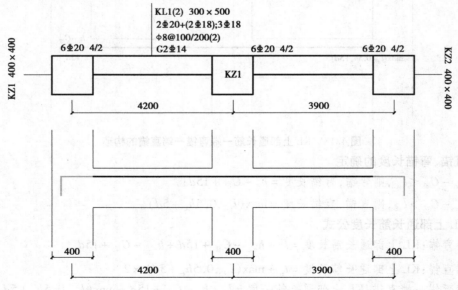

图 4.20 KL1 平面图

【解】$l_{aE} = 37d = 37 \times 0.02 = 0.74$，因为 $0.4 - 0.03 < 0.74$，所以两端均弯锚。

KL1 上部通长筋: ①2 $\pm$ 20

$$L_1 = \left[ (4.2 + 3.9 - 0.2 - 0.2) + (0.4 - 0.03 + 15 \times 0.02) \times 2 \right] \times 2 = 18.08(\mathrm{m})$$

$$W_1 = 18.08 \times 0.006\ 165 \times 20^2 = 44.585(\mathrm{kg})$$

【例 4.3】已知图 4.21 所示框架柱均为中心柱,KL1 混凝土强度等级为 C30,三级抗震等级,钢筋为 HRB400 级,$C_{梁} = 30\ \mathrm{mm}$,请计算 KL1 上部通长钢筋工程量。

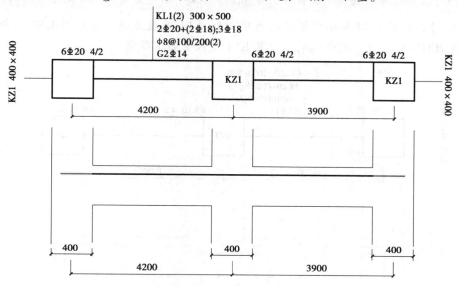

图 4.21 KL1 平面图

【解】$l_{aE} = 37d = 37 \times 0.02 = 0.74$,因为 $0.8 - 0.03 > 0.74$,所以两端均直锚。

KL1 上部通长筋:①2 ⌀20

$$L_1 = \left[ (4.2 + 3.9 - 0.2 - 0.2) + 0.74 \times 2 \right] \times 2 = 18.36(\mathrm{m})$$

$$W_1 = 18.36 \times 0.006\ 165 \times 20^2 = 45.276(\mathrm{kg})$$

### 4.2.2 KL 支座负筋的构造与计算

#### 1)KL 端部支座负筋的构造与计算

KL 端部支座负筋的构造如图 4.22 所示。

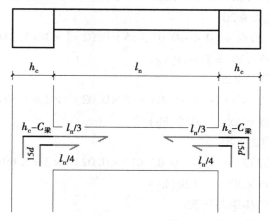

图 4.22 KL 端部支座负筋的构造

根据 KL 端部支座负筋的构造,推导公式如下:

$$端部第一排支座负筋长度 = l_n/3 + 直锚长度或弯锚长度$$
$$端部第二排支座负筋长度 = l_n/4 + 直锚长度或弯锚长度$$

【注】上部通长筋型号和支座负筋型号完全相同时,上部通长筋可以代替支座负筋的作用。

【例 4.4】已知图 4.23 所示框架柱均为中心柱,KL1 混凝土强度等级为 C30,三级抗震等级,钢筋为 HRB400 级,$C_{梁} = 30$ mm,请计算 KL1 支座负筋工程量。

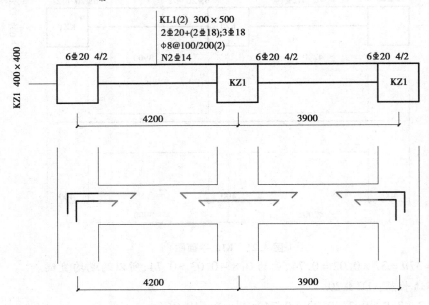

图 4.23 KL1 平面图

【解】$l_{aE} = 37d = 37 \times 0.02 = 0.74$,因为 $0.4 - 0.03 < 0.74$,所以两端均弯锚。

第一排左支座负筋:①2 $\Phi$ 20

$L_1 = [(4.2 - 0.2 - 0.2)/3 + (0.4 - 0.03 + 15 \times 0.02)] \times 2 = 3.87(m)$

$W_1 = 3.87 \times 0.006\ 165 \times 20^2 = 9.543(kg)$

第二排左支座负筋:②2 $\Phi$ 20

$L_2 = [(4.2 - 0.2 - 0.2)/4 + (0.4 - 0.03 + 15 \times 0.02)] \times 2 = 3.24(m)$

$W_2 = 3.24 \times 0.006\ 165 \times 20^2 = 7.990(kg)$

第一排右支座负筋:③ 2 $\Phi$ 20

$L_3 = [(3.9 - 0.2 - 0.2)/3 + (0.4 - 0.03 + 15 \times 0.02)] \times 2 = 3.67(m)$

$W_3 = 3.67 \times 0.006\ 165 \times 20^2 = 9.050(kg)$

第二排右支座负筋:④2 $\Phi$ 20

$L_4 = [(3.9 - 0.2 - 0.2)/4 + (0.4 - 0.03 + 15 \times 0.02)] \times 2 = 3.09(m)$

$W_4 = 3.09 \times 0.006\ 165 \times 20^2 = 7.620(kg)$

2)KL 跨中支座负筋的构造与计算

KL 跨中支座负筋的构造如图 4.24 所示。

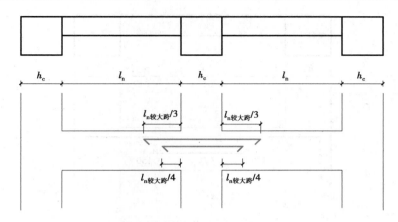

**图 4.24　KL 跨中支座负筋的构造**

根据 KL 跨中支座负筋的构造,推导公式如下:

$$跨中第一排支座负筋长度 = 2l_{n较大跨}/3 + 支座宽度$$
$$跨中第二排支座负筋长度 = 2l_{n较大跨}/4 + 支座宽度$$

【**例 4.5**】已知图 4.25 所示框架柱均为中心柱,KL1 混凝土强度等级为 C30,三级抗震等级,钢筋为 HRB400 级,$C_梁 = 30$ mm,请计算 KL1(2)跨中支座负筋工程量。

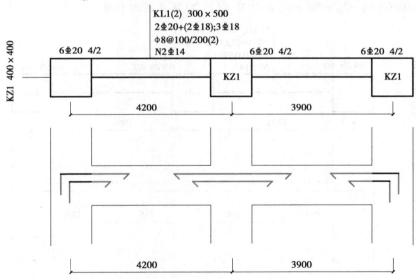

**图 4.25　KL1 平面图**

【**解**】跨中第一排支座负筋:①2 $\pm$ 20

$$L_1 = \left[ (4.2 - 0.2 - 0.2)/3 \times 2 + 0.4 \right] \times 2 = 5.87 (m)$$

跨中第二排支座负筋:②2 $\pm$ 20

$$L_2 = \left[ (4.2 - 0.2 - 0.2)/4 \times 2 + 0.4 \right] \times 2 = 4.6 (m)$$

$$W = (5.87 + 4.6) \times 0.006\ 165 \times 20^2 = 25.819 (kg)$$

## 4.2.3　KL 架立筋的构造与计算

KL 架立筋的构造如图 4.26 所示。

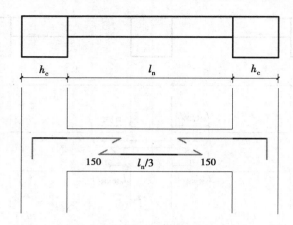

**图4.26 KL架立筋的构造**

根据 KL 架立筋的构造，推导公式如下：

$$KL 架立筋长度 = l_n/3 + 0.15 \times 2$$

【例4.6】已知图4.27所示框架柱均为中心柱，KL1 混凝土强度等级为 C30，三级抗震等级，钢筋为 HRB400 级，$C_{梁} = 30$ mm，请计算 KL1（2）架立筋工程量。

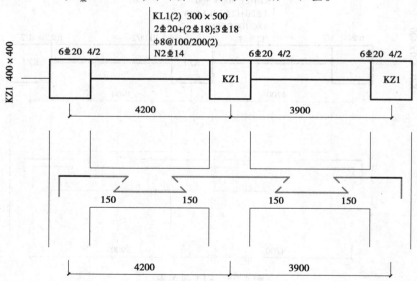

**图4.27 KL1 平面图**

【解】KL1 左跨架立筋：①2 $\Phi$18

$L_1 = [(4.2 - 0.2 - 0.2)/3 + 0.15 \times 2] \times 2 = 3.13(\text{m})$

$W_1 = 3.13 \times 0.006\ 165 \times 18^2 = 6.252(\text{kg})$

KL1 右跨架立筋：②2 $\Phi$18

$L_2 = [(3.9 - 0.2 - 0.2) - (4.2 - 0.2 - 0.2)/3 - (3.9 - 0.2 - 0.2)/3 + 2 \times 0.15] \times 2 = 2.73(\text{m})$

$W_2 = 2.73 \times 0.006\ 165 \times 18^2 = 5.453(\text{kg})$

### 4.2.4　KL 构造筋的构造与计算

　　KL 构造筋的构造如图 4.28 所示。

　　根据 KL 构造筋的构造,推导公式如下:

$$构造筋长度 = 本跨净长 + 2 \times 15d$$

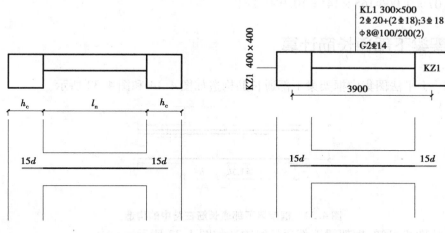

图 4.28　KL 构造筋的构造　　　　　图 4.29　KL1 平面图

　　【例 4.7】已知图 4.29 所示框架柱均为中心柱,KL1 混凝土强度等级为 C30,三级抗震等级,钢筋为 HRB400 级,$C_梁 = 30$ mm,请计算 KL1 构造筋工程量。

　　【解】KL1 构造筋:①2 $\Phi$ 14

$$L_1 = [(3.9 - 0.2 - 0.2) + 2 \times 15 \times 0.014] \times 2 = 7.84(m)$$

$$W_1 = 7.84 \times 0.006\ 165 \times 14^2 = 9.473(kg)$$

### 4.2.5　KL 抗扭筋的构造与计算

　　KL 抗扭筋的构造如图 4.30 所示。

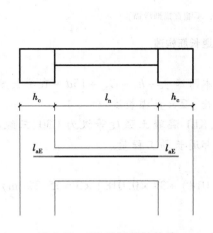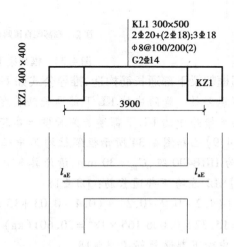

图 4.30　KL 抗扭筋的构造　　　　　图 4.31　KL1 平面图

　　根据 KL 抗扭筋的构造,推导公式如下:

$$抗扭筋长度 = 本跨净长 + 2l_{aE}$$

【例4.8】已知图4.31所示框架柱均为中心柱,KL1混凝土强度等级为C30,三级抗震等级,钢筋为HRB400级,$C_梁 = 30$ mm,请计算KL1抗扭筋工程量。

【解】KL1抗扭筋:①2 $\Phi$14

$$L_1 = \left[ (3.9 - 0.2 - 0.2) + 2 \times 37 \times 0.014 \right] \times 2 = 9.07(\text{m})$$

$$W_1 = 9.07 \times 0.006\ 165 \times 14^2 = 10.960(\text{kg})$$

## 4.3 框架梁下部通长筋计算

16G101—1平法图集中框架梁下部通长筋构造如图4.14和图4.32所示。

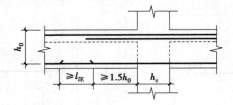

**图4.32 框架梁下部通长筋在跨中的构造**

根据平法图集可知,框架梁下部通长筋构造如图4.33所示。

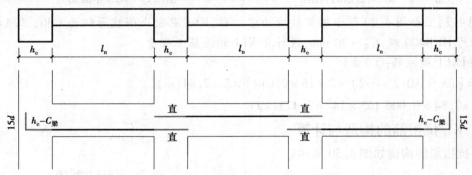

注意:端部能直锚则直锚,不能直锚则弯锚。

**图4.33 框架梁下部通长筋构造**

根据框架梁下部通长筋构造,推导公式如下:

一端端部另一端跨中的 KL 下部通长筋长度 = 本跨净长 $+ h_c - C_梁 + 15d +$ 直锚长度

两端连接跨中的 KL 下部通长筋长度 = 本跨净长 $+ 2 \times$ 直锚长度

【例4.9】已知图4.34所示框架柱均为中心柱,KL1混凝土强度等级为C30,三级抗震等级,钢筋为HRB400级,$C_梁 = 30$ mm,请计算KL1下部通长筋工程量。

【解】KL1左跨下部通长筋:①3 $\Phi$18

$$L_1 = \left[ (4.2 - 0.2 - 0.2) + (0.4 - 0.03 + 15 \times 0.018) + 37 \times 0.018 \right] \times 3 = 15.32(\text{m})$$

$$W_1 = 15.32 \times 0.006\ 165 \times 18^2 = 30.601(\text{kg})$$

KL1中跨下部通长筋:②3 $\Phi$18

$$L_1 = \left[ (3.9 - 0.2 - 0.2) + 37 \times 0.018 \times 2 \right] \times 3 = 14.50(\text{m})$$

$$W_2 = 14.50 \times 0.006\ 165 \times 18^2 = 28.963(\text{kg})$$

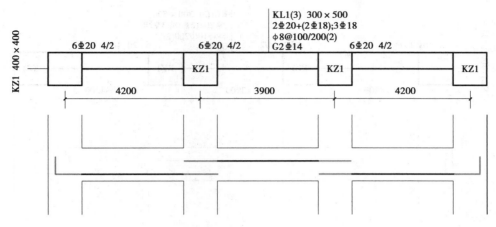

图4.34　KL1 平面图

KL1 右跨下部通长筋：③3 $\underline{\Phi}$ 18

$L_3 = L_1 = 15.32(\mathrm{m})$

$W_3 = W_1 = 30.601(\mathrm{kg})$

## 4.4　抗震框架梁箍筋计算

### 1）一级抗震框架梁箍筋的构造与计算

一级抗震框架梁箍筋的构造如图4.35所示。

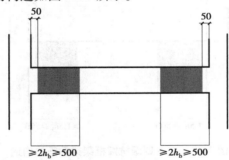

图4.35　一级抗震框架梁箍筋的构造

根据一级抗震框架梁箍筋的构造,推导公式如下：

加密区箍筋根数 $= [\max(2h_\mathrm{b},500) - 0.05]/$加密区间距 $\times 2$

非加密区箍筋根数 $= [l_\mathrm{n} - 2 \times \max(2h_\mathrm{b},500)]/$非加密区间距 $+ 1$

箍筋长度 = 箍筋单根长度 × 箍筋总根数

箍筋质量 = 箍筋长度 $\times 0.006\ 165d^2$

【例4.10】已知图4.36所示框架柱均为中心柱,KL1 混凝土强度等级为C30,一级抗震等级,钢筋为 HRB400 级,箍筋为 HPB300 级,$C_{梁} = 30\ \mathrm{mm}$,请计算 KL1 箍筋工程量。

【解】KL1 箍筋：①$\phi$ 8@ 100/200(2)

加密区根数 $n_1 = n_2 = n_3 = n_4 = = n_5 = n_6 = (2 \times 0.5 - 0.05)/0.1 = 11(根)$

非加密区根数 $n_7 = n_9 = [(4.2 - 0.2 - 0.2) - 2 \times 0.5 \times 2]/0.2 + 1 = 10(根)$

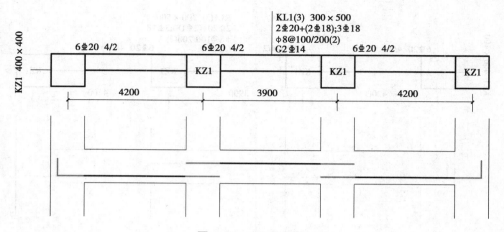

图 4.36 KL1 平面图

$$n_8 = \left[ (3.9 - 0.2 - 0.2) - 2 \times 0.5 \times 2 \right]/0.2 + 1 = 9(\text{根})$$

$$n_{\text{总}} = 11 \times 6 + 10 \times 2 + 9 = 95(\text{根})$$

$$L_1 = \left[ (0.3 - 2 \times 0.03 - 2 \times 0.008) + (0.5 - 2 \times 0.03 - 2 \times 0.008) \right] \times 2 + 3 \times 0.008 + 2 \times$$

$$11.9 \times 0.008 = 1.51(\text{m})$$

$$W_1 = 1.51 \times 0.006\ 165 \times 8^2 \times 95 = 56.600(\text{kg})$$

**2)二~四级抗震框架梁箍筋的构造与计算**

二~四级抗震框架梁箍筋的构造如图 4.37 所示。

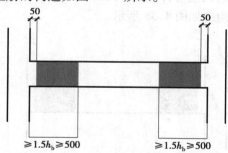

图 4.37 二~四级抗震框架梁箍筋的构造

根据二~四级抗震框架梁箍筋的构造,推导公式如下:

加密区箍筋根数 = [max(1.5$h_b$,500) − 0.05]/加密区间距 × 2

非加密区箍筋根数 = [$l_n$ − 2 × max(1.5$h_b$,500)]/非加密区间距 + 1

箍筋长度 = 箍筋单根长度 × 箍筋总根数

箍筋质量 = 箍筋长度 × 0.006 165$d^2$

**【例 4.11】**已知图 4.38 所示框架柱均为中心柱,KL1 混凝土强度等级为 C30,三级抗震等级,钢筋为 HRB400 级,箍筋为 HPB300 级,$C_{梁}$ = 30 mm,请计算 KL1 箍筋的工程量。

**【解】**KL1 箍筋:ϕ8@100/200(2)。

加密区根数 $n_1 = n_2 = n_3 = n_4 = n_5 = n_6 = (1.5 \times 0.5 - 0.05)/0.1 = 7(\text{根})$

非加密区根数 $n_7 = n_9 = \left[ (4.2 - 0.2 - 0.2) - 1.5 \times 0.5 \times 2 \right]/0.2 + 1 = 13(\text{根})$

$n_8 = \left[ (3.9 - 0.2 - 0.2) - 1.5 \times 0.5 \times 2 \right]/0.2 + 1 = 11(\text{根})$

$n_{\text{总}} = 7 \times 6 + 13 \times 2 + 11 = 79(\text{根})$

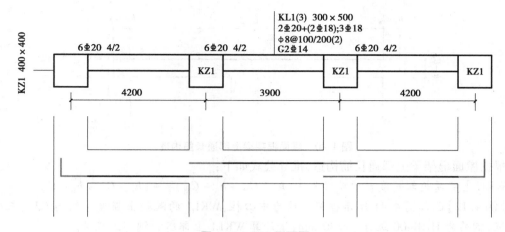

图 4.38　KL1 平面图

$L_1 = \left[ (0.3 - 2 \times 0.03 - 2 \times 0.008) + (0.5 - 2 \times 0.03 - 2 \times 0.008) \right] \times 2 + 3 \times 0.008 + 2 \times$
$11.9 \times 0.008 = 1.51(\text{m})$

$W_1 = 1.51 \times 79 \times 0.006\ 165 \times 8^2 = 47.067(\text{kg})$

## 4.5　屋面框架梁钢筋计算

16G101—1 平法图集中屋面框架梁通长筋和端部支座负筋的构造如图 4.39 所示。

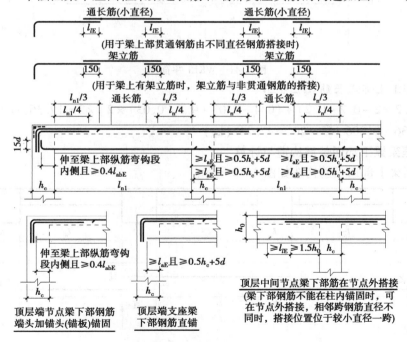

图 4.39　屋面框架梁 WKL 纵向钢筋构造

### 1)屋面框架梁上部通长筋构造与计算

屋面框架梁上部通长筋构造如图 4.40 所示。

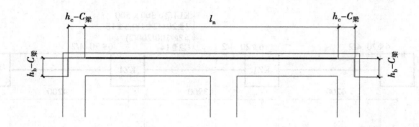

**图 4.40 屋面框架梁上部通长筋构造**

根据屋面框架梁上部通长筋构造,推导公式如下:

$$\text{WKL 上部通长筋长度} = \text{通跨净长} + (h_c - C_梁 + h_b - C_梁)_左 + (h_c - C_梁 + h_b - C_梁)_右$$

【例 4.12】已知图 4.41 所示框架柱均为中心柱,WKL1 的混凝土强度等级为 C30,三级抗震等级,钢筋为 HRB400 级,$C_梁 = 30$ mm,请计算 WKL1 上部通长钢筋工程量。

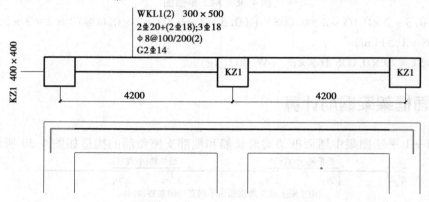

**图 4.41 WKL1 平面图**

【解】WKL1 上部通长筋:①2 ⊈ 20

$$L_1 = \left[ (4.2 \times 2 - 0.2 - 0.2) + (0.4 - 0.03 + 0.5 - 0.03) \times 2 \right] \times 2 = 19.36 (\text{m})$$

$$W_1 = 19.36 \times 0.006\ 165 \times 20^2 = 47.742 (\text{kg})$$

**2)屋面框架梁下部通长筋构造与计算**

屋面框架梁下部通长筋构造如图 4.42 所示。

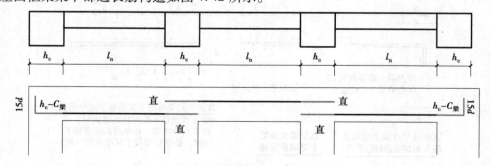

**图 4.42 屋面框架梁下部通长筋构造**

根据屋面框架梁下部通长筋构造,推导公式如下:

一端端部一端跨中 WKL 下部通长筋长度 = 本跨净长 + $h_c$ − $C_梁$ + 15$d$ + 直锚长度

两端跨中长度 = $l_n$ + 2 × 直锚长度

【例4.13】已知图4.43所示框架柱均为中心柱,WKL1的混凝土强度等级为C30,三级抗震等级,钢筋为HRB400级,$C_梁 = 30$ mm,请计算WKL1下部通长钢筋工程量。

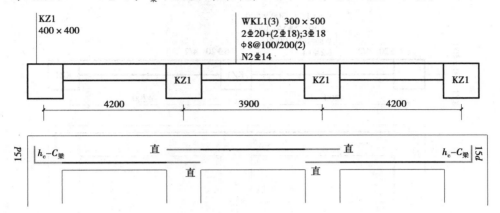

**图4.43 WKL1平面图**

【解】WKL1 左跨下部通长筋:①3 $\Phi$ 18

$L_1 = [(4.2 - 0.2 - 0.2) + (0.4 - 0.03 + 15 \times 0.018) + 37 \times 0.018] \times 3 = 15.32(m)$

$W_1 = 15.32 \times 0.006\ 165 \times 18^2 = 30.601(kg)$

WKL1 中跨下部通长筋:②3 $\Phi$ 18

$L_2 = [(3.9 - 0.2 - 0.2) + 37 \times 0.018 \times 2] \times 3 = 14.50(m)$

$W_2 = 14.50 \times 0.006\ 165 \times 18^2 = 28.963(kg)$

WKL1 右跨下部通长筋:③3 $\Phi$ 18

$L_3 = L_1 = 15.32(m)$

$W_3 = W_1 = 30.601(kg)$

### 3)屋面框架梁支座负筋构造与计算

屋面框架梁支座负筋构造如图4.44所示。

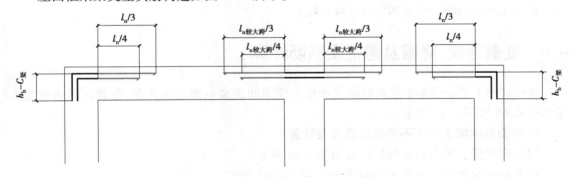

**图4.44 屋面框架梁支座负筋构造**

根据屋面框架梁支座负筋构造,推导公式如下:

第一排端部支座负筋长度 = $l_n/3 + h_c - C_梁 + h_b - C_梁$

第二排端部支座负筋长度 = $l_n/4 + h_c - C_梁 + h_b - C_梁$

第一排跨中支座负筋长度 = $2 \times l_{n较大跨}/3 + 支座宽$

第二排跨中支座负筋长度 = $2 \times l_{n较大跨}/4 + 支座宽$

【例4.14】已知图4.45所示框架柱均为中心柱,WKL1 的混凝土强度等级为 C30,三级抗震等级,钢筋为 HRB400 级,$C_梁=30$ mm,请计算 WKL1 支座负筋工程量。

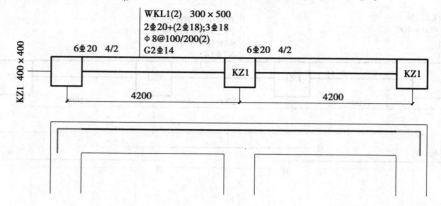

**图 4.45 WKL1 平面图**

【解】WKL1 左右端第一排支座负筋:①2 $\Phi$ 20

$L_1=\big[(4.2-0.2-0.2)/3+(0.4-0.03+0.5-0.03)\big]\times 2\times 2=8.43(\text{m})$

$W_1=8.42\times 0.006\ 165\times 20^2=20.788(\text{kg})$

WKL1 左右端第二排支座负筋:②2 $\Phi$ 20

$L_2=\big[(4.2-0.2-0.2)/4+(0.4-0.03+0.5-0.03)\big]\times 2\times 2=7.16(\text{m})$

$W_2=7.16\times 0.006\ 165\times 20^2=17.657(\text{kg})$

WKL1 跨中第一排支座负筋:③2 $\Phi$ 20

$L_3=\big[2\times(4.2-0.2-0.2)/3+0.4\big]\times 2=5.87(\text{m})$

$W_3=5.87\times 0.006\ 165\times 20^2=14.475(\text{kg})$

WKL1 跨中第二排支座负筋:④2 $\Phi$ 20

$L_4=\big[2\times(4.2-0.2-0.2)/4+0.4\big]\times 2=4.6(\text{m})$

$W_4=4.6\times 0.006\ 165\times 20^2=11.344(\text{kg})$

# 4.6 变截面梁、降梁及悬挑梁钢筋计算

16G101—1 平法图集中屋面框架梁和框架梁中间支座两侧梁变高度、变截面纵向钢筋构造如图4.46和图4.47所示。

**1)屋面框架梁上平下不平钢筋构造与计算**

屋面框架梁上平下不平钢筋构造如图4.48所示。

根据屋面框架梁上平下不平钢筋构造,推导公式如下:

上部通长筋长度 $=l_{n通跨}+(h_c-C_梁+h_b-C_梁)_左+(h_c-C_梁+h_b-C_梁)_右$

左跨下部长度 $=$ 左跨净长 $+$ 左直锚(弯锚)长度 $+h_c-C_梁+15d$

右跨下部长度 $=$ 右跨净长 $+$ 左直锚长度 $+$ 右直锚(弯锚)长度

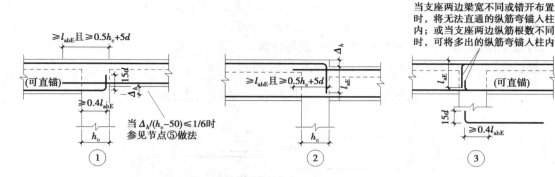

图 4.46　屋面框架梁中间支座两侧梁变高度、变截面纵向钢筋构造

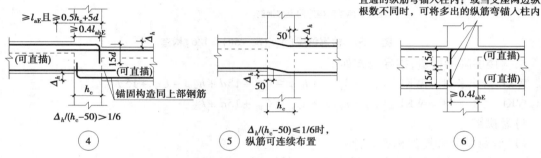

图 4.47　框架梁中间支座两侧梁变高度、变截面纵向钢筋构造

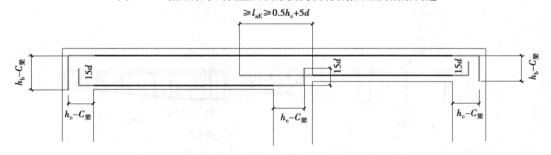

图 4.48　屋面框架梁上平下不平钢筋构造

## 2) 屋面框架梁下平上不平钢筋构造与计算

屋面框架梁下平上不平钢筋构造如图 4.49 所示。

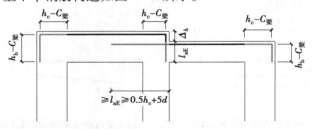

图 4.49　屋面框架梁下平上不平钢筋构造

根据屋面框架梁下平上不平钢筋构造,推导公式如下:

WKL 左跨上部长度 $= l_{n左} + h_{c左} - C_梁 + h_{b左} - C_梁 + h_{c右} - C_梁 + \Delta h - C_梁 + l_{aE}$

WKL 右跨上部长度 $= l_{n右} + l_{aE} + h_{c右} - C_梁 + h_{b右} - C_梁$

### 3）楼层降梁[$\Delta_h /(h_c - 50) > 1/6$]的构造与计算

楼层降梁[$\Delta_h /(h_c - 50) > 1/6$]构造如图 4.50 所示。

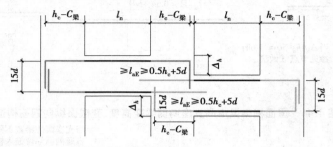

注：下部锚固构造同上部钢筋。

**图 4.50　楼屋降梁[$\Delta_h /(h_c - 50) > 1/6$]构造**

根据楼层降梁构造，推导公式如下：

WKL 左上长度 $=$ WKL$_{右下长度}$ $= l_{n左跨} + h_{c左} - C_梁 + 15d + h_{c右} - C_梁 + 15d$

WKL 左下长度 $=$ WKL$_{右上长度}$ $= l_{n左跨} + h_{c左} - C_梁 + 15d + l_{aE}$

### 4）悬挑梁

（1）纯悬挑梁钢筋的构造与计算

16G101—1 平法图集中纯悬挑梁钢筋构造如图 4.51 所示。

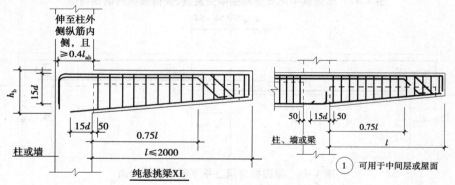

**图 4.51　纯悬挑梁钢筋构造**

纯悬挑梁上部、下部钢筋构造如图 4.52 所示。

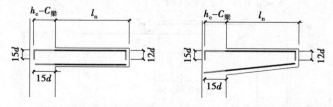

**（a）等截面纯悬挑梁钢筋构造　　（b）变截面纯悬挑梁钢筋构造**

**图 4.52　纯悬挑梁上部、下部钢筋构造**

根据纯悬挑梁钢筋构造,推导公式如下:

纯悬挑梁钢筋上部长度 $= l_n - C_{梁} + h_c - C_{梁} + 15d + 12d$

纯悬挑梁钢筋下部长度 $= l_n - C_{梁} + 15d$

(2)非纯悬挑梁钢筋构造

16G101—1 平法图集中非纯悬挑梁钢筋构造如图 4.53、图 4.54 所示。

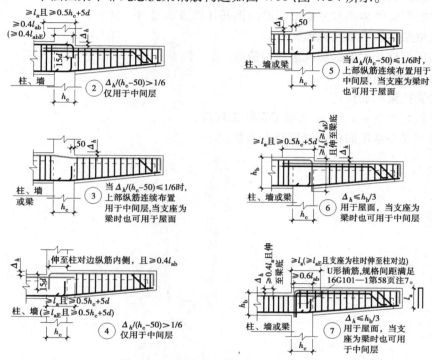

图 4.53　非纯悬挑梁钢筋构造

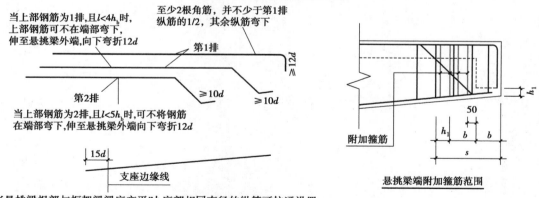

当上部钢筋为1排,且$l<4h_b$时,上部钢筋可不在端部弯下,伸至悬挑梁外端,向下弯折12d

至少2根角筋,并不少于第1排纵筋的1/2,其余纵筋弯下

当上部钢筋为2排,且$l<5h_b$时,可不将钢筋在端部弯下,伸至悬挑梁外端向下弯折12d

附加箍筋

悬挑梁端附加箍筋范围

当悬挑梁根部与框架梁梁底齐平时,底部相同直径的纵筋可拉通设置

图 4.54　悬挑梁钢筋示意图

# 习 题

1. 常见的梁有哪些?
2. 框架梁的钢筋有哪些?
3. 楼层框架梁的钢筋和屋面框架梁的钢筋计算方法是否一样?
4. 画出框架梁的纵筋及箍筋构造。
5. 画出屋面框架梁的纵筋及箍筋构造。
6. 画出降梁纵筋构造。
7. 画出悬挑梁纵筋构造。
8. 计算回龙小学 +3.55 m 框架梁钢筋工程量。
9. 计算回龙小学屋面框架梁钢筋工程量。

# 第 *5* 章
## 剪力墙钢筋工程量计算

**关键知识点：**

- 剪力墙墙身、墙梁、墙柱构件编号。
- 平法施工图中剪力墙墙身、墙梁、墙柱构件中配筋注写方式及相关规定。
- 剪力墙墙身、墙梁、墙柱构件中钢筋工程量计算的基本方法。

## 5.1 剪力墙平法施工图识图

剪力墙结构用钢筋混凝土墙板来代替框架结构中的梁柱，能承担各类荷载引起的内力，并能有效控制结构的水平力。这种用钢筋混凝土墙板来承受竖向和水平力的结构称为剪力墙结构。剪力墙结构在高层建筑中被大量运用。

### 5.1.1 剪力墙的构成与分类

#### 1)剪力墙结构体系的类型及适用范围

①框架-剪力墙结构：是由框架与剪力墙组合而成的结构体系，适用于需要有局部大空间的建筑，这时在局部大空间部分采用框架结构，同时又可用剪力墙来提高建筑物的抗侧能力，从而满足高层建筑的要求。

②普通剪力墙结构：全部由剪力墙组成的结构体系。

③框支剪力墙结构：当底层需要大空间时，采用框架结构支撑上部剪力墙，就形成框支剪力墙。在地震区，不容许采用纯粹的框支剪力墙结构。

#### 2)剪力墙的分类

为满足使用要求，剪力墙常开有门窗洞口。根据是否存在洞口以及洞口的大小，将剪力墙分为整体剪力墙、小开口整体剪力墙、双肢墙(多肢墙)和壁式框架等类型。

剪力墙主要由墙身、墙柱、墙梁三大构件构成，外加洞口共有 4 个组成部分，其中墙柱包括暗柱、端柱、扶壁柱等，墙梁包括暗梁、连梁、边框梁等。

#### 3)剪力墙钢筋

根据剪力墙的结构构成，将剪力墙钢筋分为：剪力墙墙身钢筋有水平分布筋、垂直分布筋、拉筋和洞口加强筋；墙柱和墙梁钢筋主要有纵筋和箍筋。

### 5.1.2 剪力墙施工图的表示方法

剪力墙施工图的表示方法有列表注写和截面注写两种表达方式。

在剪力墙平法施工图中，应注明各结构层的楼面标高、结构层高及相应的结构层号，并且还应注明上部结构嵌固部位位置。对于轴线未居中的剪力墙（包括端柱），尚应注明其偏心定位尺寸。

### 1）列表注写

列表注写是在剪力墙平法施工图中，分别将剪力墙墙身、墙柱、墙梁进行编号，并分别绘制剪力墙墙身表、墙柱表、墙梁表，对应于剪力墙墙身、墙柱、墙梁编号，分别在表中绘制截面配筋图并注写截面几何尺寸与配筋具体数值。

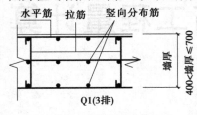

**图 5.1　剪力墙三排配筋图**

#### （1）墙身列表注写

①墙身编号。墙身编号由墙身代号、序号以及墙身所配置的水平与竖向钢筋的排数组成，其中排数注写括号内。如 Q1（3 排），字母"Q"代表墙身代号；数字"1"代表墙身序号；字母"Q"与数字"1"合起来为 Q1，称为 1 号剪力墙；"（3 排）"代表墙身水平筋与竖向分布筋各为三排，具体如图 5.1 所示。

当墙身所设置的水平筋与竖向分布筋的排数为 2 时，排数可省略不注写，如 Q1，代表 1 号剪力墙墙身水平筋与竖向分布筋各为两排。

②墙身起止标高。墙身起止标高注写，如果墙身截面及配筋没有变化，一般是自墙身根部（一般指基础顶部）向上注写到墙顶；如果墙身截面或者配筋有变化，墙身起止标高需要分段注写，注写时以墙身变截面或者配筋改变处为分界线。

③墙厚注写。在墙身列表注写中，在墙身编号、标高之后，要注写墙厚，具体如图 5.2 所示。

④墙身水平分布筋及竖向分布筋注写。在墙身列表注写中，要注写一排水平分布筋和竖向分布筋的规格与间距，水平分布筋和竖向分布筋的排数见墙身编号。

⑤拉筋注写。在墙身列表注写中，拉筋应注明是按"矩形"或者"梅花"方式布置，然后再注写拉筋规格和间距，间距包括竖向分布筋间距和水平分布筋间距，如 φ6@600@600。

#### （2）墙柱列表注写

在墙柱列表注写中，要表达墙柱编号、各段墙柱的起止标高、纵筋及箍筋，除此之外还要绘制墙柱截面配筋图、标注墙柱几何尺寸。

①注写墙柱编号。墙柱分为约束边缘构件、构造边缘构件、非边缘暗柱、扶壁柱等，其中约束边缘构件包括约束边缘暗柱、约束边缘端柱、约束边缘翼墙、约束边缘转角墙 4 种；构造边缘构件包括构造边缘暗柱、构造边缘端柱、构造边缘翼墙、构造边缘转角墙 4 种。

墙柱编号由墙柱类型代号和序号组成，如 YBZ1，代表约束边缘构件 1；GBZ1，代表构造边缘构件 1。墙柱具体编号见表 5.1。

**表 5.1　墙柱编号**

| 墙柱类型 | 代　号 | 序　号 |
|---|---|---|
| 约束边缘暗柱 | YAZ | ×× |
| 约束边缘端柱 | YDZ | ×× |
| 约束边缘翼墙（柱） | YYZ | ×× |
| 约束边缘转角墙（柱） | YJZ | ×× |
| 构造边缘暗柱 | GAZ | ×× |

续表

| 墙柱类型 | 代　号 | 序　号 |
|---|---|---|
| 构造边缘端柱 | GDZ | ×× |
| 构造边缘翼墙（柱） | GYZ | ×× |
| 构造边缘转角墙（柱） | GJZ | ×× |
| 非边缘暗柱 | AZ | ×× |
| 扶壁柱 | FBZ | ×× |

②注写各段墙柱起止标高。墙柱起止标高注写,如果墙柱截面及配筋没有变化,一般是自墙柱根部(墙柱根部一般指基础顶部,部分框支剪力墙结构,为框支梁顶部)向上注写到柱顶;如果墙柱截面或者配筋有变化,墙柱起止标高需要分段注写,注写时以墙柱变截面、配筋改变处(截面未变)或者截面与配筋均改变处为分界线。

③注写各段墙柱的纵筋和箍筋。在墙柱列表注写中,要注写各段墙柱的纵筋及箍筋,纵筋要注写其总配筋值及规格,箍筋要注写其规格及间距。约束边缘构件,除了要注写阴影部位的箍筋外,还需要在剪力墙平面布置图中注写非阴影区内布置的拉筋(或者箍筋)。

④绘制截面配筋图。在墙柱列表注写中,应绘制墙柱配筋图,标注墙柱几何尺寸。

a. 约束边缘构件及构造边缘构件需要注明阴影部分几何尺寸。

b. 扶壁柱及非边缘暗柱要标注其几何尺寸。

（3）墙梁列表注写

在墙梁平法施工图列表注写中,要注写墙梁编号、墙梁所在楼层号、墙梁顶面标高高差以及墙梁截面尺寸和配筋等内容。

①注写墙梁编号。墙梁分为连梁、暗梁、边框梁等类型,其编号由墙梁类型代号和序号组成,如 LL9(JX)1,代表 1 号连梁(交叉斜筋配筋)。墙梁具体编号见表 5.2。

表 5.2　墙梁编号

| 墙梁类型 | 代　号 | 序　号 |
|---|---|---|
| 连梁(无交叉暗撑及无交叉钢筋) | LL | ×× |
| 有对角暗撑配筋的连梁 | LL(JC) | ×× |
| 有交叉斜配筋的连梁 | LL(JX) | ×× |
| 跨高比不小于 5 的连梁 | LLk | ×× |
| 集中对角斜配筋的连梁 | LL(DX) | ×× |
| 暗梁 | AL | ×× |
| 边框梁 | BKL | ×× |

②注写墙梁所在楼层号。见平法施工图列表注写。

③注写墙梁顶面标高高差。墙梁顶面标高高差是指相对于墙梁所在结构层楼面标高的高差值。高于者为正值,低于者为负值,当无高差时可不注写。

④注写墙梁截面尺寸及配筋。墙梁截面尺寸用 $b \times h$ 表达,字母"$b$"代表墙梁宽,字母"$h$"代表墙梁高,如 $300 \times 2\,000$,代表墙梁宽 300 mm,墙梁高 2 000 mm。

墙梁钢筋要注写上部纵筋、下部纵筋及箍筋,上部纵筋和下部纵筋要注写其具体配筋规格和数值,墙梁箍筋要注写其规格、间距和肢数。

剪力墙平法施工图列表注写方式示例如图 5.2 所示。

**2) 截面注写**

截面注写是在剪力墙平法施工图中,对所有墙柱、墙身、墙梁进行编号,并选择适当的比例原位放大剪力墙平面布置图,在相同编号的墙柱、墙身、墙梁中分别选择一根墙柱、一道墙身、一根墙梁,将其截面几何尺寸和配筋的具体数值直接注写在原位。

剪力墙平法施工图截面注写方式示例如图 5.3 所示。

### 5.1.3 剪力墙洞口的表示方法

剪力墙平法施工图无论采用列表注写还是截面注写,剪力墙上的洞口均可以在剪力墙平面布置图上原位表达。

剪力墙洞口在剪力墙平法施工图中的具体表示方法如下:首先在剪力墙平法施工图中剪力墙洞口原位处绘制洞口示意,并标注洞口中心的平面定位尺寸;然后在洞口中心位置引注洞口编号、洞口几何尺寸、洞口中心相对标高及洞口每边补强钢筋四项内容。

(1) 洞口编号

洞口编号由代号加序号组成,如矩形洞口表达为 JD××,"JD"是矩形洞口的代号,"××"是矩形洞口的序号;又如圆形洞口表达为 YD××,"YD"是圆形洞口的代号,"××"是圆形洞口的序号。

(2) 洞口几何尺寸

矩形洞口表达为 $b \times h$,字母"$b$"代表洞口宽度,字母"$h$"代表洞口高度,如 JD1 $600 \times 900$ 表示 1 号矩形洞口,宽 600 mm,高 900 mm。

圆形洞口表达为 D,字母"D"代表洞口直径,如:YD1 600 表示 1 号圆形洞口,直径为 600 mm。

(3) 洞口中心相对标高

洞口中心相对标高是指相对于结构层楼面或者地面标高的洞口中心高度。当其高于结构层所在楼面时为正值,低于结构层所在楼面时为负值。如 JD1 $600 \times 900$ +1500,表示 1 号矩形洞口,洞口中心距本结构层楼面 1 500 mm。

(4) 洞口每边补强钢筋

根据洞口尺寸、所在位置,剪力墙平面布置图中洞口补强钢筋注写方式分为以下两种情况:

① 圆形洞口。

a. 圆形洞口位于连梁中部 1/3(且圆洞直径不应小于 1/3 梁高)范围时,要注写圆洞上下水平设置的每边补强钢筋与箍筋。

b. 圆形洞口直径 ≤300 mm,并且位于墙身或暗梁、边框梁上时,要注写圆形洞口每边补强钢筋的具体数值。

c. 当 300 mm < 圆形洞口直径 ≤800 mm 时,要注写圆形洞口每边补强钢筋及环向加强筋的具体数值。

d. 当圆形洞口直径 >800 mm 时,

● 洞口上下设置补强暗梁时,要注写圆形洞口环向加强筋及洞口上下暗梁的纵筋与箍筋的具体数值。

● 当洞口上下为剪力墙连梁时,不注写。

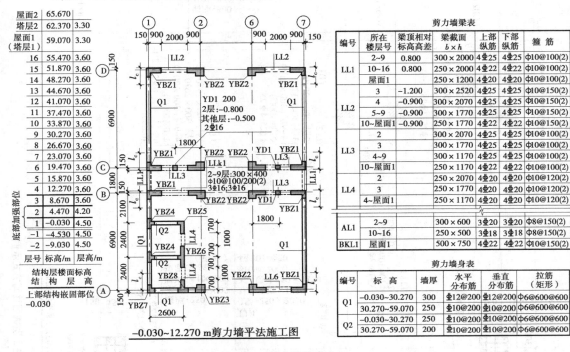

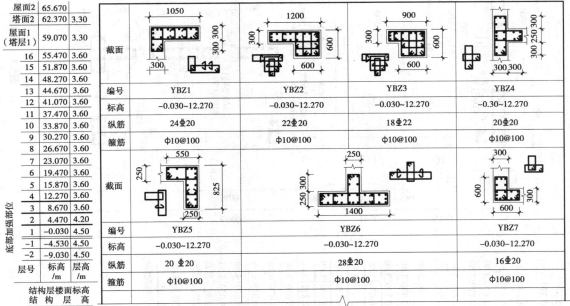

**图 5.2　剪力墙平法施工图列表注写方式示例**

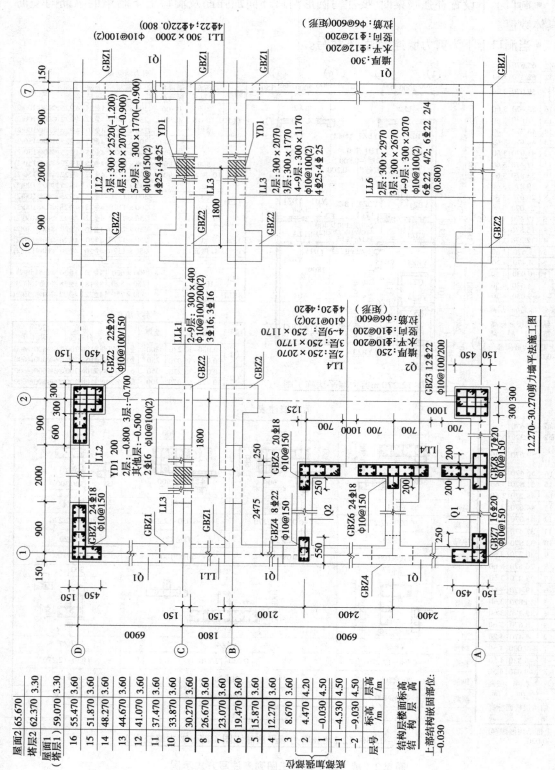

图5.3 剪力墙平法施工图截面注写方式示例

12.270～30.270剪力墙平法施工图

| 屋面2 | 65.670 | 3.30 |
| 塔层2 | 62.370 | 3.30 |
| 屋面1 (塔层1) | 59.070 | 3.60 |
| 16 | 55.470 | 3.60 |
| 15 | 51.870 | 3.60 |
| 14 | 48.270 | 3.60 |
| 13 | 44.670 | 3.60 |
| 12 | 41.070 | 3.60 |
| 11 | 37.470 | 3.60 |
| 10 | 33.870 | 3.60 |
| 9 | 30.270 | 3.60 |
| 8 | 26.670 | 3.60 |
| 7 | 23.070 | 3.60 |
| 6 | 19.470 | 3.60 |
| 5 | 15.870 | 3.60 |
| 4 | 12.270 | 4.20 |
| 3 | 8.670 | 4.50 |
| 2 | 4.470 | 4.50 |
| 1 | -0.030 | 4.50 |
| -1 | -4.530 | 4.50 |
| -2 | -9.030 | 4.50 |
| 层号 | 标高/m | 层高/m |

结构层楼面标高
结构层高
上部结构嵌固部位：-0.030

● 洞口竖向两侧设置边缘构件时,此处不注。

圆形洞口直径 >800 mm 时,补强筋原位注写内容具体如下:

YD2　1000　+1.500　8⌀18　Φ8@200　2⌀14,表示 2 号圆洞,直径 1 000 mm,洞口中心距本结构层楼面 1 800 mm,洞口上下设置补强暗梁,每边暗梁纵筋为 8⌀18,箍筋为Φ8@200,环向加强筋为 2⌀14。

②矩形洞口。

a.矩形洞口宽度和高度均小于等于 800 mm 时,要注写洞口每边补强筋的具体数值,如:JD3　600×300　+1.500　2⌀18,表示 3 号矩形洞口,每边补强筋均为 2⌀18;如果洞口宽度方向和洞口高度方向补强筋不一致,注写方式为 JD3　600×300　+1.500　3⌀20/3⌀16,表示 3 号矩形洞口,洞口宽度方向补强筋均为 3⌀20,洞口高度方向补强筋均为 3⌀16。

b.矩形洞口宽度和高度均大于 800 mm 时,

● 洞口上下设置补强暗梁时,要注写洞口上下每边暗梁的纵筋与箍筋的具体数值;

● 当洞口上下为剪力墙连梁时,不注写;

● 洞口竖向两侧设置边缘构件时,此处不注写;

矩形洞口宽度和高度均大于 800 mm 补强筋原位注写内容具体如下:

JD2　1 500×1 800　+1.500　8⌀18　Φ8@200,表示 2 号矩形洞口,洞口宽度为 1 500 mm,洞口高度为 1 800 mm,洞口中心距本结构层楼面 1 500 mm,洞口上下设置补强暗梁,每边暗梁纵筋为 8⌀18,箍筋为Φ8@200。

## 5.2　剪力墙墙身钢筋工程量计算

### 5.2.1　剪力墙墙身水平钢筋工程量计算

剪力墙墙身水平筋有双排配筋、三排配筋、四排配筋等情况。下面以剪力墙双排配筋为例介绍抗震时剪力墙水平分布筋工程量计算方法。

**1)水平钢筋长度计算**

剪力墙水平钢筋长度计算分为以下几种情况:

(1)直形墙

①墙身端部无暗柱时,在墙身端部做封边构造,剪力墙水平钢筋与封边钢筋进行搭接,具体如图 5.4 所示。

墙身水平分布筋单根长度 = 墙长 −2C − 与之搭接的封边钢筋长 +2× 剪力墙水平钢筋与封边钢筋搭接长度 + 剪力墙水平钢筋自身搭接长 × 接头个数

式中,C 为墙身保护层厚度,剪力墙水平钢筋搭接长度 ≥$1.2l_{aE}$。

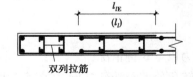

图 5.4　墙身端部无暗柱时水平钢筋封边构造

图 5.5　墙身端部无暗柱时水平钢筋构造

②墙身端部无暗柱时,剪力墙水平钢筋伸至端部保护层位置弯折,具体如图 5.5 所示。

墙身水平分布筋单根长度 = 墙长 $- 2C + 2 \times 10d +$ 剪力墙水平钢筋自身搭接长 $\times$ 接头个数

式中,$C$ 为墙身保护层厚度,$d$ 为剪力墙水平钢筋直径,剪力墙水平钢筋搭接长度 $\geq 1.2l_{aE}$。

③墙身端部有暗柱时,剪力墙水平钢筋伸至端部保护层位置弯折,具体如图 5.6 所示。

墙身水平分布筋单根长度 = 墙长 $- 2C + 2 \times 10d +$ 剪力墙水平钢筋自身搭接长 $\times$ 接头个数

式中,$C$ 为墙身保护层厚度,$d$ 为剪力墙水平钢筋直径,剪力墙水平钢筋搭接长度 $\geq 1.2l_{aE}$。

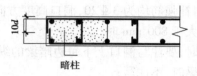

**图 5.6　墙身端部有暗柱时水平钢筋构造**

④墙身端部有端柱时,剪力墙水平钢筋伸至端柱外侧纵向钢筋内侧位置弯折,如图 5.7 (a)所示;当墙体水平钢筋伸入端柱的直锚长度 $\geq l_{aE}(l_a)$ 时,墙体水平钢筋可伸入端柱对边竖向钢筋内侧位置截断,不必弯折,如图 5.7(b)所示。

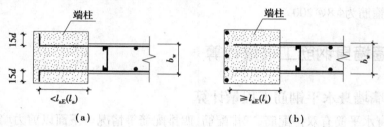

**图 5.7　墙身端部有端柱时水平钢筋构造**

a. 当端柱宽 $- C < l_{aE}(l_a)$ 时,

墙身水平分布筋单根长度 = 墙长 $- 2C + 2 \times 15d +$ 剪力墙水平钢筋自身搭接长 $\times$ 接头个数

式中,$C$ 为墙身保护层厚度,$d$ 为剪力墙水平钢筋直径,剪力墙水平钢筋搭接长度 $\geq 1.2l_{aE}$。

b. 当端柱宽 $- C \geq l_{aE}(l_a)$ 时,

墙身水平分布筋单根长度 = 墙长 $- 2C +$ 剪力墙水平钢筋自身搭接长 $\times$ 接头个数

式中,$C$ 为墙身保护层厚度,$d$ 为剪力墙水平钢筋直径,剪力墙水平钢筋搭接长度 $\geq 1.2l_{aE}$。

(2)转角墙

①直角转角墙。转角处为暗柱时,墙身水平钢筋分为以下 3 种情况:

a. 外侧水平钢筋连续通过转弯处,内侧水平钢筋在转角处伸至端部弯折,如图 5.8 所示。

外侧水平分布筋单根长度 = 墙长 $- 2C +$ 剪力墙水平钢筋自身搭接长 $\times$ 接头个数

内侧水平分布筋单根长度 = 墙长 $- 2C + 2 \times 15d +$ 剪力墙水平钢筋自身搭接长 $\times$ 接头个数

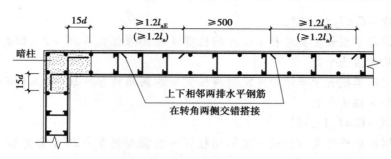

**图 5.8　暗柱转角墙水平钢筋构造(1)**

b. 外侧水平钢筋在暗柱范围外连接,内侧水平钢筋在转角处伸至端部弯折,如图 5.9 所示。

外侧水平分布筋单根长度 = 墙长 − 2$C$ + 剪力墙水平钢筋自身搭接长 × 接头个数

内侧水平分布筋单根长度 = 墙长 − 2$C$ + 2 × 15$d$ + 剪力墙水平钢筋自身搭接长 × 接头个数

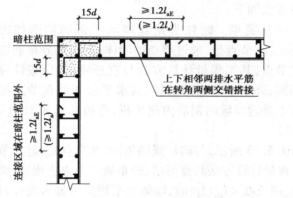

**图 5.9　暗柱转角墙水平钢筋构造(2)**　　　**图 5.10　暗柱转角墙水平钢筋构造(3)**

c. 外侧水平钢筋在转角处搭接,内侧水平钢筋在转角处伸至端部弯折,如图 5.10 所示。

外侧水平分布筋单根长度 = 墙长 − 2$C$ + 剪力墙水平钢筋自身搭接长 × 接头个数 + $l_{lE}$

内侧水平分布筋单根长度 = 墙长 − 2$C$ + 2 × 15$d$ + 剪力墙水平钢筋自身搭接长 × 接头个数

②端柱转角墙。墙身转角处为端柱时,剪力墙水平分布筋伸至端柱外边缘纵筋内侧后弯折,如图 5.11(a)所示;当墙体水平钢筋伸入端柱的直锚长度 ≥ $l_{aE}$($l_a$)时,墙体水平钢筋可伸入端柱对边竖向钢筋内侧位置截断,不必弯折,如图 5.11(b)所示。

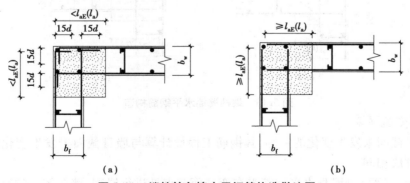

(a)　　　　　　　　　　　　(b)

**图 5.11　端柱转角墙水平钢筋构造做法图**

a. 当端柱宽 $-C < l_{aE}(l_a)$ 时，

外侧水平钢筋单根长度 = 墙长 + 左侧端柱宽 + 右侧端柱宽 $-2C + 2 \times 15d$ + 剪力墙水平钢筋自身搭接长 × 接头个数

内侧水平钢筋单根长度 = 墙长 + 左侧端柱宽 + 右侧端柱宽 $-2C + 2 \times 15d$ + 剪力墙水平钢筋自身搭接长 × 接头个数

b. 当端柱宽 $-C \geqslant l_{aE}(l_a)$ 时，

外侧水平钢筋单根长度 = 墙长 + 左侧端柱宽 + 右侧端柱宽 $-2C$ + 剪力墙水平钢筋自身搭接长 × 接头个数

内侧水平钢筋单根长度 = 墙长 + 左侧端柱宽 + 右侧端柱宽 $-2C$ + 剪力墙水平钢筋自身搭接长 × 接头个数

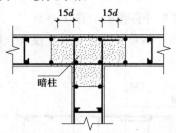

**图 5.12  暗柱直角翼墙水平钢筋构造**

（3）翼墙

翼墙分暗柱翼墙、端柱翼墙两种情况，其钢筋工程量计算方法如下：

①暗柱翼墙。暗柱直角翼墙水平钢筋构造如图 5.12 所示，在节点处，通过节点的墙体，其水平分布筋连续通过节点，其工程量计算方法与直形墙、转角墙计算方法相同；终止于节点的墙体，其水平分布筋在节点处伸至节点外边缘纵向钢筋内侧弯折，弯折长度为 $15d$（$d$ 为水平分布筋直径），具体计算方法见【例 5.2】。

②端柱翼墙。端柱翼墙水平钢筋构造如图 5.13 所示，与暗柱翼墙相同，在节点处，通过节点的墙体，其水平分布筋连续通过节点，其工程量计算方法与直形墙、转角墙计算方法相同；终止于节点的墙体，其水平分布筋伸入端柱的直锚长度 $< l_{aE}(l_a)$ 时，墙体水平钢筋可伸入端柱对边竖向钢筋内侧位置后弯折 $15d$，如 5.13（a）所示；当墙体水平钢筋伸入端柱内的直锚长度 $\geqslant l_{aE}(l_a)$ 时，墙体水平钢筋可伸入端柱对边竖向钢筋内侧位置截断，不必弯折，如图 5.13（b）所示，水平分布筋工程量计算方法与端柱直形墙、端柱转角墙计算方法相同。

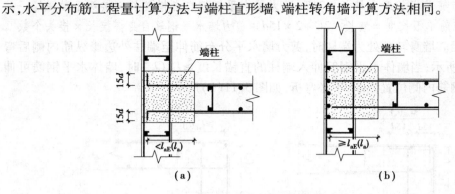

**图 5.13  端柱翼墙水平钢筋构造**

（4）水平变截面墙

墙身水平截面未发生变化的一侧，其钢筋工程量计算与墙身截面未发生变化的墙体钢筋工程量计算方法相同。

在变截面一（两）侧墙身水平钢筋需在变截面节点处进行锚固，墙厚较大的墙身水平钢筋在变截面节点处弯锚,锚固长度 $= b_{w3} - C + 15d$;墙厚较小的墙身水平钢筋在变截面节点处直锚,锚固长度 $= 1.2l_{aE}$,如图 5.14 所示。

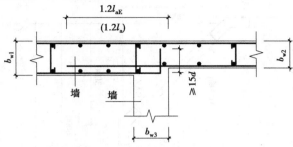

**图 5.14　水平变截面墙水平钢筋构造**

**2)水平钢筋根数计算**

①锚固区横向钢筋根数。锚固区横向钢筋直径应满足 $\geq d/4$($d$ 为插筋最大直径),间距 $\leq 10d$($d$ 为插筋最小直径)且 $\leq 100$ mm 的要求。

$$锚固区横向钢筋根数 = \frac{h_j - C - 100}{\min(10d, 100)} + 1$$

②墙身在基础中水平钢筋(非锚固区横向钢筋)根数。

墙身在基础中水平钢筋应满足间距 $\leq 500$ mm,且不少于两道的要求。

$$非锚固区横向钢筋根数 = \frac{h_j - C - 100}{500} + 1 \text{(不少于两道)}$$

③基础顶面以上各层墙身水平钢筋根数。

$$基础顶面以上各层墙身水平钢筋根数 = \frac{层高 - 水平分布筋间距}{水平分布筋间距} + 1$$

**3)水平钢筋质量计算**

$$墙身水平钢筋质量 = 水平钢筋单根长度 \times 水平钢筋根数 \times 0.006\,165d^2$$

式中,$d$ 为水平钢筋直径。

【例 5.1】计算图 5.15 所示剪力墙平法施工图(剪力墙墙身、墙梁、墙柱分别见表 5.3、表 5.4 和表 5.5)中①轴线 Q1 第一层水平分布筋工程量。其外侧水平钢筋在转角处搭接。该工程所处环境类别为二 a,混凝土强度等级为 C30,抗震等级为二级。

【解】根据 16G101—1,查得剪力墙中钢筋的混凝土保护层厚度为 20 mm,$l_{aE} = 40d$。

外侧水平分布筋单根长度 $= 6\,000 + 150 \times 2 - 2 \times 20 + 0.8 \times 40 \times 12 \times 2 = 7\,028$(mm)

外侧水平分布筋计算简图:384 ⌞——— 6 260 ———⌟ 384

$$根数 = \frac{4\,200 - 200}{200} + 1 = 21(根)$$

内侧水平分布筋单根长度 $= 6\,000 + 150 \times 2 - 2 \times 20 + 10 \times 12 \times 2 = 6\,500$(mm)

内侧水平分布筋计算简图:120 ⌞——— 6 260 ———⌟ 120

$$根数 = \frac{4\,200 - 200}{200} + 1 = 21(根)$$

剪力墙平法施工图中①轴线 Q1 第一层水平分布筋总质量 $= 7.028 \times 21 \times 0.006\,165 \times 12^2 + 6.50 \times 21 \times 0.006\,165 \times 12^2 = 252.20$(kg)

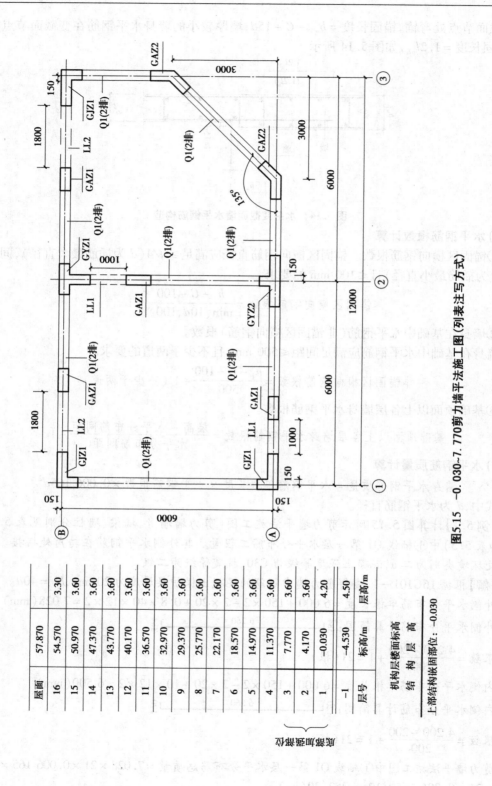

图5.15 −0.030~7.770剪力墙平法施工图（列表注写方式）

| 层号 | 标高/m | 层高/m |
|---|---|---|
| 屋面 | 57.870 | 3.30 |
| 16 | 54.570 | 3.60 |
| 15 | 50.970 | 3.60 |
| 14 | 47.370 | 3.60 |
| 13 | 43.770 | 3.60 |
| 12 | 40.170 | 3.60 |
| 11 | 36.570 | 3.60 |
| 10 | 32.970 | 3.60 |
| 9 | 29.370 | 3.60 |
| 8 | 25.770 | 3.60 |
| 7 | 22.170 | 3.60 |
| 6 | 18.570 | 3.60 |
| 5 | 14.970 | 3.60 |
| 4 | 11.370 | 3.60 |
| 3 | 7.770 | 3.60 |
| 2 | 4.170 | 4.20 |
| 1 | −0.030 | 4.50 |
| −1 | −4.530 | |
| 层号 | 标高/m | 层高 |

机构层楼面标高
结 构 层 高

上部结构嵌固部位：−0.030

表 5.3  标高 −0.030 ~ 57.870 m 剪力墙柱表

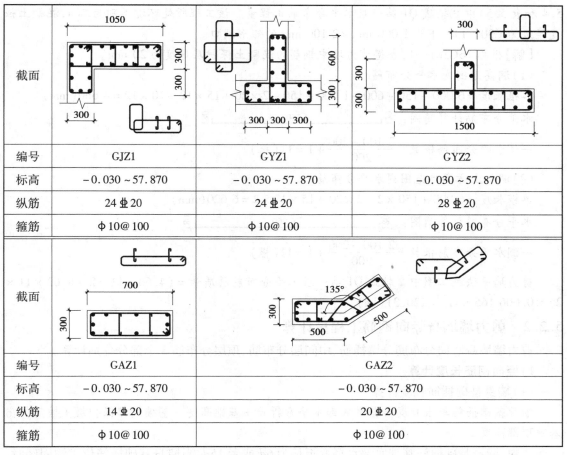

| 编号 | GJZ1 | GYZ1 | GYZ2 |
|---|---|---|---|
| 标高 | −0.030 ~ 57.870 | −0.030 ~ 57.870 | −0.030 ~ 57.870 |
| 纵筋 | 24 ⊕ 20 | 24 ⊕ 20 | 28 ⊕ 20 |
| 箍筋 | Φ 10@ 100 | Φ 10@ 100 | Φ 10@ 100 |

| 编号 | GAZ1 | GAZ2 |
|---|---|---|
| 标高 | −0.030 ~ 57.870 | −0.030 ~ 57.870 |
| 纵筋 | 14 ⊕ 20 | 20 ⊕ 20 |
| 箍筋 | Φ 10@ 100 | Φ 10@ 100 |

表 5.4  剪力墙墙身表

| 编号 | 标　高 | 墙　厚 | 水平分布筋 | 垂直分布筋 | 拉筋(梅花) |
|---|---|---|---|---|---|
| Q1 | −0.030 ~ 29.370 | 300 | ⊕ 12@ 200 | ⊕ 12@ 200 | Φ 6@ 600@ 600 |

表 5.5  剪力墙梁表

| 编号 | 所在楼层号 | 梁顶相对标高高差 | 梁截面 $b \times h$ | 上部纵筋 | 下部纵筋 | 箍　筋 |
|---|---|---|---|---|---|---|
| LL1 | 2—9 | | 300 × 1 500 | 4 ⊕ 22 | 4 ⊕ 22 | Φ 10@ 150( 2) |
| | 10—屋面 | | 300 × 1 500 | 4 ⊕ 20 | 4 ⊕ 20 | Φ 10@ 150( 2) |
| LL2 | 2—9 | 0.800 | 300 × 2 500 | 4 ⊕ 25 | 4 ⊕ 25 | Φ 10@ 120( 2) |
| | 10—屋面 | 0.800 | 300 × 2 500 | 4 ⊕ 22 | 4 ⊕ 22 | Φ 10@ 120( 2) |

**【例5.2】** 计算图5.15所示剪力墙平法施工图(剪力墙墙身、墙梁、墙柱分别见表5.3、表5.4和表5.5)中②轴线Q1第一层水平分布筋工程量。该工程所处环境类别为二a,混凝土强度等级为C30。LL1下为1 000 mm×2 100 mm的矩形洞口。

**【解】** 根据16G101—1,查得剪力墙中钢筋的混凝土保护层厚度为20 mm。

(1)洞高范围内水平分布筋

单根长度 = 6 000 - 150 - 600 - 1 000 + 150 - 2×20 + 15×12 + 10×12 = 4 660(mm)

水平分布筋计算简图：120 | 4 360 | 180

$$一侧水平分布筋根数 = \frac{2\ 100 - 200}{200} + 1 = 11(根)$$

(2)洞口上方高度范围内水平分布筋

单根长度 = 6 000 + 150×2 - 2×20 + 15×12×2 = 6 620(mm)

水平分布筋计算简图：180 | 6 260 | 180

$$一侧水平分布筋根数 = \frac{2\ 100 - 200}{200} + 1 = 11(根)$$

剪力墙平法施工图中②轴线Q1第一层水平分布筋总质量 = (4.66×11×2 + 6.62×11×2)×0.006 165×12² = 220.31(kg)

## 5.2.2 剪力墙墙身竖向钢筋工程量计算

剪力墙墙身竖向分布筋分墙插筋、中间层分布筋、顶层分布筋3个部分分别计算。

**1)竖向钢筋长度计算**

(1)墙身基础插筋长度计算

墙身基础插筋单根长度 = 基础底部水平弯折长 + 基础高度 - 基础底部保护层 + 插筋伸出基础顶部高度

式中,墙身基础插筋基础底部水平弯折长为6d或者15d,当墙身基础插筋位于锚固区时,底部水平弯折长取值为15d。当墙身基础插筋位于非锚固区时,$h_j > l_{aE}$时,底部水平弯折长取值为6d;$h_j \leq l_{aE}$时,底部水平弯折长取值为15d。

焊接或者机械连接时,剪力墙竖向分布筋相邻两根插筋伸出基础顶部与上一层钢筋连接接头应错开,机械连接接头错开距离大于等于35d,焊接连接接头错开距离大于等于35d且大于等于500 mm,具体如图5.16及图5.17所示。当剪力墙竖向分布筋采用搭接连接时,一、二级抗震等级剪力墙底部加强部位竖向分布筋相邻两根插筋搭接接头应相互错开,错开距离大于等于500 mm;一、二级抗震等级剪力墙非底部加强部位或三、四级抗震等级或非抗震剪力墙竖向分布筋可在同一部位搭接,具体如图5.18及图5.19所示。

(2)基础顶部以上各层(顶层除外)墙身竖向钢筋长度计算

采用绑扎连接时：

基础顶部以上各层墙身竖向分布筋单根长度 = 层高 - 下一层(墙身基础插筋)伸入本层长度 + 本层墙身竖向钢筋深入上一层长度 + 搭接长度($1.2l_{aE}$)

采用焊接或者机械连接时：

基础顶部以上各层墙身竖向分布筋单根长度 = 层高 - 下一层(墙身基础插筋)伸入本层长度 + 本层墙身竖向钢筋深入上一层长度

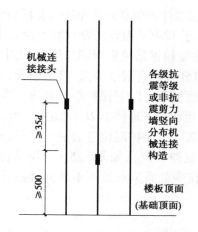

图5.16　剪力墙竖向分布筋机械连接

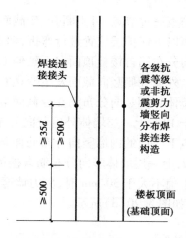

图5.17　剪力墙竖向分布筋焊接连接

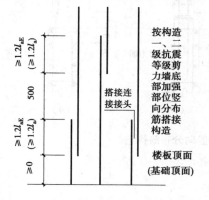

图5.18　剪力墙竖向分布筋交错搭接

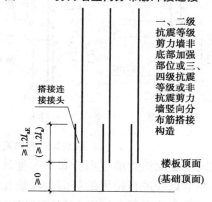

图5.19　剪力墙竖向分布筋同一部位搭接

（3）剪力墙顶层墙身竖向钢筋长度计算

①墙顶为屋面板或者楼板时。

采用绑扎连接时：

顶层墙身竖向分布筋单根长度＝层高－下一层（墙身基础插筋）伸入本层长度－保护层＋$12d$＋搭接长度（$1.2l_{aE}$）

采用焊接或者机械连接时：

顶层墙身竖向分布筋单根长度＝层高－下一层（墙身基础插筋）伸入本层长度－保护层＋$12d$

②墙身顶部为边框梁时。

采用绑扎连接时：

顶层墙身竖向分布筋单根长度＝墙身净高－下一层（墙身基础插筋）伸入本层长度＋$l_{aE}(l_a)$＋搭接长度（$1.2l_{aE}$）

采用焊接或者机械连接时：

顶层墙身竖向分布筋单根长度＝墙身净高－下一层（墙身基础插筋）伸入本层长度＋$l_{aE}(l_a)$

（4）竖向变截面剪力墙竖向钢筋长度计算

竖向变截面剪力墙竖向分布筋构造如图5.20所示，外墙内侧竖向截面发生变化时，外侧竖向分布筋直通过节点,可不断开,变截面节点下一层墙体内侧竖向分布筋在变截面节点处伸至楼板顶面以下保护层位置进行弯折,弯折长度不小于$12d$($d$为竖向分布筋直径),上一层墙体内侧竖向分布筋自楼板顶面向下延伸$1.2l_{aE}$($l_{aE}$为受拉钢筋抗震锚固长度),如图5.20(a)所示;同理,外墙外侧竖向截面发生变化时,内侧竖向分布筋直通过节点,可不断开,变截面节点下一层墙体外侧竖向分布筋在变截面节点处伸至楼板顶面以下保护层位置进行弯折,弯折长度不小于$12d$,上一层墙体外侧竖向分布筋自楼板顶面向下延伸$1.2l_{aE}$,如图5.20(b)所示;变截面节点下一层的内墙竖向分布筋伸至距楼板顶部一个保护层位置后进行弯折,弯折长度不小于$12d$,上一层墙体竖向分布筋自楼板顶面向下延伸$1.2l_{aE}$,如图5.20(c)所示;当内墙一侧截面缩小值不大于30 mm时,剪力墙竖向分布筋在变截面节点处可不断开,倾斜通过节点向上延伸,如图5.20(d)所示。

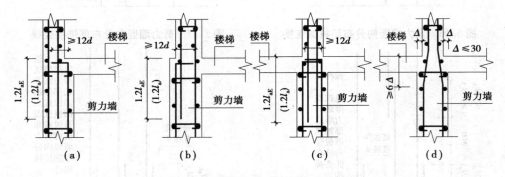

**图5.20　竖向变截面剪力墙竖向分布筋构造**

竖向变截面剪力墙竖向分布筋长度计算公式如下:

①在节点处进行锚固的竖向分布筋长度计算。

a. 变截面节点下一层竖向钢筋长度计算。

采用绑扎连接时:

竖向分布筋单根长度 = 本层层高 - 下一层竖向分布筋伸入本层长度 - 楼板钢筋保护层$C + 12d$($d$为竖向分布筋直径) + 搭接长度($1.2l_{aE}$)

采用焊接或者机械连接时:

竖向分布筋单根长度 = 本层层高 - 下一层竖向分布筋伸入本层长度 - 楼板钢筋保护层$C + 12d$($d$为竖向分布筋直径)

b. 变截面节点上一层竖向钢筋长度计算。

采用绑扎连接时:

竖向分布筋单根长度 = 本层层高 + 节点处锚固长度($1.2l_{aE}$) + 本层墙身竖向分布筋伸入上一层长度 + 搭接长度($1.2l_{aE}$)

采用焊接或者机械连接时:

竖向分布筋单根长度 = 本层层高 + 节点处锚固长度($1.2l_{aE}$) + 本层墙身竖向分布筋伸入上一层长度

②直通过(未断开锚固的)变截面节点的竖向分布筋长度计算方法,与剪力墙竖向截面未发生变化的墙体竖向分布筋长度计算方法相同。

2) 竖向钢筋根数计算

$$竖向钢筋根数 = \frac{剪力墙净长 - 竖向钢筋间距}{竖向钢筋间距} + 1$$

3) 竖向钢筋质量计算

$$墙身竖向钢筋质量 = 竖向钢筋单根长度 \times 竖向钢筋根数 \times 0.006\,165d^2$$

式中，$d$ 为竖向钢筋直径。

【例5.3】计算图5.15所示剪力墙平法施工图(剪力墙身、墙梁、墙柱分别见表5.3、表5.4和表5.5)中①轴线 Q1 竖向分布筋工程量。该工程所处环境类别为二 a，混凝土强度等级为 C30，基础类型为筏板基础，厚度为 600 mm，墙身基础插筋位于非锚固区，墙身竖向分布筋自基础顶面(楼板顶面)向上伸出长度为 600 mm，采用绑扎连接，相邻两根竖向分布筋在加强部位连接接头需要错开，错开距离为 500 mm。

【解】根据16G101—1，查得剪力墙中钢筋的混凝土保护层厚度为20mm，$l_{aE} = 40d = 40 \times 12 = 480(mm)$。

(1)墙身竖向分布筋根数

$$墙身竖向分布筋根数 = \frac{6\,000 - 150 - 300 - 150 - 300 - 200}{200} + 1 = 26(根)$$

(2)墙身竖向分布筋长度

①墙身基础插筋单根长度 $= 600 - 40 + 6 \times 12 + 600 = 1\,232(mm)$

墙身基础插筋计算简图：72 |_____1 160_____

②地下1层其中一根竖向分布筋长度 $= 4\,500 - 600 + 600 + 1.2 \times 40 \times 12 = 5\,076(mm)$

地下1层其中一根竖向分布筋计算简图：_____5 076_____

地下1层与之相邻的另一根竖向分布筋长度 $= 4\,500 - 600 + 600 + 500 + 1.2 \times 40 \times 12 = 5\,576(mm)$

地下1层与之相邻的另一根竖向分布筋计算简图：_____5 576_____

③地上1层其中一根竖向分布筋长度 $= 4\,200 - 600 + 600 + 1.2 \times 40 \times 12 = 4\,776(mm)$

地上1层与之相邻的另一根竖向分布筋长度 $= 4\,200 - 600 - 500 + 600 + 500 + 1.2 \times 40 \times 12 = 4\,776(mm)$

地上1层竖向分布筋计算简图：_____4 776_____

④地上2层其中一根竖向分布筋长度 $= 3\,600 - 600 + 600 + 1.2 \times 40 \times 12 = 4\,176(mm)$

地上2层与之相邻的另一根竖向分布筋长度 $= 3\,600 - 600 - 500 + 600 + 500 + 1.2 \times 40 \times 12 = 4\,176(mm)$

地上2层竖向分布筋计算简图：_____4 176_____

⑤地上3层其中一根竖向分布筋长度 $= 3\,600 - 600 + 600 + 1.2 \times 40 \times 12 = 4\,176(mm)$

地上3层其中一根竖向分布筋计算简图：_____4 176_____

地上3层与之相邻的另一根竖向分布筋长度 $= 3\,600 - 600 - 500 + 600 + 1.2 \times 40 \times 12 = 3\,676(mm)$

地上3层与之相邻的另一根竖向分布筋计算简图：_____3 676_____

⑥地上4层至15层每层竖向分布筋单根长度 $= 3\,600 - 600 + 600 + 1.2 \times 40 \times 12 = 4\,176(mm)$

地上 4 层至 15 层每层竖向分布筋计算简图： ——————4 176————————

⑦地上 16 层(屋面层)竖向分布筋单根长度 $= 3\ 300 - 600 + 1.2 \times 40 \times 12 + 15 \times 12 = 3\ 456$ (mm)

地上 16 层(屋面层)竖向分布筋计算简图：——————3 456——————|180

(3)墙身竖向分布筋质量

墙身竖向分布筋质量 $= [1.232 \times 26 + 5.076 \times 13 + 5.576 \times 13 + 4.776 \times 26 + 4.176 \times 26 + 4.176 \times 13 + 3.676 \times 13 + 4.176 \times 26 \times 12(层) + 3.456 \times 26] \times 0.006\ 165 \times 12^2 = 1\ 685.06$ (kg)

### 5.2.3 剪力墙墙身拉筋工程量计算

下面主要介绍抗震时剪力墙墙身拉筋工程量计算。

(1)拉筋长度计算

拉筋单根长度 $=$ 墙厚 $- 2 \times$ 保护层 $- d + 2 \times$ 弯钩长(135°弯钩)

(2)拉筋根数计算

拉筋根数 $=$ 墙身净面积 $\div$ (拉筋横向间距 $\times$ 拉筋纵向间距)

墙身净面积 $=$ 墙面积 $-$ 门窗洞口总面积 $-$ 暗柱所占面积 $-$ 暗梁所占面积 $-$ 连梁所占面积

(3)拉筋质量计算

拉筋质量 $=$ 拉筋单根长度 $\times$ 拉筋根数 $\times 0.006\ 165 d^2$

式中,$d$ 为拉筋直径。

【例 5.4】计算图 5.15 所示剪力墙平法施工图中①轴线剪力墙墙身拉筋工程量。该工程所处环境类别为二 a,混凝土强度等级为 C30。

【解】根据 16G101—1,查得剪力墙中钢筋的混凝土保护层厚度为 20 mm。

拉筋单根长度 $= 300 - 2 \times 20 - 6 + 2 \times [\max(60,75) + 1.87 \times 6] = 426$ (mm)

拉筋计算简图：⌐254⌐

拉筋根数 $= [(6\ 000 - 150 - 300 - 300 - 150) \times 4\ 200] \div (600 \times 600) = 60$ (根)

①轴线剪力墙墙身第一层拉筋质量 $= 0.426 \times 60 \times 0.006\ 165 \times 6^2 = 5.67$ (kg)

## 5.3 剪力墙墙柱钢筋工程量计算

墙柱分为约束边缘暗柱、约束边缘端柱、约束边缘翼墙、约束边缘转角墙、构造边缘暗柱、构造边缘端柱、构造边缘翼墙、构造边缘转角墙、非边缘暗柱和扶壁柱共十类。下面主要介绍抗震时剪力墙墙柱钢筋工程量计算。

**1)剪力墙墙柱纵向钢筋**

(1)暗柱纵向钢筋

因为暗柱纵向钢筋构造与剪力墙墙身纵向钢筋构造相同,所以暗柱纵向钢筋工程量计算同剪力墙墙身纵向钢筋,详见本章剪力墙墙身钢筋工程量计算。

(2)端柱、小墙肢的竖向钢筋

因为端柱、小墙肢的竖向钢筋构造与框架柱相同,所以端柱和小墙肢竖向钢筋工程量计算同框架柱钢筋计算,详见第 3 章柱钢筋工程量计算。

**2)剪力墙墙柱箍筋**

剪力墙墙柱箍筋与框架柱箍筋构造基本相同,其工程量计算详见第 3 章柱钢筋工程量计算。

## 5.4 剪力墙墙梁钢筋工程量计算

剪力墙墙梁包括连梁、暗梁、边框梁3种,抗震时剪力墙墙梁钢筋工程量计算方法如下:

**1)剪力墙连梁钢筋计算**

(1)连梁上部纵筋

①连梁端部与较小墙肢相连时,连梁钢筋构造如图5.21所示,其上部纵筋工程量计算如下:

连梁上部纵筋单根长度 = 洞口宽 + 端部较短墙肢宽 − 保护层 + $15d$ + $\max(l_{aE}, 600)$

钢筋质量 = 连梁上部纵筋单根长度 × 根数 × $0.006\ 165d^2$

式中:$d$ 为连梁上部纵筋直径;$l_{aE}$ 为受拉钢筋抗震锚固长度。

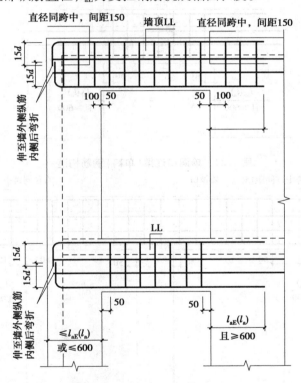

**图5.21 端部墙肢较短的洞口连梁钢筋构造**

②单洞口连梁,其连梁钢筋构造如图5.22所示,其上部纵筋工程量计算如下:

连梁上部纵筋单根长度 = 洞口宽 + $\max(l_{aE}, 600) \times 2$

钢筋质量 = 连梁上部纵筋单根长度 × 根数 × $0.006\ 165d^2$

式中,$d$ 为连梁上部纵筋直径,$l_{aE}$ 为受拉钢筋抗震锚固长度。

③双洞口连梁,其连梁钢筋构造如图5.23所示,其上部纵筋工程量计算如下:

连梁上部纵筋单根长度 = 连梁通跨净长 + $\max(l_{aE}, 600) \times 2$

钢筋质量 = 连梁上部纵筋单根长度 × 根数 × $0.006\ 165d^2$

式中,$d$ 为连梁上部纵筋直径,$l_{aE}$ 为受拉钢筋抗震锚固长度。

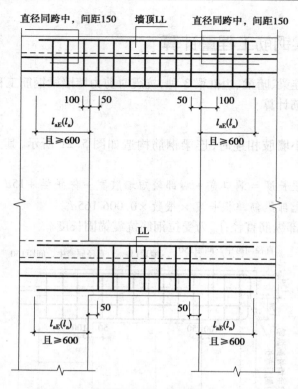

**图 5.22 单洞口连梁(单跨)钢筋构造**

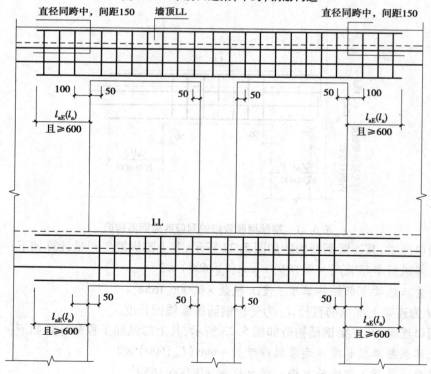

**图 5.23 双洞口连梁(双跨)钢筋构造**

（2）连梁下部纵筋

连梁下部纵筋工程量计算与连梁上部纵筋工程量计算方法相同。

（3）连梁箍筋

①中间层连梁箍筋。

a.箍筋长度。连梁箍筋长度计算与框架梁箍筋长度计算方法相同,具体见第 4 章梁钢筋工程量计算。

b.箍筋根数和质量。

$$箍筋根数 = \frac{洞口宽 - 100}{箍筋间距} + 1$$

$$箍筋质量 = 箍筋单根长度 \times 根数 \times 0.006\ 165 d^2$$

式中,$d$ 为连梁箍筋直径。

②顶层连梁箍筋。

a.箍筋长度。顶层连梁箍筋长度计算与中间层连梁箍筋长度计算方法相同。

b.箍筋根数。

● 连梁端部墙肢较短(墙肢宽度小于等于 $l_{aE}$ 或 ≤600 mm)时

$$箍筋根数 = \frac{洞口宽 - 100}{箍筋间距} + 1 + \frac{墙肢宽 - 保护层 - 100}{150} + 1 + \frac{右锚固长 - 100}{150} + 1$$

● 单洞口连梁

$$箍筋根数 = \frac{洞口宽 - 100}{箍筋间距} + 1 + \frac{左锚固长 - 100}{150} + 1 + \frac{右锚固长 - 100}{150} + 1$$

【例 5.5】计算图 5.15 所示剪力墙平法施工图中第一层②轴上 LL1 钢筋工程量。该工程所处环境类别为二 a,混凝土强度等级为 C30。

【解】根据 16G101—1,查得剪力墙中钢筋的混凝土保护层厚度为 20 mm,$l_{aE} = 40d = 40 \times 22 = 880(mm)$。

上部纵筋单根长度 $= 1\ 000 + 880 \times 2 = 2\ 760(mm)$

上部纵筋单根长度 $= 1\ 000 + 880 \times 2 = 2\ 760(mm)$

纵筋计算简图:————————2 760————————

箍筋单根长度 $= (300 + 2\ 500) \times 2 - 8 \times 20 + 2 \times 11.87 \times 10 = 5\ 677(mm)$

箍筋计算简图: $\boxed{5440}$

$$箍筋根数 = \frac{1\ 000 - 100}{150} + 1 = 7(根)$$

第一层Ⓐ轴上 LL1 纵筋总质量 $= 2.76 \times 4 \times 2 \times 0.006\ 165 \times 22^2 = 65.88(kg)$

第一层Ⓐ轴上 LL1 箍筋总质量 $= 5.677 \times 7 \times 0.006\ 165 \times 10^2 = 24.50(kg)$

【例 5.6】计算图 5.15 所示剪力墙平法施工图中屋面层②轴上 LL1 钢筋工程量。该工程所处环境类别为二 a,混凝土强度等级为 C30。

【解】根据 16G101—1,查得剪力墙中钢筋的混凝土保护层厚度为 20mm,$l_{aE} = 40d = 40 \times 22 = 880(mm)$。

上部纵筋单根长度 $= 1\ 000 + 880 \times 2 = 2\ 760(mm)$

上部纵筋单根长度 $= 1\ 000 + 880 \times 2 = 2\ 760(mm)$

纵筋计算简图： _____ 2 760

箍筋单根长度 $= (300 + 2\ 500) \times 2 - 8 \times 20 + 2 \times 11.87 \times 10 = 5\ 677(\text{mm})$

箍筋计算简图： 5440

箍筋根数 $= \dfrac{1\ 000 - 100}{150} + 1 = 7(\text{根})$

屋面层Ⓐ轴上 LL1 纵筋总质量 $= 2.76 \times 4 \times 2 \times 0.006\ 165 \times 22^2 = 65.88(\text{kg})$

屋面层Ⓐ轴上 LL1 箍筋总质量 $= 5.677 \times 7 \times 0.006\ 165 \times 10^2 = 24.50(\text{kg})$

**2）剪力墙边框梁或者暗梁钢筋工程量计算**

剪力墙边框梁或者暗梁钢筋工程量计算与框架结构中梁钢筋工程量计算方法相同,详见第 4 章梁钢筋工程量计算。

# 习 题

1.剪力墙的钢筋有哪些?

2.剪力墙墙柱的种类有哪些?

3.剪力墙墙梁有哪些?

4.画出剪力墙洞口钢筋构造。

# 第 **6** 章
# 板钢筋工程量计算

**关键知识点：**

- 板钢筋的种类。
- 板钢筋识图。
- 板内各种钢筋的工程量计算方法。

## 6.1 板平法施工图识图

### 6.1.1 概 述

#### 1）板的类型

现浇板按清单规范分为有梁板、无梁板、平板、拱板等；按建筑部位分为楼面板、屋面板、纯悬挑板、延伸悬挑板。

#### 2）板钢筋的配置

现浇板中通常配置有受力筋（单向或双向受力筋，单层或双层受力筋）、支座负筋、分布筋、附加钢筋（角部附加放射筋、洞口附加钢筋）4 种。

### 6.1.2 有梁楼盖的平法标注方法

在结构施工图中，有梁楼盖的平法标注方法是对板进行板块集中标注和板支座的原位标注，如图 6.1 所示。

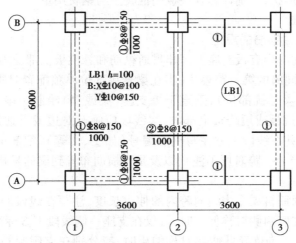

**图 6.1 板的平法标注示意图**

**1)板块集中标注**

板块集中标注的内容为:板块编号、板厚、上部贯通纵筋、下部纵筋,以及当板面标高不同时的标高高差。

①板块编号按表6.1的规定。

表6.1　板块编号

| 板类型 | 代　号 | 序　号 |
|---|---|---|
| 楼面板 | LB | ×× |
| 屋面板 | WB | ×× |
| 悬挑板 | XB | ×× |

②板厚注写为 $h = \times\times\times$(为垂直于板面的厚度)。当悬挑板的端部改变截面厚度时,用斜线分隔根部与端部的高度值,注写为 $h = \times\times\times / \times\times\times$;当设计已在图注中统一注明板厚时,此项可不注。

③纵筋按板块的下部纵筋和上部贯通纵筋分别注写(当板块上部不设贯通纵筋时则不注),并以 B 代表下部纵筋,以 T 代表上部贯通纵筋,B&T 代表下部与上部:X 向纵筋以 X 打头,Y 向纵筋以 Y 打头,两向纵筋配置相同时则以 X&Y 打头。

当为单向板时,分布筋可不必注写,而在图中统一注明。

当在某些板内(例如在悬挑板 XB 的下部)配置有构造钢筋时,则 X 向以 Xc,Y 向以 Yc 打头注写。

当 Y 向采用放射配筋时(切向为 X 向,径向为 Y 向),设计者应注明配筋间距的定位尺寸。

当纵筋采用两种规格钢筋"隔一布一"方式时,表达为 $\phi xx/yy@\times\times\times$,表示直径为 $xx$ 的钢筋和直径为 $yy$ 的钢筋二者之间间距为 $\times\times\times$,直径 $xx$ 的钢筋的间距为 $\times\times\times$ 的 2 倍,直径 $yy$ 的钢筋的间距为 $\times\times\times$ 的 2 倍。

同一编号板块的类型、板厚和纵筋均应相同,但板面标高、跨度、平面形状以及板支座上部非贯通纵筋可以不同,如同编号板块的平面形状可为矩形、多边形及其他形状等。施工预算时,应根据其实际平面形状,分别计算各块板的混凝土与钢材用量。

**2)板支座原位标注**

(1)板支座原位标注钢筋的规定

板支座原位标注的内容有板支座上部非贯通纵筋和悬挑板上部受力钢筋。板支座原位标注的钢筋,应在配置相同跨的第一跨表达(当在梁悬挑部位单独配置时则在原位表达)。在配置相同跨的第一跨(或梁悬挑部位),垂直于板支座(梁或墙)绘制一段适宜长度的中粗实线(当该筋通长设置在悬挑板或短跨板上部时,实线段应画至对边或贯通短跨),以该线段代表支座上部非贯通纵筋,并在线段上方注写钢筋编号(如①、②等)、配筋值、横向连续布置的跨数(注写在括号内,且当为一跨时可不注),以及是否横向布置到梁的悬挑端。

(2)钢筋伸出长度

板支座上部非贯通筋自支座中线向跨内的伸出长度,注写在线段的下方位置。当中间支座上部非贯通纵筋向支座两侧对称伸出时,可仅在支座一侧线段下方标注伸出长度,另一侧不注,如图 6.2(a)所示。当向支座两侧非对称伸出时,应分别在支座两侧线段下方注写伸出长度,如图 6.2(b)所示。

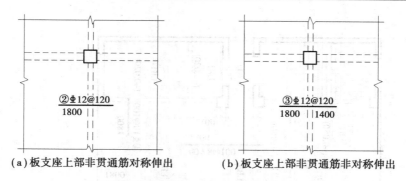

**图 6.2　板中间支座上部非贯通筋原位注写示例**

　　对线段画至对边贯通全跨或贯通全悬挑长度的上部通长纵筋,贯通全跨或伸出至全悬挑一侧的长度值不注,只注明非贯通筋另一侧的伸出长度值,如图 6.3 所示。

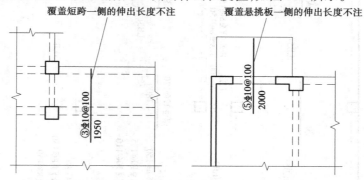

**图 6.3　板支座非贯通筋贯通全跨或伸出至悬挑端注写示例**

　　当板支座为弧形,支座上部非贯通纵筋呈放射状分布时,设计者应注明配筋间距的度量位置并加注"放射分布"四字,必要时应补绘平面配筋图。

　　当板的上部已配置有贯通纵筋,但需增配板支座上部非贯通纵筋时,应结合已配置的同向贯通纵筋的直径与间距采取"隔一布一"方式配置。

**3)其他**

　　①当悬挑板需要考虑竖向地震作用时,设计应注明该悬挑板纵向钢筋抗震锚固长度按何种抗震等级。

　　②板上部纵向钢筋在端支座(梁、剪力墙顶)的锚固要求,16G101—1 平法图集标准构造详图中规定:当设计按铰接时,平直段伸至端支座对边后弯折,且平直段长度$\geqslant 0.35 l_{ab}$,弯折段投影长度 $15d$($d$ 为纵向钢筋直径);当充分利用钢筋的抗拉强度时,平直段伸至端支座对边后弯折,且平直段长度$\geqslant 0.6 l_{ab}$,弯折段投影长度 $15d$。设计者应在平法施工图中注明采用何种构造,当多数采用同种构造时可在图注中写明,并将少数不同之处在图中注明。

　　③板支承在剪力墙顶的端节点,当设计考虑墙外侧竖向钢筋与板上部纵向受力钢筋搭接传力时,应满足搭接长度要求,设计者应在平法施工图中注明。

　　④板纵向钢筋的连接可采用绑扎搭接、机械连接或焊接,其连接位置详见 16G101—1 平法图集中相应的标准构造详图。当板纵向钢筋采用非接触方式的搭接连接时,其搭接部位的钢筋净距不宜小于30 mm,且钢筋中心距不应大于 $0.2 l_l$ 及 150 mm 的较小者。

　　采用平面注写方式表达的楼面板平法施工图如图 6.4 所示。

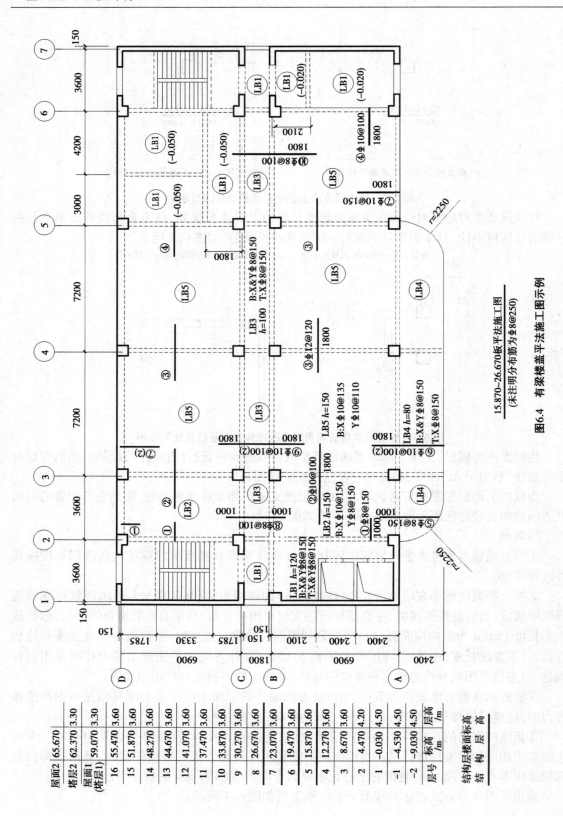

15.870～26.670板平法施工图
（未注明分布筋为Φ8@250）

图6.4 有梁楼盖平法施工图示例

| 结构层楼面标高结构层高 | 屋面2 | 65.670 | |
|---|---|---|---|
| | 塔层2 | 62.370 | 3.30 |
| | 屋面1（塔层1） | 59.070 | 3.30 |
| | 16 | 55.470 | 3.60 |
| | 15 | 51.870 | 3.60 |
| | 14 | 48.270 | 3.60 |
| | 13 | 44.670 | 3.60 |
| | 12 | 41.070 | 3.60 |
| | 11 | 37.470 | 3.60 |
| | 10 | 33.870 | 3.60 |
| | 9 | 30.270 | 3.60 |
| | 8 | 26.670 | 3.60 |
| | 7 | 23.070 | 3.60 |
| | 6 | 19.470 | 3.60 |
| | 5 | 15.870 | 3.60 |
| | 4 | 12.270 | 3.60 |
| | 3 | 8.670 | 3.60 |
| | 2 | 4.470 | 4.20 |
| | 1 | -0.030 | 4.50 |
| | -1 | -4.530 | 4.50 |
| | -2 | -9.030 | 4.50 |
| | 层号 | 标高/m | 层高/m |

### 6.1.3　无梁楼盖的平法标注方法

无梁楼盖平法施工图,系在楼面板和屋面板布置图上采用平面注写的表达方式。

板平面注写主要有板带集中标注、板带支座原位标注两部分内容。

**1)板带集中标注**

集中标注应在板带贯通纵筋配置相同跨的第跨(X 向为左端跨,Y 向为下端跨)注写。相同编号的板带可择其一做集中标注,其他仅注写板带编号(注在圆圈内)。

板带集中标注的具体内容为:板带编号、板带厚及板带宽和贯通纵筋。

板带编号按表 6.2 的规定。

表 6.2　板带编号

| 板带类型 | 代　号 | 序　号 | 跨数及有无悬挑 |
|---|---|---|---|
| 柱上板带 | ZSB | ×× | (××)、(××A)或(××B) |
| 跨中板带 | KZB | ×× | (××)、(××A)或(××B) |

注:①跨数按柱网轴线计算(两相邻柱轴线之间为一跨)。

②(××A)为一端有悬挑,(××B)为两端有悬挑,悬挑不计入跨数。

板带厚注写为 $h = ×××$ ,板带宽注写为 $b = ×××$ 。当无梁楼盖整体厚度和板带宽度已在图中注明时,此项可不注。

贯通纵筋按板带下部和板带上部分别注写,并以 B 代表下部,T 代表上部,B&T 代表下部和上部。当采用放射配筋时,设计者应注明配筋间距的度量位置,必要时补绘配筋平面图。

**【例 6.1】**有一板带注写为:ZSB2(5A)　 $h = 300$ 　 $b = 3\ 000$ 　B = Φ16@100;T Φ18@200。

表示 2 号柱上板带,有 5 跨且一端有悬挑;板带厚 300 mm,宽 3 000 mm;板带配置贯通纵筋下部为 Φ16@100,上部为 T Φ18@200。

当局部区域的板面标高与整体不同时,应在无梁楼盖的板平法施工图上注明板面标高高差及分布范围。

**2)板带支座原位标注**

板带支座原位标注的具体内容为:板带支座上部非贯通纵筋。

以一段与板带同向的中粗实线段代表板带支座上部非贯通纵筋。对柱上板带,实线段贯穿柱上区域绘制;对跨中板带,实线段横贯柱网轴线绘制。在线段上注写钢筋编号(如①、②等)、配筋值及在线段的下方注写自支座中线向两侧跨内的伸出长度。

当板带支座非贯通纵筋自支座中线向两侧对称伸出时,其伸出长度可仅在一侧标注;当配置在有悬挑端的边柱上时,该筋伸出到悬挑尽端,设计不注。当支座上部非贯通纵筋呈放射分布时,设计者应注明配筋间距的定位位置。

不同部位的板带支座上部非贯通纵筋相同者,可仅在一个部位注写,其余则在代表非贯通纵筋的线段上注写编号。

**【例 6.2】**设有平面布置图的某部位,在横跨板带支座绘制的对称线段上注有⑦ Φ18@250,在线段一侧的下方注有 1 500,系表示支座上部⑦号非贯通纵筋为Φ18@250,自支座中线向两侧跨内的伸出长度均为 1 500 mm。

### 3)暗梁的表示方法

暗梁平面注写包括暗梁集中标注、暗梁支座原位标注两部分内容。施工图中在柱轴线处画中粗虚线表示暗梁。

暗梁集中标注包括暗梁编号、暗梁截面尺寸(箍筋外皮宽度×板厚)、暗梁箍筋、暗梁上部通长筋或架立筋四部分内容。暗梁编号按表6.3的规定,其他注写方式同梁集中标注规则。

表6.3 暗梁编号

| 构件类型 | 代　号 | 序　号 | 跨数及有无悬挑 |
|---|---|---|---|
| 暗梁 | AL | ×× | (××)、(××A)或(××B) |

注:①跨数按柱轴线计算(两相邻柱轴线之间为一跨)。

②(××A)为一端有悬挑,(××B)为两端有悬挑,悬挑不计入跨数。

暗梁支座原位标注包括梁支座上部纵筋、梁下部纵筋。当在暗梁上集中标注的内容不适用于某跨或某悬挑端时,则将其不同数值标注在该跨或该悬挑端,施工时按原位注写取值。

当设置暗梁时,柱上板带及跨中板带标注方式与板带集中标注和原位标注规则一致。柱上板带标注的配筋仅设置在暗梁之外的柱上板带范围内。暗梁中纵向钢筋连接、锚固及支座上部纵筋的伸出长度等要求同轴线处柱上板带中纵向钢筋。

### 4)其他

①当悬挑板需要考虑竖向地震作用时,设计应注明该悬挑板纵向钢筋抗震锚固长度按何种抗震等级。

②无梁楼盖板纵向钢筋的锚固和搭接需满足受拉钢筋的要求。

③无梁楼盖跨中板带上部纵向钢筋在梁端支座的锚固要求,16G101—1平法图集标准构造详图中规定:当设计按铰接时,平直段伸至端支座对边后弯折,且平直段长度$\geqslant 0.3l_{ab}$,弯折段投影长度$15d$($d$为纵向钢筋直径);当充分利用钢筋的抗拉强度时,直段伸至端支座对边后弯折,且平直段长度$\geqslant 0.6l_{ab}$,弯折段投影长度$15d$。设计者应在平法施工图中注明采用何种构造,当多数采用同种构造时可在图注中写明,并将少数不同之处在图中注明。

④无梁楼盖跨中板带支承在剪力墙顶的端节点,当板上部纵向钢筋充分利用钢筋的抗拉强度时(锚固在支座中),直段伸至端支座对边后弯折,且平直段长度$\geqslant 0.6l_{ab}$,弯折段投影长度$15d$;当设计考虑墙外侧竖向钢筋与板上部纵向受力钢筋搭接传力时,应满足搭接长度要求;设计者应在平法施工图中注明采用何种构造,当多数采用同种构造时可在图注中写明,并将少数不同之处在图中注明。

⑤板纵向钢筋的连接可采用绑扎搭接、机械连接或焊接,其连接位置详见16G101—1平法图集中相应的标准构造详图。当板纵向钢筋采用非接触方式的绑扎搭接连接时,其搭接部位的钢筋净距不宜小于30 mm,且钢筋中心距不应大于$0.2l_l$及150 mm的较小者。

⑥无梁楼盖的板平法制图规则,同样适用于地下室内无梁楼盖的平法施工图设计。

采用平面注写方式表达的无梁楼盖柱上板带、跨中板带及暗梁标注示意如图6.5所示。

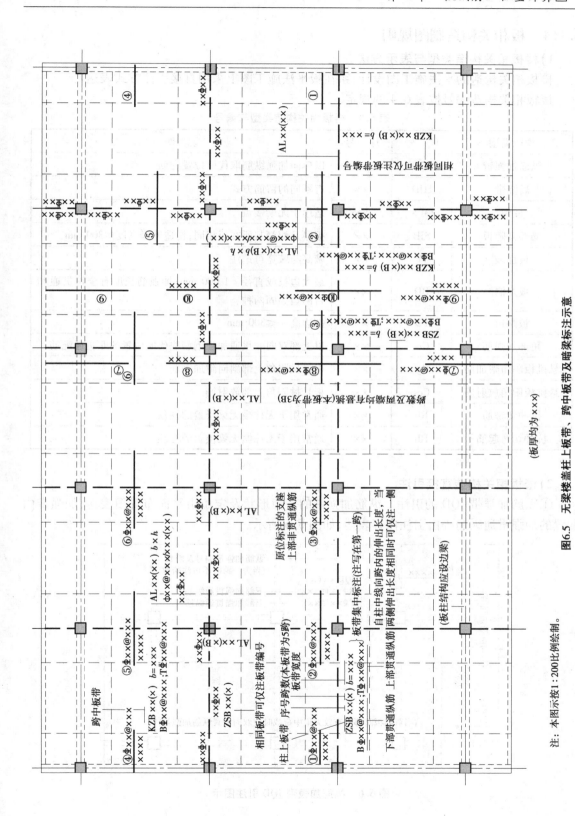

（板厚均为×××）

图6.5 无梁楼盖上板带、跨中板带及暗梁标注示意

注：本图示按1：200比例绘制。

### 6.1.4 板相关构造制图规则

#### 1)楼板相关构造类型与表示方法

楼板相关构造的平法施工图设计,系在板平法施工图上采用直接引注方式表达。

楼板相关构造编号按表6.4的规定。

表6.4 楼板相关构造类型与编号

| 构造类型 | 代　号 | 序　号 | 说　明 |
|---|---|---|---|
| 纵筋加强带 | JQD | ×× | 以单向加强纵筋取代原位置配筋 |
| 后浇带 | HJD | ×× | 有不同的留筋方式 |
| 柱帽 | ZM× | ×× | 适用于无梁楼盖 |
| 局部升降板 | SJB | ×× | 板厚及配筋与所在板相同;构造升降高度≤300 mm |
| 板加腋 | JY | ×× | 腋高与腋宽可选注 |
| 板开洞 | BD | ×× | 最大边长或直径<1 000 mm;加强筋长度有全跨贯通和自洞边锚固两种 |
| 板翻边 | FB | ×× | 翻边高度≤300 mm |
| 角部加强筋 | Crs | ×× | 以上部双向非贯通加强钢筋取代原位置的非贯通配筋 |
| 悬挑板阴角附加筋 | Cis | ×× | 板悬挑阴角上部斜向附加钢筋 |
| 悬挑板阳角放射筋 | Ces | ×× | 板悬挑阳角上部放射筋 |
| 抗冲切箍筋 | Rh | ×× | 通常用于无柱帽无梁楼盖的柱顶 |
| 抗冲切弯起筋 | Rb | ×× | 通常用于无柱帽无梁楼盖的柱顶 |

#### 2)楼板相关构造直接引注

①纵筋加强带 JQD 的引注。纵筋加强带的平面形状及定位由平面布置图表达,加强带内配置的加强贯通纵筋等由引注内容表达,如图6.6所示。

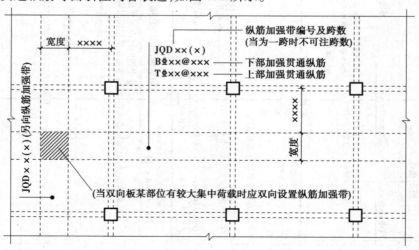

图6.6 纵筋加强带 JQD 引注图示

纵筋加强带设单向加强贯通纵筋,取代其所在位置板中原配置的同向贯通纵筋。根据受力需要,加强贯通纵筋可在板下部配置,也可在板下部和上部均设置。

当板下部和上部均设置加强贯通纵筋,而板带上部横向无配筋时,加强带上部横向配筋应由设计者注明。

当将纵筋加强带设置为暗梁形式时应注写箍筋,其引注如图6.7所示。

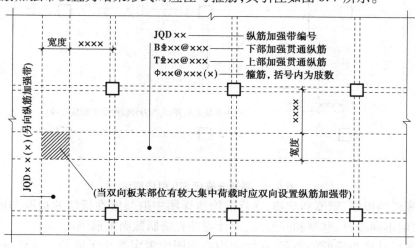

**图6.7　纵筋加强带 JQD 引注图示(暗梁形式)**

②后浇带 HJD 的引注。后浇带的平面形状及定位由平面布置图表达,后浇带留筋方式等由引注内容表达,包括:

a.后浇带编号及留筋方式代号。16G101—1 平法图集提供了两种留筋方式,分别为贯通和100%搭接。

b.后浇混凝土的强度等级 C××,宜采用补偿收缩混凝土,设计应注明相关施工要求。

c.当后浇带区域留筋方式或后浇混凝土强度等级不一致时,设计者应在图中注明与图示不一致的部位及做法。

后浇带引注如图6.8所示。

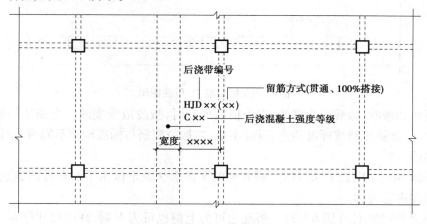

**图6.8　后浇带 HJD 引注图示**

③局部升降板 SJB 的引注(图6.9)。局部升降板的平面形状及定位由平面布置图表达,

其他内容由引注内容表达。

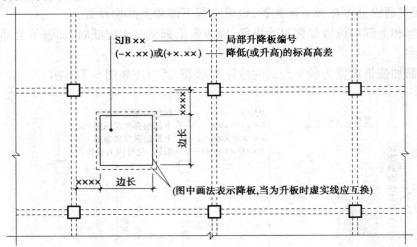

**图 6.9 局部升降板 SJB 引注图示**

局部升降板的板厚、壁厚和配筋,在标准构造详图中取与所在板块的板厚和配筋相同,设计不注;当采用不同板厚、壁厚和配筋时,设计应补充绘制截面配筋图。

局部升降板升高与降低的高度,在标准构造洋图中限定为小于或等于 300 mm,当高度大于 300 mm 时,设计应补充绘制截面配筋图。

④板加腋 JY 的引注(图 6.10)。板加腋的位置与范围由平面布置图表达,腋宽、腋高及配筋等由引注内容表达。

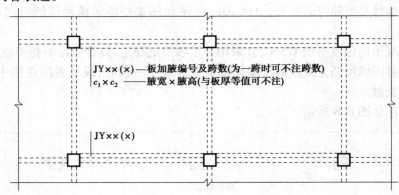

**图 6.10 板加腋 JY 引注图示**

当为板底加腋时,腋线应为虚线;当为板面加股时,腋线应为实线。当腋宽与腋高同板厚时,设计不注。加腋配筋按标准构造,设计不注;当加腋配筋与标准构造不同时,设计应补充绘制截面配筋图。

⑤板开洞 BD 的引注(图 6.11)。板开洞的平面形状及定位由平面布置图表达,洞的几何尺寸等由引注内容表达。

⑥板翻边 FB 的引注(图 6.12)。板翻边可为上翻也可为下翻,翻边尺寸等在引注内容中表达,翻边高度在标准构造详图中为小于或等干 300 mm。当翻边高度大于 300 mm 时,由设计者自行处理。

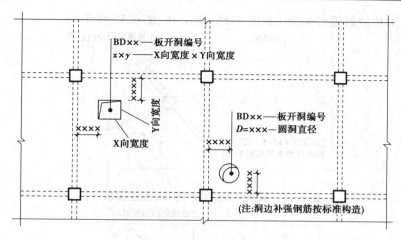

**图 6.11　板开洞 BD 引注图示**

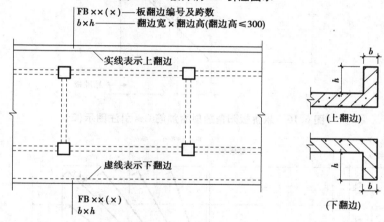

**图 6.12　板翻边 FB 引注图示**

⑦角部加强筋 Crs 的引注(图 6.13)。角部加强筋通常用于板块角区的上部,根据规范规定的受力要求选择配置。角部加强筋将在其分布范围内取代原配置的板支座上部非贯通纵筋,且当其分布范围内配有板上部贯通纵筋时则间隔布置。

⑧悬挑板阴角附加筋 Cis 的引注(图 6.14)。悬挑板阴角附加筋是指在悬挑板的阴角部位斜放的附加钢筋,该附加钢筋设置在板上部悬挑受力钢筋的下面。

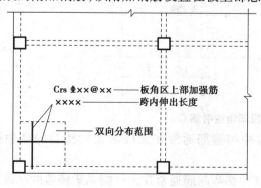

**图 6.13　角部加强筋 Crs 引注图示**

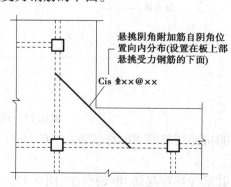

**图 6.14　悬挑板阴角附加筋 Cis 引注图示**

⑨悬挑板阳角放射筋 Ces 引注如图 6.15、图 6.16、图 6.17 所示。

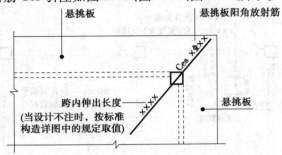

图 6.15　悬挑板阳角放射筋 Ces 引注图示(1)

图 6.16　悬挑板阳角放射附加筋 Ces 引注图示(2)

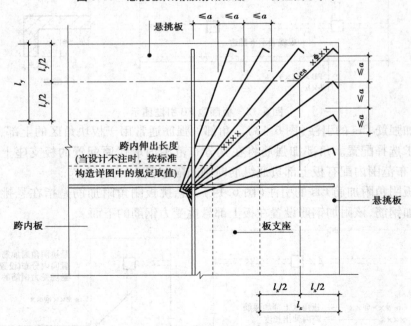

图 6.17　悬挑板阳角放射筋 Ces

⑩抗冲切箍筋 Rh 的引注(图 6.18)。抗冲切箍筋通常在无柱帽无梁楼盖的柱顶部位设置。

⑪抗冲切弯起筋 Rb 的引注(图 6.19)。抗冲切弯起筋通常在无柱帽无梁楼盖的柱顶部位设置。

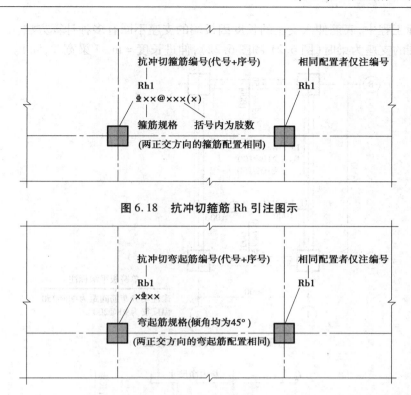

图 6.18 抗冲切箍筋 Rh 引注图示

图 6.19 抗冲切弯起筋 Rb 引注图示

## 6.2 板底钢筋工程量计算

### 6.2.1 板底钢筋长度计算

板底钢筋长度计算图如图 6.20 所示。

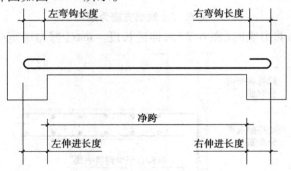

图 6.20 板底钢筋长度计算图

①通用公式：

当钢筋为非光圆钢筋时：

底筋长度＝净跨＋伸进长度×2

当钢筋为光圆钢筋时：

底筋长度＝净跨＋伸进长度×2＋弯钩($6.25d$)×2

②在实际工程中,底筋伸入支座的长度因板端的支座不同有多种计算方法。

a. 当板端的支座为梁时(图6.21和图6.22),伸进长度 = max(梁宽/2,5d)。

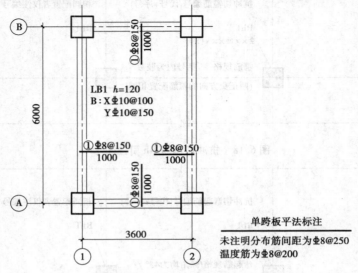

图6.21 单跨板平法标注

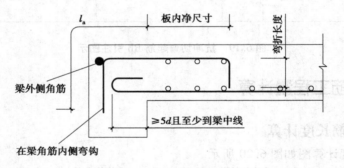

图6.22 端部支座为梁

b. 当板端的支座为剪力墙时(图6.23),伸进长度 = max(剪力墙宽/2,5d)。

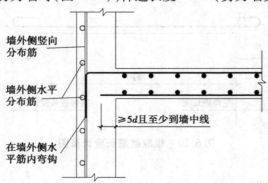

图6.23 端部支座为剪力墙

c. 当板端的支座为圈梁时(图6.24),伸进长度 = max(圈梁宽/2,5d)。

d. 当板端的支座为砌体墙时(图6.25),伸进长度 = max(板厚,120)。

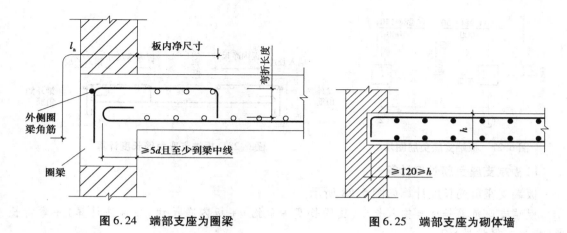

图 6.24 端部支座为圈梁  　　　图 6.25 端部支座为砌体墙

## 6.2.2 板底钢筋根数计算

板底钢筋根数计算图如图 6.26 所示。

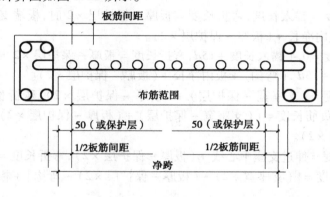

图 6.26 板底钢筋根数计算图

板底钢筋的根数与第一根钢筋的起步距离以及布筋距离有很大关系,起步距离有如下 4 种情况:

①第一根钢筋距梁或墙边 50 mm,板底筋根数 =(净跨 − 50 × 2)÷ 板筋间距 + 1。

②第一根钢筋距梁或墙边为一个保护层,板底筋根数 =(净跨 − 保护层 × 2)÷ 板筋间距 + 1。

③第一根钢筋距梁角筋为 1/2 板筋间距,板底筋根数 =(净跨 + 保护层 × 2 + 左梁角筋1/2 直径 + 右梁角筋1/2 直径 − 板筋间距)÷ 板筋间距 + 1。

④第一根钢筋距支座边为 1/2 板筋间距,板底筋根数 =(净跨 − 板筋间距)÷ 板筋间距 + 1。

## 6.3 板端支座负筋及分布筋工程量计算

### 6.3.1 板端支座负筋工程量计算

板端支座负筋如图 6.27 所示。

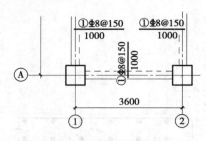

图 6.27　板端支座负筋图示 　　　　　 图 6.28　板端支座负筋长度计算

### 1)板端支座负筋长度计算

板端支座负筋长度计算如图 6.28 所示。

板端支座负筋长度 = 锚入长度(锚固长度 + 弯钩) + 板内净尺寸(按标注计算) + 弯折长度(板厚 − 保护层 ×2)

板端支座负筋的长度与负筋锚入支座内的长度和弯折入板内的长度有关,有如下 4 种情况:

①锚入支座长度 = 锚入长度,弯折长度 = 板厚 − 保护层 ×2 时,板端支座负筋长度 = (锚固长度 + 弯钩) + 板内净长 + (板厚 − 保护层 ×2)。

②锚入支座长度 = 0.4 锚入长度 +15d,弯折长度 = 板厚 − 保护层 ×2 时,板端支座负筋长度 = (0.4 锚入长度 +15d + 弯钩) + 板内净长 + (板厚 − 保护层 ×2)。

③锚入支座长度 = (支座宽 − 保护层) + (板厚 − 保护层 ×2),弯折长度 = 板厚 − 保护层 ×2 时,板端支座负筋长度 = [(支座宽 − 保护层) + (板厚 − 保护层 ×2) + 弯钩] + 板内净长 + (板厚 − 保护层 ×2)。

④锚入支座长度 = 伸过支座中心线 + (板厚 − 保护层 ×2),弯折长度 = 板厚 − 保护层 ×2 时,板端支座负筋长度 = [(支座宽 ÷2) + (板厚 − 保护层 ×2) + 弯钩] + 板内净长 + (板厚 − 保护层 ×2)。

### 2)板端支座负筋根数

板端支座负筋根数计算图如图 6.29 所示。

图 6.29　板端支座负筋根数计算图

板端支座负筋根数 = 布筋范围 ÷ 板筋间距 +1

板端支座负筋的根数与第一根钢筋的起步距离以及布筋距离有很大关系,起步距离有如下 4 种情况:

①第一根钢筋距梁或墙边 50 mm,板端支座负筋根数 = (净跨 −50 ×2) ÷ 板筋间距 +1。

②第一根钢筋距梁或墙边为一个保护层,板端支座负筋根数=(净跨-保护层×2)÷板筋间距+1。

③第一根钢筋距梁角筋为1/2板筋间距,板端支座负筋根数=(净跨+保护层×2+左梁角筋1/2直径+右梁角筋1/2直径-板筋间距)÷板筋间距+1。

④第一根钢筋距支座边为1/2板筋间距,板端支座负筋根数=(净跨-板筋间距)÷板筋间距+1。

### 6.3.2 板端支座负筋的分布筋计算

#### 1)板端支座负筋的分布筋长度计算

板端支座负筋的分布筋构造如图6.30所示。

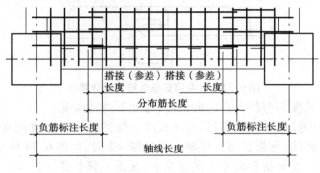

**图6.30 板端支座负筋的分布筋构造**

①分布筋和负筋搭接150 mm,分布筋长度=轴线(净跨)长度-负筋标注长度×2+150×2+弯钩×2。

②分布筋长度=当前跨轴线距离,分布筋长度=轴线长度+弯钩×2。

③按照负筋布置范围计算分布筋长度,根据起步距离情况有如下4种:

a.第一根钢筋距梁或墙边50 mm,分布筋长度=(净跨-50×2)+弯钩×2。

b.第一根钢筋距梁或墙边为一个保护层,分布筋长度=(净跨-保护层×2)+弯钩×2。

c.第一根钢筋距梁角筋为1/2板筋间距,分布筋长度=(净跨-负筋间距)+(保护层×2)+(两端梁角筋直径÷2)+弯钩×2。

d.第一根钢筋距支座边为1/2板筋间距,分布筋长度=(净跨-负筋间距)+弯钩×2。

#### 2)板端支座负筋的分布筋根数计算

板端支座负筋的分布筋根数计算图如图6.31所示。

分布筋根数与负筋伸入板内的长度、起步距离以及分布筋的间距有关,有如下4种情况:

①第一根钢筋距梁或墙边50 mm时,分布筋根数=(分布筋间距-50)÷分布筋间距+1。

②第一根钢筋距梁或墙边为1/2分布筋间距时,分布筋根数=(负筋板内净长-分布筋间距÷2)÷分布筋间距+1。

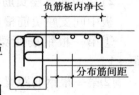

**图6.31 板端负筋**
**分布筋根数计算图**

③第一根钢筋距梁角筋为1/2板筋间距时,分布筋根数=(负筋板内净长+保护层×2+左梁角筋1/2直径+右梁角筋1/2直径-分布筋间距)÷分布筋间距+1。

④第一根钢筋距支座边为1/2板筋间距时,分布筋根数=(负筋板内净长-分布筋间距)÷分布筋间距+1。

## 6.4　板中间支座负筋及分布筋工程量计算

### 6.4.1　板中间支座负筋工程量计算

**1）板中间支座负筋长度计算**

板中间支座负筋长度计算图如图 6.32 所示。

板中间支座负筋长度 = 水平长度 + 弯折长度 × 2

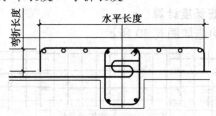

**图 6.32　板中间支座负筋长度计算图**

根据标注的水平长度与弯折入板内的长度，有如下两种情况：

①标注尺寸到梁中线或轴线，弯折长度 = 板厚 − 保护层 × 2 时，如图 6.33 所示。

②标注尺寸到梁边线，弯折长度 = 板厚 − 保护层 × 2 时，如图 6.34 所示。

板中间支座负筋长度 = 图示尺寸 + 支座宽 + （板厚 − 保护层 × 2）× 2

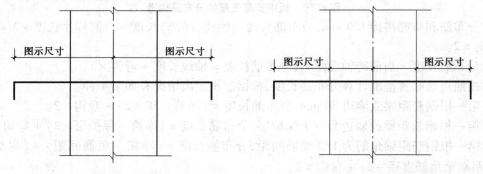

| **图 6.33　标注尺寸到梁中线** | **图 6.34　标注尺寸到梁边线** |

**2）板中间支座负筋根数计算**

板中间支座负筋根数与第一根钢筋的起步距离以及布筋距离有关，有如下 4 种情况：

①第一根钢筋距梁或墙边 50 mm，板中间支座负筋根数 = （净跨 − 50 × 2）÷ 板筋间距 + 1。

②第一根钢筋距梁或墙边为一个保护层，板中间支座负筋根数 = （净跨 − 保护层 × 2）÷ 板筋间距 + 1。

③第一根钢筋距梁角筋为 1/2 板筋间距，板中间支座负筋根数 = （净跨 + 保护层 × 2 + 左梁角筋 1/2 直径 + 右梁角筋 1/2 直径 − 板筋间距）÷ 板筋间距 + 1。

④第一根钢筋距支座边为 1/2 板筋间距，板中间支座负筋根数 = （净跨 − 板筋间距）÷ 板筋间距 + 1。

### 6.4.2　板中间支座负筋的分布筋计算

板中间支座负筋的分布筋长度计算与端支座负筋的分布筋长度计算相同。

板中间支座负筋的分布筋根数计算图如图 6.35 所示。

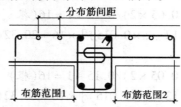

**图 6.35　板中间支座负筋分布筋根数计算图**

板中间支座分布筋根数与负筋伸入板内的范围、起步距离及分布筋的间距有关,有如下 3 种情况:

①第一根钢筋距梁或墙边 50 mm 时,板中间支座分布筋根数 =[(布筋范围1 - 50)÷分布筋间距 + 1] + [(布筋范围 2 - 50)÷分布筋间距 + 1]。

②第一根钢筋距梁或墙边为 1/2 分布筋间距时,板中间支座分布筋根数 =[(布筋范围 1 - 1/2分布筋间距)÷分布筋间距 + 1] + [(布筋范围 2 - 1/2分布筋间距)÷分布筋间距 + 1]。

③第一根钢筋距梁角筋为一个分布筋间距时,板中间支座分布筋根数 =(布筋范围 1 ÷分布筋间距) + (布筋范围 2 ÷分布筋间距)。

**【例 6.3】**请计算图 6.36 所示板的底筋、支座负筋及分部筋工程量。$l_{aE} = 35d$。

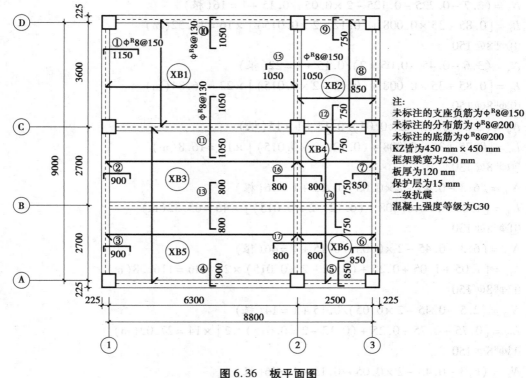

**图 6.36　板平面图**

**【解】**1)板支座负筋计算

①$\phi^R 8@150$

$N_1 = (3.6 - 0.45 - 0.05 \times 2)/0.15 + 1 = 22(根)$

$L_1 = [1.15 + 35 \times 0.008 + (0.12 - 2 \times 0.015)] \times 22 = 33.44(m)$

②φ$^R$8@150

$N_2 = (2.7 - 0.225 - 0.125 - 0.05 \times 2)/0.15 + 1 = 16(根)$

$L_2 = [0.9 + 35 \times 0.008 + (0.12 - 2 \times 0.015)] \times 16 = 20.32(m)$

③φ$^R$8@150

$N_3 = (2.7 - 0.225 - 0.125 - 0.05 \times 2)/0.15 + 1 = 16(根)$

$L_3 = [0.9 + 35 \times 0.008 + (0.12 - 2 \times 0.015)] \times 16 = 20.32(m)$

④φ$^R$8@150

$N_4 = (6.3 - 0.45 - 2 \times 0.05)/0.15 + 1 = 40(根)$

$L_4 = [0.9 + 35 \times 0.008 + (0.12 - 2 \times 0.015)] \times 40 = 50.8(m)$

⑤φ$^R$8@150

$N_5 = (2.5 - 0.45 - 2 \times 0.05)/0.15 + 1 = 14(根)$

$L_5 = [0.85 + 35 \times 0.008 + (0.12 - 2 \times 0.015)] \times 14 = 17.08(m)$

⑥φ$^R$8@150

$N_6 = (2.7 - 0.225 - 0.125 - 2 \times 0.05)/0.15 + 1 = 16(根)$

$L_6 = [0.85 + 35 \times 0.008 + (0.12 - 2 \times 0.015)] \times 16 = 19.52(m)$

⑦φ$^R$8@150

$N_7 = (2.7 - 0.225 - 0.125 - 2 \times 0.05)/0.15 + 1 = 16(根)$

$L_7 = [0.85 + 35 \times 0.008 + (0.12 - 2 \times 0.015)] \times 16 = 19.52(m)$

⑧φ$^R$8@150

$N_8 = (3.6 - 0.45 - 0.05 \times 2)/0.15 + 1 = 22(根)$

$L_8 = [0.85 + 35 \times 0.008 + (0.12 - 2 \times 0.015)] \times 22 = 26.84(m)$

⑨φ$^R$8@150

$N_9 = (2.5 - 0.45 - 2 \times 0.05)/0.15 + 1 = 15(根)$

$L_9 = [0.75 + 35 \times 0.008 + (0.12 - 2 \times 0.015)] \times 15 = 16.8(m)$

⑩φ$^R$8@130

$N_{10} = (6.3 - 0.45 - 2 \times 0.05)/0.15 + 1 = 46(根)$

$L_{10} = [1.05 + 35 \times 0.008 + (0.12 - 2 \times 0.015)] \times 46 = 65.32(m)$

⑪φ$^R$8@130

$N_{11} = (6.3 - 0.45 - 2 \times 0.05)/0.15 + 1 = 46(根)$

$L_{11} = [1.05 + 1.05 + 0.25 + (0.12 - 2 \times 0.015) \times 2] \times 46 = 116.38(m)$

⑫φ$^R$8@150

$N_{12} = (2.5 - 0.45 - 2 \times 0.05)/0.15 + 1 = 14(根)$

$L_{12} = [0.75 + 0.75 + 0.25 + (0.12 - 2 \times 0.015) \times 2] \times 14 = 27.02(m)$

⑬φ$^R$8@150

$N_{13} = (6.3 - 0.45 - 2 \times 0.05)/0.15 + 1 = 46(根)$

$L_{13} = [0.8 + 0.8 + 0.25 + (0.12 - 2 \times 0.015) \times 2] \times 46 = 90.62(m)$

⑭φ$^R$8@150

$N_{14} = (2.5 - 0.45 - 2 \times 0.05)/0.15 + 1 = 14(根)$

$L_{14} = [0.75 + 0.75 + 0.25 + (0.12 - 2 \times 0.015) \times 2] \times 14 = 27.02(m)$

⑮$\phi^R 8@150$

$N_{15} = (3.6 - 0.45 - 0.05 \times 2)/0.15 + 1 = 22(根)$

$L_{15} = [1.05 + 1.05 + 0.25 + (0.12 - 2 \times 0.015) \times 2] \times 22 = 55.66(m)$

⑯$\phi^R 8@150$

$N_{16} = (2.7 - 0.225 - 0.125 - 0.05 \times 2)/0.15 + 1 = 16(根)$

$L_{16} = [0.8 + 0.8 + 0.25 + (0.12 - 2 \times 0.015) \times 2] \times 16 = 32.48(m)$

⑰$\phi^R 8@150$

$N_{17} = (2.7 - 0.225 - 0.125 - 0.05 \times 2)/0.15 + 1 = 16(根)$

$L_{17} = [0.8 + 0.8 + 0.25 + (0.12 - 2 \times 0.015) \times 2] \times 16 = 32.48(m)$

2)板底筋计算

(1)XB1 的计算

①X 向底筋计算:$\phi^R 8@200$

$N_x = (3.6 - 0.45 - 0.05 \times 2)/0.2 + 1 = 17(根)$

$L_x = [(6.3 - 0.125 - 0.125) + \max(0.125, 5d) \times 2] \times 17$
$= (6.05 + 0.125 \times 2) \times 17 = 107.1(m)$

②Y 向底筋计算:$\phi^R 8@200$

$N_y = (6.3 - 0.45 - 0.05 \times 2)/0.2 + 1 = 30(根)$

$L_y = (3.6 - 0.125 \times 2 + 2 \times 0.125) \times 30 = 108(m)$

(2)XB2 的计算

①X 向底筋计算:$\phi^R 8@200$

$N_x = (3.6 - 0.45 - 0.05 \times 2)/0.2 + 1 = 17(根)$

$L_x = (2.5 - 0.125 \times 2 + 2 \times 0.125) \times 17 = 42.5(m)$

②Y 向底筋计算:$\phi^R 8@200$

$N_y = (2.5 - 0.45 - 0.05 \times 2)/0.2 + 1 = 11(根)$

$L_y = (3.6 - 0.125 \times 2 + 2 \times 0.125) \times 11 = 39.6(m)$

(3)XB3 的计算

①X 向底筋计算:$\phi^R 8@200$

$N_x = (2.7 - 0.225 - 0.125 - 0.05 \times 2)/0.2 + 1 = 13(根)$

$L_x = (6.3 - 0.125 \times 2 + 2 \times 0.125) \times 13 = 81.9(m)$

②Y 向底筋计算:$\phi^R 8@200$

$N_y = (6.3 - 0.45 - 0.05 \times 2)/0.2 + 1 = 30(根)$

$L_y = (2.7 + 2.7 - 0.125 \times 2 + 2 \times 0.125) \times 30 = 162(m)$

(4)XB4 的计算

①X 向底筋计算:$\phi^R 8@200$

$N_x = (2.7 - 0.225 - 0.125 - 0.05 \times 2)/0.2 + 1 = 13(根)$

$L_x = (2.5 - 0.125 \times 2 + 2 \times 0.125) \times 13 = 32.5(m)$

②Y 向底筋计算:$\phi^R 8@200$

$N_y = (2.5 - 0.45 - 0.05 \times 2)/0.2 + 1 = 11(根)$

$L_y = (2.7 + 2.7 - 0.125 \times 2 + 2 \times 0.125) \times 11 = 59.4(m)$

（5）XB5 的计算

①X 向底筋计算：$\phi^R 8@200$

$N_x = (2.7 - 0.225 - 0.125 - 0.05 \times 2)/0.2 + 1 = 13$（根）

$L_x = (6.3 - 0.125 \times 2 + 2 \times 0.125) \times 13 = 81.9$（m）

②Y 向底筋计算：$\phi^R 8@200$

$N_y = (6.3 - 0.45 - 0.05 \times 2)/0.2 + 1 = 30$（根）

$L_y = (2.7 + 2.7 - 0.125 \times 2 + 2 \times 0.125) \times 30 = 162$（m）

（6）XB6 的计算

①X 向底筋计算：$\phi^R 8@200$

$N_x = (2.7 - 0.225 - 0.125 - 0.05 \times 2)/0.2 + 1 = 13$（根）

$L_x = (2.5 - 0.125 \times 2 + 2 \times 0.125) \times 13 = 32.5$（m）

②Y 向底筋计算：$\phi^R 8@200$

$N_y = (2.5 - 0.45 - 0.05 \times 2)/0.2 + 1 = 11$（根）

$L_y = (2.7 + 2.7 - 0.125 \times 2 + 2 \times 0.125) \times 11 = 59.4$（m）

3）分布筋计算

①号负筋分布筋：$\phi^R 8@200$

$N_1 = (1.15 - 0.05)/0.2 + 1 = 7$（根）

$L_1 = (3.6 - 0.25 - 1.05 - 1.05 + 2 \times 0.15 + 2 \times 6.25 \times 0.008) \times 7 = 11.55$（m）

②号负筋分布筋：$\phi^R 8@200$

$N_2 = (0.9 - 0.05)/0.2 + 1 = 6$（根）

$L_2 = (2.7 - 0.125 \times 2 - 1.05 - 0.8 + 2 \times 0.15 + 2 \times 6.25 \times 0.008) \times 6 = 6$（m）

③号负筋分布筋：$\phi^R 8@200$

$N_3 = (0.9 - 0.05)/0.2 + 1 = 6$（根）

$L_3 = (2.7 - 0.125 \times 2 - 0.9 - 0.8 + 2 \times 0.15 + 2 \times 6.25 \times 0.008) \times 6 = 6.9$（m）

④号负筋分布筋：$\phi^R 8@200$

$N_4 = (0.9 - 0.05)/0.2 + 1 = 6$（根）

$L_4 = (6.3 - 0.125 \times 2 - 0.9 - 0.8 + 2 \times 0.15 + 2 \times 6.25 \times 0.008) \times 6 = 28.5$（m）

⑤号负筋分布筋：$\phi^R 8@200$

$N_5 = (0.85 - 0.05)/0.2 + 1 = 5$（根）

$L_5 = (2.5 - 0.125 \times 2 - 0.85 - 0.8 + 2 \times 0.15 + 2 \times 6.25 \times 0.008) \times 5 = 5$（m）

⑥号负筋分布筋：$\phi^R 8@200$

$N_6 = (0.85 - 0.05)/0.2 + 1 = 5$（根）

$L_6 = (2.7 - 0.125 \times 2 - 0.85 - 0.75 + 2 \times 0.15 + 2 \times 6.25 \times 0.008) \times 5 = 6.25$（m）

⑦号负筋分布筋：$\phi^R 8@200$

$N_7 = (0.85 - 0.05)/0.2 + 1 = 5$（根）

$L_7 = (2.7 - 0.125 \times 2 - 0.75 - 0.75 + 2 \times 0.15 + 2 \times 6.25 \times 0.008) \times 5 = 6.75$（m）

⑧号负筋分布筋：$\phi^R 8@200$

$N_8 = (0.85 - 0.05)/0.2 + 1 = 5$（根）

$L_8 = (3.6 - 0.125 \times 2 - 0.75 - 0.75 + 2 \times 0.15 + 2 \times 6.25 \times 0.008) \times 5 = 11.25$（m）

⑨号负筋分布筋:$\phi^R 8@200$

$N_9 = (0.75 - 0.05)/0.2 + 1 = 5(根)$

$L_9 = (2.5 - 0.125 \times 2 - 0.85 - 1.05 + 2 \times 0.15 + 2 \times 6.25 \times 0.008) \times 5 = 3.75(m)$

⑩号负筋分布筋:$\phi^R 8@200$

$N_{10} = (1.05 - 0.05)/0.2 + 1 = 6(根)$

$L_{10} = (6.3 - 0.125 \times 2 - 1.15 - 1.05 + 2 \times 0.15 + 2 \times 6.25 \times 0.008) \times 6 = 25.5(m)$

⑪号负筋分布筋:$\phi^R 8@200$

$N'_{11} = (1.05 - 0.05)/0.2 + 1 = 6(根)$

$N''_{11} = (1.05 - 0.05)/0.2 + 1 = 6(根)$

$L'_{11} = (6.3 - 0.25 - 1.15 - 1.05 + 2 \times 0.15 + 2 \times 6.25 \times 0.008) \times 6 = 25.5(m)$

$L''_{11} = (6.3 - 0.25 - 0.9 - 0.8 + 2 \times 0.15 + 2 \times 6.25 \times 0.008) \times 6 = 28.5(m)$

⑫号负筋分布筋:$\phi^R 8@200$

$N'_{12} = (0.75 - 0.05)/0.2 + 1 = 5(根)$

$N''_{12} = (0.75 - 0.05)/0.2 + 1 = 5(根)$

$L'_{12} = (2.5 - 0.25 - 1.05 - 0.85 + 2 \times 0.15 + 2 \times 6.25 \times 0.008) \times 5 = 3.75(m)$

$L''_{12} = (2.5 - 0.25 - 0.8 - 0.85 + 2 \times 0.15 + 2 \times 6.25 \times 0.008) \times 5 = 5(m)$

⑬号负筋分布筋:$\phi^R 8@200$

$N'_{13} = (0.8 - 0.5)/0.2 + 1 = 5(根)$

$N''_{13} = (0.8 - 0.5)/0.2 + 1 = 5(根)$

$L'_{13} = (6.3 - 0.25 - 0.9 - 0.8 + 2 \times 0.15 + 2 \times 6.25 \times 0.008) \times 5 = 23.75(m)$

$L''_{13} = (6.3 - 0.25 - 0.9 - 0.8 + 2 \times 0.15 + 2 \times 6.25 \times 0.008) \times 5 = 23.75(m)$

⑭号负筋分布筋:$\phi^R 8@200$

$N'_{14} = (0.75 - 0.05)/0.2 + 1 = 5(根)$

$N''_{14} = (0.75 - 0.05)/0.2 + 1 = 5(根)$

$L'_{14} = (2.5 - 0.25 - 0.8 - 0.85 + 2 \times 0.15 + 2 \times 6.25 \times 0.008) \times 5 = 5(m)$

$L''_{14} = (2.5 - 0.25 - 0.8 - 0.85 + 2 \times 0.15 + 2 \times 6.25 \times 0.008) \times 5 = 5(m)$

⑮号负筋分布筋:$\phi^R 8@200$

$N'_{15} = (1.05 - 0.05)/0.2 + 1 = 6(根)$

$N''_{15} = (1.05 - 0.05)/0.2 + 1 = 6(根)$

$L'_{15} = (6.3 - 0.25 - 1.05 - 1.05 + 2 \times 0.15 + 2 \times 6.25 \times 0.008) \times 6 = 26.1(m)$

$L''_{15} = (6.3 - 0.25 - 0.75 - 0.75 + 2 \times 0.15 + 2 \times 6.25 \times 0.008) \times 6 = 29.7(m)$

⑯号负筋分布筋:$\phi^R 8@200$

$N'_{16} = (0.8 - 0.5)/0.2 + 1 = 5(根)$

$N''_{16} = (0.8 - 0.5)/0.2 + 1 = 5(根)$

$L'_{16} = (2.7 - 0.25 - 1.05 - 0.8 + 2 \times 0.15 + 2 \times 6.25 \times 0.008) \times 5 = 5(m)$

$L''_{16} = (2.7 - 0.25 - 0.75 - 0.75 + 2 \times 0.15 + 2 \times 6.25 \times 0.008) \times 5 = 6.75(m)$

⑰号负筋分布筋:$\phi^R 8@200$

$N'_{17} = (0.8 - 0.5)/0.2 + 1 = 5(根)$

$N''_{17} = (0.8 - 0.5)/0.2 + 1 = 5(根)$

$$L_{17}' = (2.7 - 0.25 - 0.9 - 0.8 + 2 \times 0.15 + 2 \times 6.25 \times 0.008) \times 5 = 5.75(\text{m})$$

$$L_{17}'' = (2.7 - 0.25 - 0.7 - 0.85 + 2 \times 0.15 + 2 \times 6.25 \times 0.008) \times 5 = 6.25(\text{m})$$

板的支座负筋、底筋及分布筋工程量见表6.5。

表6.5 板的支座负筋、底筋及分布筋工程量

| 钢筋类型 | 长度/m | 质量/kg |
|---|---|---|
| 支座负筋 | 671.62 | 264.994 |
| 底筋 | 968.8 | 382.250 |
| 分布筋 | 311.25 | 122.807 |
| 总计 | 1 951.67 | 770.051 |

# 习 题

1. 板的钢筋有哪些?
2. 画出板底筋的构造。
3. 画出板面筋及分布筋的构造。
4. 计算回龙小学 +3.55 m 板的钢筋工程量。

# 第 7 章
# 现浇混凝土板式楼梯钢筋工程量计算

**关键知识点：**
- 楼梯的类型及其代号。
- 楼梯钢筋集中标注、原位标注的注写以及各种楼梯配筋的相关规定。
- 楼梯各种钢筋工程量计算方法。

楼梯有预制楼梯和现浇楼梯两类，本章仅讲解现浇楼梯钢筋工程量计算。

## 7.1  现浇混凝土板式楼梯平法施工图识图

### 7.1.1  现浇混凝土板式楼梯平法施工图的表示方法

现浇混凝土板式楼梯平法施工图有平面注写、剖面注写和列表注写 3 种表达方式。

楼梯平面布置图应采用适当比例集中绘制，需要时绘制其剖面图。

为了方便施工，在集中绘制的板式楼梯平法施工图中，宜按规定注明各结构层的楼面标高、结构层高及相应的结构层号。

### 7.1.2  楼梯的类型

①16G101—2 图集中包含 12 种楼梯类型（图 7.1），详见表 7.1。

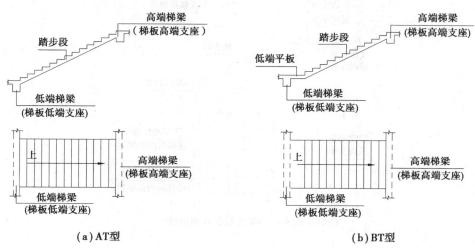

(a) AT型　　　　　　　　　　　　　(b) BT型

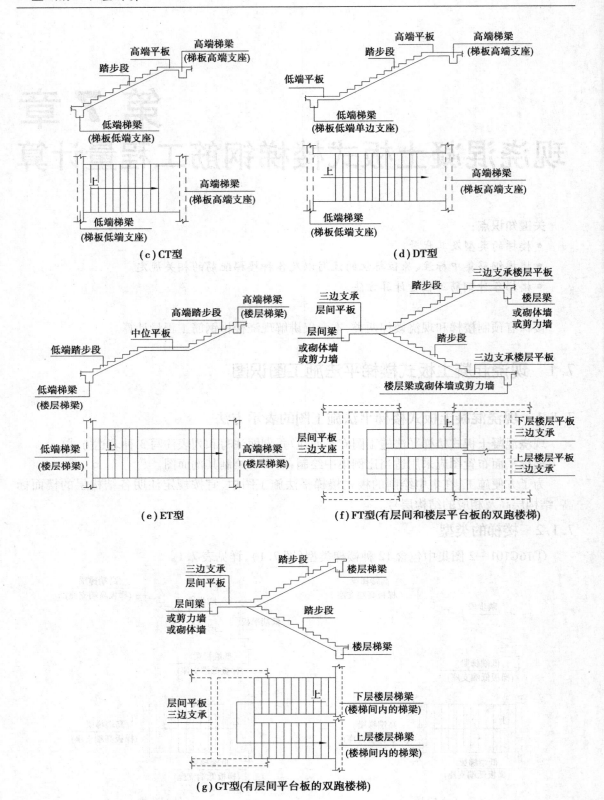

(c) CT型

(d) DT型

(e) ET型

(f) FT型(有层间和楼层平台板的双跑楼梯)

(g) GT型(有层间平台板的双跑楼梯)

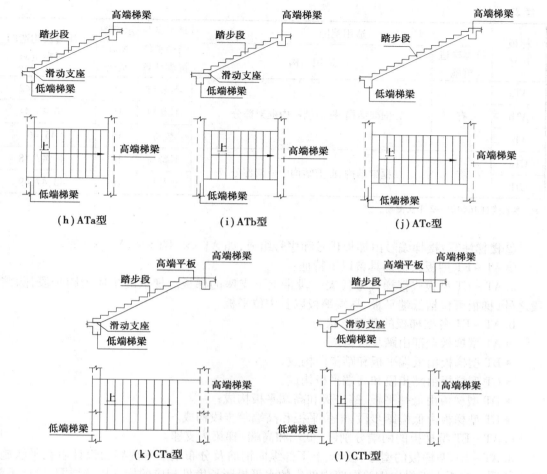

图 7.1　板式楼梯的截面形状与支座位置示意图

表 7.1　楼梯类型

| 梯板代号 | 适用范围 | | 是否参与结构整体抗震计算 | 示意图所在页码 | 注写及构造图所在页码 |
|---|---|---|---|---|---|
| | 抗震构造措施 | 适用结构 | | | |
| AT | 无 | 剪力墙、砌体结构 | 不参与 | 11 | 23,24 |
| BT | | | | 11 | 25,26 |
| CT | 无 | 剪力墙、砌体结构 | 不参与 | 12 | 27,28 |
| DT | | | | 12 | 29,30 |
| ET | 无 | 剪力墙、砌体结构 | 不参与 | 13 | 31,32 |
| FT | | | | 13 | 33,34,35,39 |
| GT | 无 | 剪力墙、砌体结构 | 不参与 | 14 | 36,37,38,39 |

续表

| 梯板代号 | 适用范围 | | 是否参与结构整体抗震计算 | 示意图所在页码 | 注写及构造图所在页码 |
|---|---|---|---|---|---|
| | 抗震构造措施 | 适用结构 | | | |
| ATa | 有 | 框架结构、框剪结构中框架部分 | 不参与 | 15 | 40,41,42 |
| ATb | | | 不参与 | 15 | 40,43,44 |
| ATc | | | 参与 | 15 | 45,46 |
| CTa | 有 | 框架结构、框剪结构中框架部分 | 不参与 | 16 | 41,47,48 |
| CTb | | | 不参与 | 16 | 43,47,49 |

注:本表摘自 16G101—2 平法图集。

②楼梯注写:楼梯编号由梯板代号和序号组成,如 AT××、BT××、ATa×× 等。

③AT～ET 型板式楼梯具备以下特征:

a.AT～ET 型板式楼梯代号代表一段带上下支座的梯板。梯板的主体为踏步段,除踏步段之外,梯板可包括低端平板、高端平板以及中位平板。

b.AT～ET 各型梯板的截面形状为:

● AT 型梯板全部由踏步段构成;

● BT 型梯板由低端平板和踏步段构成;

● CT 型梯板由踏步段和高端平板构成;

● DT 型梯板由低端平板、踏步板和高端平板构成;

● ET 型梯板由低端踏步段、中位平板和高端踏步段构成。

c.AT～ET 型梯板的两端分别以(低端和高端)梯梁为支座。

d.AT～ET 型梯板的型号、板厚、上下部纵向钢筋及分布钢筋等内容由设计者在平法施工图中注明。梯板上部纵向钢筋向跨内伸出的水平投影长度见相应的标准构造详图,设计不注,但设计者应予以校核;当标准构造详图规定的水平投影长度不满足具体工程要求时,应由设计者另行注明。

④FT、GT 型板式楼梯具备以下特征:

a.FT、GT 每个代号代表两跑踏步段和连接它们的楼层平板及层间平板。

b.FT、GT 型梯板的构成分类:第一类为 FT 型,由层间平板、踏步段和楼层平板构成;第二类为 GT 型,由层间平板和踏步段构成。

c.FT、GT 型梯板的支承方式如下:

● FT 型:梯板一端的层间平板采用三边支承,另一端的楼层平板也采用三边支承。

● GT 型:梯板一端的层间平板采用三边支承,另一端的梯板段采用单边支承(在梯梁上)。

d.FT、GT 型梯板的型号、板厚、上下部纵向钢筋及分布钢筋等内容由设计者在平法施工图中注明。FT、GT 型平台上部横向钢筋及其外伸长度,在平面图中原位标注。

⑤ATa、ATb 型板式楼梯具备以下特征:

a.ATa、ATb 型为带滑动支座的板式楼梯,楼梯全部由踏步段构成,其支承方式为梯板高端均支承在梯梁上,ATa 型梯板低端带滑动支座支承在梯梁上,ATb 型梯板低端带滑动支座支承在挑板上。

b.ATa、ATb 型梯板采用双层双向配筋。

⑥ATc 型板式楼梯具备以下特征:

a. 梯板全部由踏步段构成,其支承方式为梯板两端均支承在梯梁上。

b. 楼梯休息平台与主体结构可连接,也可脱开。

c. 梯板厚度应按计算确定,且不宜小于 140 mm;梯板采用双层配筋。

d. 梯板两侧设置边缘构件(暗梁),边缘构件的宽度取 1.5 倍板厚;边缘构件纵筋数量,当抗震等级为一、二级时不少于 6 根,当抗震等级为三、四级时不少于 4 根;纵筋直径不小于 $\phi12$ 且不小于梯板纵向受力钢筋直径;箍筋直径不小于 $\phi6$,间距不大于 200 mm。平台板按双层双向配筋。

⑦CTa、CTb 型板式楼梯具备以下特征:

a. CTa、CTb 型为带滑动支座的板式楼梯,梯板由踏步段和高端平板构成,其支承方式为梯板高端均支承在梯梁上。CTa 型梯板低端带滑动支座支承在梯梁上,CTb 型梯板低端带滑动支座支承在挑板上。

b. CTa、CTb 型梯板采用双层双向配筋。

## 7.1.3　平面注写方式

平面注写方式,系在楼梯平面布置图上注写截面尺寸和配筋具体数值的方式来表达楼梯施工图,包括集中标注和外围标注。

### 1)集中标注

楼梯集中标注的内容有五项,具体规定如下:

①梯板类型代号与序号,如 AT××;

②梯板厚度,注写为 $h = ×××$。当为带平板的梯板且梯段板厚度和平板厚度不同时,可在梯段板厚度后面括号内以字母 P 打头注写平板厚度。

【例 7.1】$h = 130(P150)$,130 表示梯段板厚度,150 表示梯板平板段的厚度。

③踏步段总高度和踏步级数,二者之间以"/"分隔;

④梯板支座上部纵筋和下部纵筋,二者之间以";"分隔;

⑤梯板分布筋,以 F 打头注写分布钢筋具体数值。该项可以在图中统一说明。

【例 7.2】平面图中梯板类型及配筋的完整标注示例如下:

AT1 ,$h = 120$　　　　　梯板类型及编号,梯板板厚

1 800/12　　　　　　　踏步段总高度/踏步级数

$\Phi 10@200$;$\Phi 12@150$　　上部纵筋;下部纵筋

F $\phi 8@250$　　　　　　梯板分布筋

### 2)外围标注

楼梯外围标注的内容,包括楼梯间的平面尺寸、楼层结构标高、层间结构标高、楼梯的上下方向、梯板的平面几何尺寸,以及平台板、梯梁、梯柱配筋等。

## 7.1.4　剖面注写方式

剖面注写方式需在楼梯平法施工图中绘制楼梯平面布置图和楼梯剖面图,注写方式分平面注写、剖面注写两部分。

### 1)平面注写

楼梯平面布置图注写内容,包括楼梯间的平面尺寸、楼层结构标高、层间结构标高、楼梯的上下方向、梯板的平面几何尺寸、梯板类型及编号,以及平台板、梯梁、梯柱的配筋等。

### 2)剖面注写

楼梯剖面图注写内容,包括梯板集中标注、梯梁梯柱编号、梯板水平及竖向尺寸、楼层结构

标高、层间结构标高等。

梯板集中标注内容有四项,具体规定如下:

①梯板类型及编号,如 AT××;

②梯板厚度,同平面注写方式;

③梯板配筋,注明梯板上部纵筋和下部纵筋,二者之间以";"分隔;

④梯板分布筋,以 F 打头注写分布钢筋具体值,该项也可在图中统一说明。

【例7.3】剖面图中梯板配筋完整的标注如下:

| | |
|---|---|
| AT1,$h=120$ | 梯板类型及编号,梯板厚度 |
| $\Phi 10@200$;$\Phi 12@150$ | 上部纵筋;下部纵筋 |
| F$\phi 8@200$ | 梯板分布筋 |

### 7.1.5　列表注写方式

列表注写方式,系用列表方式注写梯板截面尺寸和配筋具体数值的方式来表达楼梯施工图。

列表注写方式的具体要求与剖面注写方式相同,只需将梯板配筋改为列表注写即可。

梯板列表格式见表7.2。

表 7.2　梯板几何尺寸和配筋

| 梯板编号 | 踏步段总高度/踏步级数 | 板厚 $h$ | 上部纵向钢筋 | 下部纵向钢筋 | 分布筋 |
|---|---|---|---|---|---|
| | | | | | |
| | | | | | |

注:对于 ATc 型楼梯尚应注明梯板两侧边缘构件纵向钢筋及箍筋。

### 7.1.6　其他

①楼层平台梁板配筋可绘制在楼梯平面图中,也可在各层梁板配筋图中绘制;层间平台梁板配筋在楼梯平面图中绘制。

②楼层平台板可与该层的现浇楼板整体设计。

AT 型楼梯的平面注写方式如图 7.2 所示。AT 型楼梯板配筋构造如图 7.3 所示。

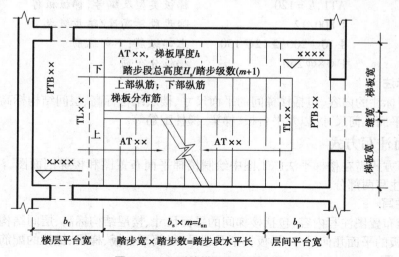

图 7.2　AT 型楼梯平面注写方式

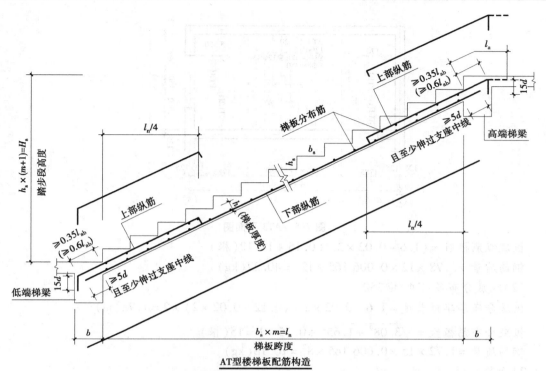

图 7.3 AT 型楼梯板配筋构造

注:①图中上部纵筋锚固长度0.35$l_{ab}$用于设计按铰接的情况,括号内数据0.6$l_{ab}$用于设计考虑充分发挥钢筋抗拉强度的情况,具体工程中设计应指明采用何种情况。
②上部纵筋需伸至支座对边再向下弯折。
③上部纵筋有条件时可直接伸入平台板内锚固,从支座内边算起总锚固长度不小于$l_a$,如图中虚线所示。
④踏步两头高度调整见16G101—2图集第50页。

图 7.3 AT 型楼梯板配筋构造

## 7.2 板式楼梯钢筋工程量计算

板式楼梯钢筋分布(要计算的钢筋)如图 7.4 所示。

$$板式楼梯钢筋\begin{cases}底筋\begin{cases}下部纵筋\\分部筋\end{cases}\\面筋\begin{cases}上部纵筋\\分部筋\end{cases}\end{cases}$$

图 7.4 板式楼梯钢筋分布

计算要点:上部纵筋伸到支座对边再向下弯折,上部纵筋有条件时可直接伸入平台板内锚固,从支座内边算起,总锚固长度不小于$l_a$;下部纵筋伸入支座内长度不小于$5d$且至少伸过支座中心线。

【例 7.4】计算图 7.5 所示标高从 5.37 ~ 7.17 m 一跑板式楼梯钢筋工程量,梯梁宽 250 mm,保护层厚 20 mm,混凝土强度等级为 C30,HRB400 级钢筋,$l_a = 35d$。

【解】1)底筋

(1)板底纵筋:$\Phi 12@150$

$$板底纵筋单根长度 = \sqrt{3.08^2 + 1.65^2} + 0.125 \times \frac{\sqrt{0.28^2 + 0.15^2}}{0.28} \times 2 = 3.78(\text{m})$$

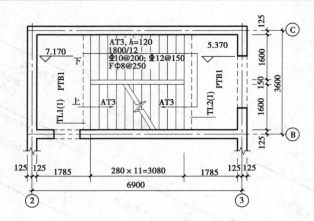

**图7.5 AT3平面图**

板底纵筋根数 $= (1.6 - 0.02 \times 2) \div 0.15 + 1 = 12$（根）

钢筋质量 $= 3.78 \times 12 \times 0.006\,165 \times 12^2 = 40.27$（kg）

（2）板底分布筋：F$\phi$8@250

板底分布筋单根长度 $= 1.6 - 0.02 \times 2 + (0.12 - 0.02 \times 2) \times 2 = 1.72$（m）

板底分布筋根数 $= \sqrt{3.08^2 + 1.65^2} \div 0.25 + 1 = 15$（根）

钢筋质量 $= 1.72 \times 15 \times 0.006\,165 \times 8^2 = 10.18$（kg）

2）面筋

（1）上部纵筋：$\Phi$10@200

①低端：

上部纵筋单根长度 $= \dfrac{\sqrt{3.08^2 + 1.65^2}}{4} + \left(0.25 \times \dfrac{\sqrt{0.28^2 + 0.15^2}}{0.28} + 15 \times 0.01\right)$（伸到支座

对边再向下弯折）$+ 0.12 - 0.02 \times 2 = 1.39$（m）

上部纵筋根数 $= (1.6 - 0.02 \times 2) \div 0.2 + 1 = 9$（根）

②高端：

上部纵筋单根长度 $= \dfrac{\sqrt{3.08^2 + 1.65^2}}{4} + 35 \times 0.01$（伸入平台板内锚固）$+ 0.12 - 0.02 \times$

$2 = 1.30$（m）

上部纵筋根数 $= (1.6 - 0.02 \times 2) \div 0.2 + 1 = 9$（根）

上部纵筋质量 $= (1.39 + 1.30) \times 9 \times 0.006\,165 \times 10^2 = 14.93$（kg）

（2）上部分布筋：F$\phi$8@250

上部分布筋单根长度 $= 1.6 - 0.02 \times 2 + (0.12 - 0.02 \times 2) \times 2 = 1.72$（m）

上部分布筋根数 $= \dfrac{\sqrt{3.08^2 + 1.65^2}}{4} \div 0.25 + 1 = 5$（根）

上部分布筋质量 $= 1.72 \times 5 \times 2 \times 0.006\,165 \times 8^2 = 6.79$（kg）

统计：$\phi$8钢筋质量 $= 10.18 + 6.79 = 16.97$（kg）

　　　$\Phi$10钢筋质量 $= 14.93$ kg

　　　$\Phi$12钢筋质量 $= 40.27$ kg

合计：每跑楼梯钢筋总质量 $= 16.97 + 14.93 + 40.27 = 72.17$（kg）

# 习 题

1. 常见的楼梯有哪些?
2. 楼梯的钢筋有哪些?
3. 楼梯的钢筋如何计算?
4. 计算回龙小学楼梯钢筋工程量。

# 第 *8* 章
## 综合案例

下面以某工程为例,给出钢筋工程量计算的综合案例。

某工程的结构施工图,如下所示:

# 结构设计说明

1. 设计依据国家现行规范、规程及建设单位提供的要求。
2. 本工程标高以m为单位，其余尺寸以mm为单位。
3. 本工程为二层框架结构，使用年限为50年。
4. 该建筑抗震设防烈度为7度，场地类别为II类，设计基本地震加速度为0.10g。
5. 本工程结构安全等级为二级，耐火等级为二级。
6. 建筑结构抗震重要性类别为重点设防类。
7. 地基基础设计等级为丙级。
8. 本工程砌体施工质量控制等级为B级。
9. 本工程采用粉质黏土作为持力层，地基承载力特征值为 $f_{ak} =150$ kPa。
10. 防潮层用：2水泥砂浆5%水泥质量防水剂，厚20mm。
11. 混凝土保护层厚度：
   板：20mm；柱：30mm；梁：30mm；基础：40mm。
12. 钢筋：HPB300级钢筋($\phi$)；HRB400级钢筋($\Phi$)；冷轧带肋钢筋 CRB550($\phi^R$)，钢筋强度标准值具有不小于95%的保证率。
13. L>4m的板，要求支模时起拱L/400(L表示柔跨)。
   L>4m的梁，要求支模时跨中起拱L/400(L表示柔跨)。
14. 未经技术鉴定或设计许可，不得更改结构的用途和使用环境。
15. 砌体：

| 砌体范围 | 砖强度等级 | 砂浆强度等级 |
|---|---|---|
| -0.050以下至5.450 | MU10 | M5 |

注：①具体详见结构施工图；砌体材料容重19kN/m³。
②防潮层以下为水泥砂浆，防潮层以上为混合砂浆。

## 采用的通用图集目录

| 序号 | 图集编号 | 图集名称 |
|---|---|---|
| 1 | 16G101-1 | 混凝土结构施工图平面整体表示法 |
|  |  | 钢筋混凝土过梁 |
| 2 | 西南03G301 | 选用砌体结构材料于点过梁现浇构造 |

柱基础大样图

## 独立基础参数表

| 基础编号 | 柱断面 a×b | 基础平面尺寸 | | | | | | | | 基础高度 | | | 基础底板配筋 | | 基底标高 |
|---|---|---|---|---|---|---|---|---|---|---|---|---|---|---|---|
|  |  | A | a₁ | a₂ | a₃ | B | b₁ | b₂ | b₃ | h₁ | h₂ | h₃ | ①As1 | ②As2 | H |
| J-1 | 450×450 | 1700 |  | 300 | 325 | 1700 |  | 300 | 325 |  | 300 | 300 | Φ12@200 | Φ12@200 | -3.300 |
| J-2 | 450×450 | 2400 |  | 475 | 500 | 2400 |  | 475 | 500 |  | 300 | 300 | Φ12@200 | Φ12@200 | -3.300 |
| J-3 | 450×450 | 1800 |  | 325 | 350 | 1800 |  | 325 | 350 |  | 300 | 350 | Φ12@200 | Φ12@200 | -3.300 |
| J-4 | 450×450 | 1100 |  | 325 | 325 | 1100 |  | 325 | 325 | 500 |  | 325 | Φ12@200 | Φ12@200 | -3.300 |
| J-5 | 450×450 | 1800 |  | 325 | 350 | 1800 |  | 325 | 350 | 500 |  | 350 | Φ12@200 | Φ12@200 | -3.300 |
| J-6 | 450×450 | 1500 |  | 525 | 525 | 1500 |  | 525 | 525 |  | 300 | 525 | Φ12@200 | Φ12@200 | -3.300 |
| J-7 | 450×450 | 2200 |  | 425 | 450 | 2200 |  | 425 | 450 | 500 |  | 450 | Φ12@200 | Φ12@200 | -3.300 |
| J-8 | 450×450 | 2600 |  | 525 | 550 | 2600 |  | 525 | 550 |  | 400 | 550 | Φ12@200 | Φ12@200 | -3.300 |

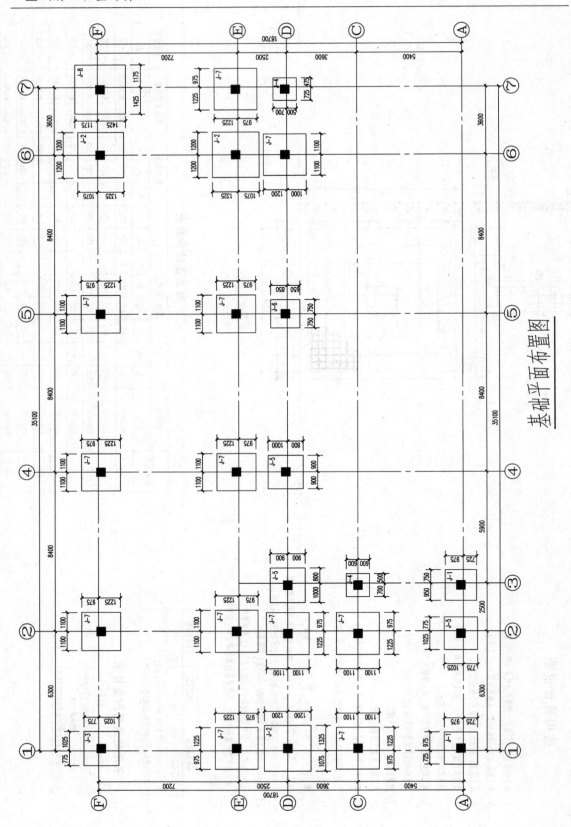

基础平面布置图

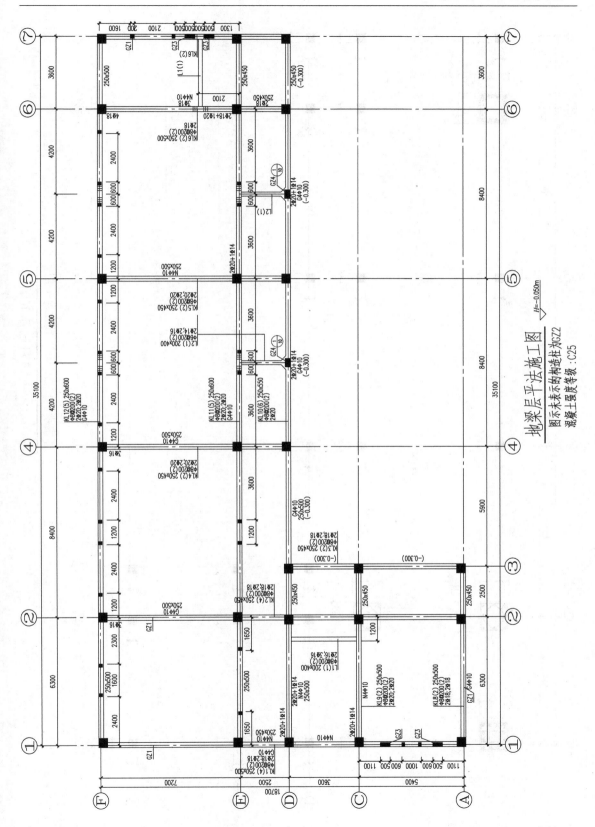

地梁层平法施工图

图示未表示的构造柱为GZ2

混凝土强度等级：C25

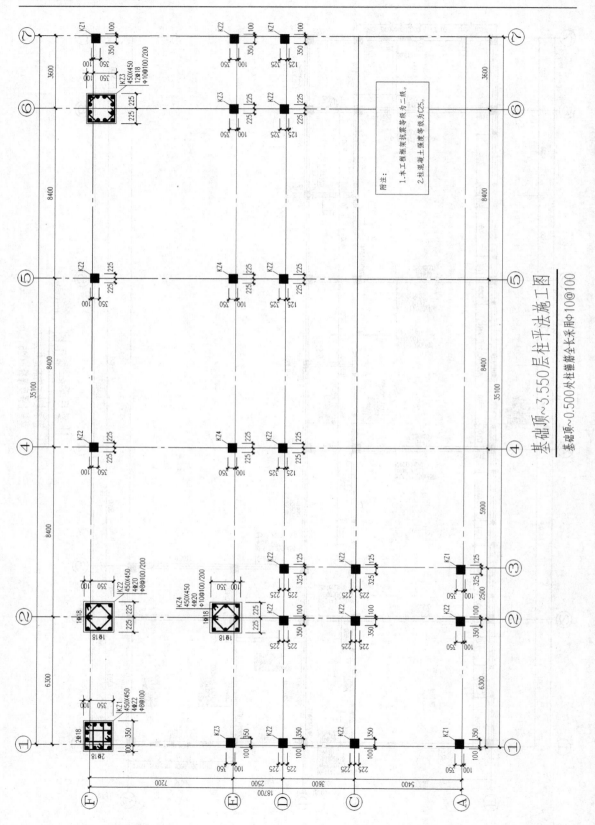

基础顶~3.550层柱平法施工图

基础顶~0.500处柱箍筋全长采用Φ10@100

附注：
1.本工程框架柱抗震等级为二级。
2.柱混凝土强度等级为C25。

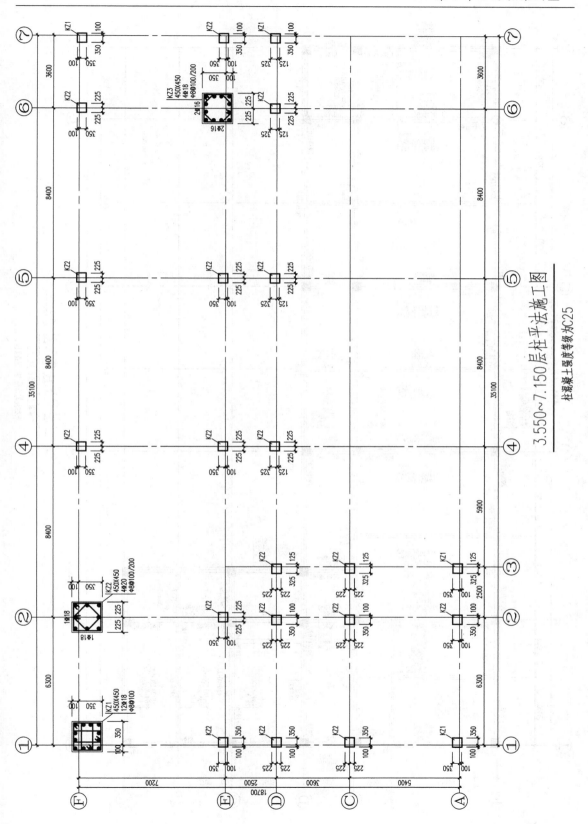

3.550～7.150层柱平法施工图

柱混凝土强度等级为C25

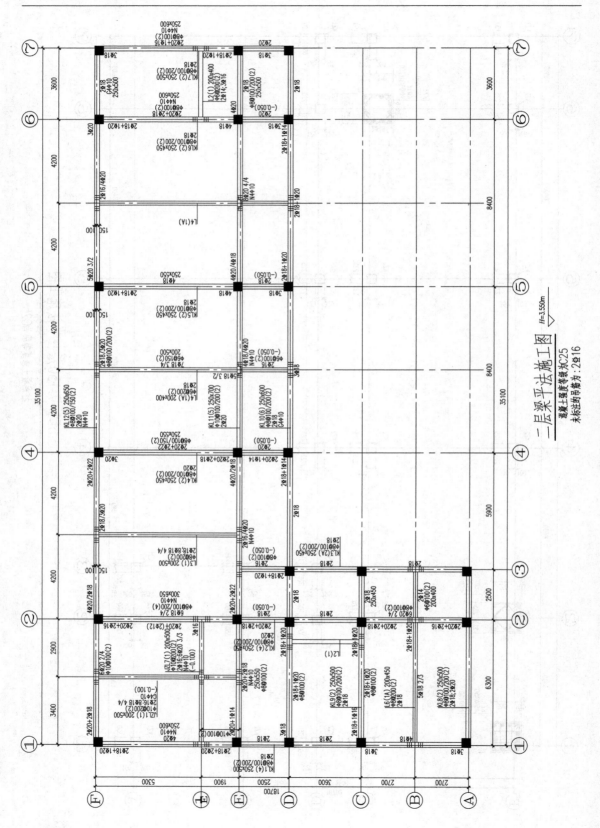

二层梁平法施工图 H=3.550m

混凝土强度等级为C25

未标注的吊筋为：2Φ16

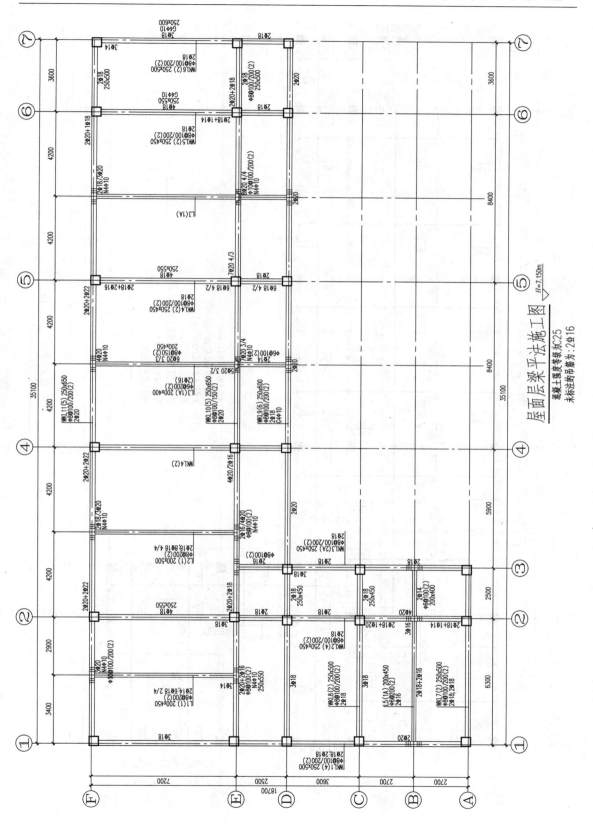

屋面层梁平法施工图

混凝土强度等级为C25
未标注的悬挑为：2⌀16

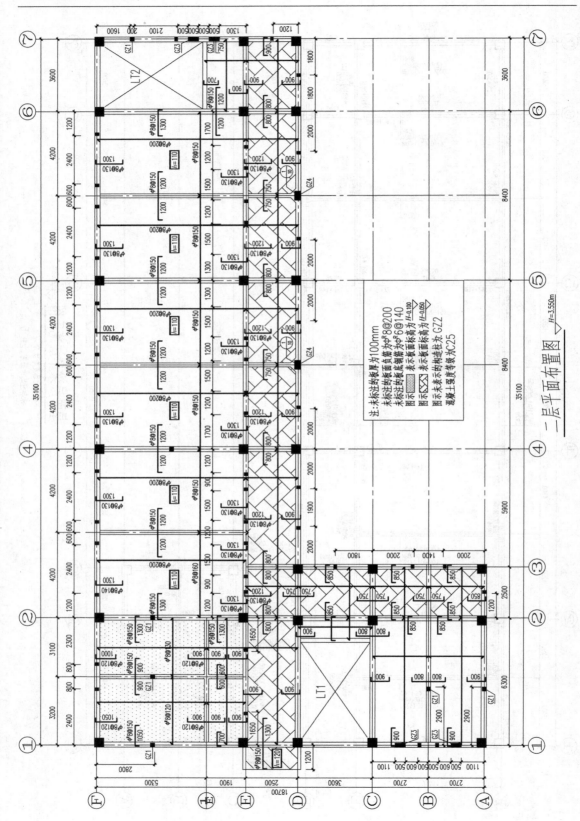

二层平面布置图
$H=3.550m$

注：未标注均板厚为100mm
未标注的板面负筋为$\phi 8@200$
未标注的板底筋为$\phi 6@140$
图示▨表示板面面标高为$H-0.100$
图示⊠表示板底面标高为$H-0.050$
图示未表示的构造柱为GZ2
混凝土强度等级为C25

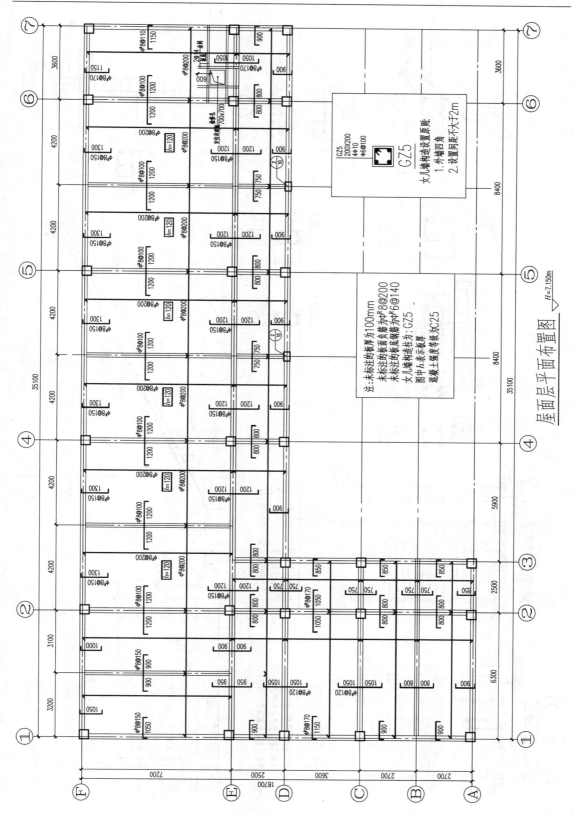

屋面层平面布置图 ∇H=7.150m

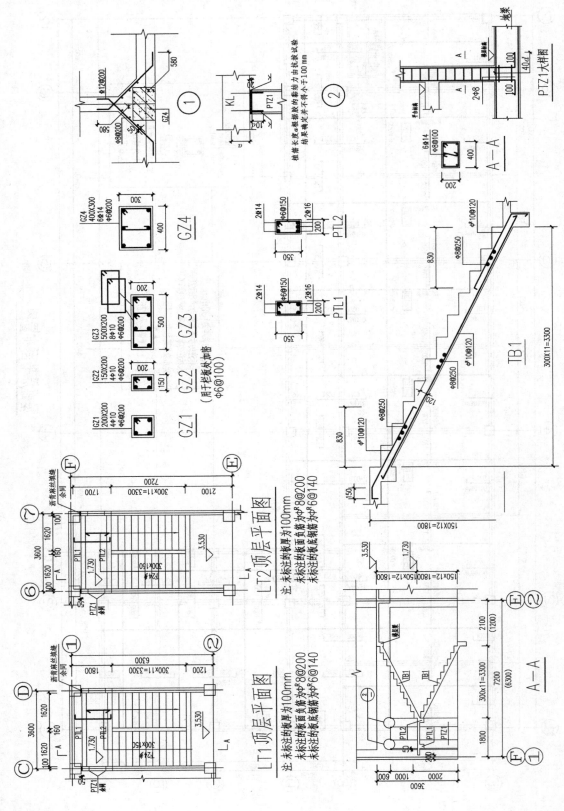

## 1)基础钢筋计算(见表8.1)

表8.1 基础钢筋计算表

| 筋号 | 级别 | 直径 | 钢筋图形 | 钢筋长度计算式 | 根数 | 总根数 | 单长/m | 总长/m | 总重/kg |
|------|------|------|----------|----------------|------|--------|--------|--------|---------|
| 构件名称:J-1 | | 构件数量:2 | | | | | 本构件钢筋重:86.289 | | |
| 构件位置:<A,1>;<A,3> | | | | | | | | | |
| 横向底筋 | Φ | 12 | | 1.7－2×0.04 | 10 | 20 | 1.62 | 32.4 | 28.763 |
| 纵向底筋 | Φ | 12 | | 1.7－2×0.04 | 10 | 20 | 1.62 | 32.4 | 57.526 |
| 构件名称:J-2 | | 构件数量:3 | | | | | 本构件钢筋重:160.650 | | |
| 构件位置:<D,1>;<E,6>;<F,6> | | | | | | | | | |
| 横向底筋 | Φ | 12 | | 2.4－2×0.04 | 13 | 39 | 2.32 | 90.48 | 80.325 |
| 纵向底筋 | Φ | 12 | | 2.4－2×0.04 | 13 | 39 | 2.32 | 90.48 | 80.325 |
| 构件名称:J-3 | | 构件数量:1 | | | | | 本构件钢筋重:30.538 | | |
| 构件位置:<F,1> | | | | | | | | | |
| 横向底筋 | Φ | 12 | | 1.8－2×0.04 | 10 | 10 | 1.72 | 17.2 | 15.269 |
| 纵向底筋 | Φ | 12 | | 1.8－2×0.04 | 10 | 10 | 1.72 | 17.2 | 15.269 |
| 构件名称:J-4 | | 构件数量:2 | | | | | 本构件钢筋重:27.840 | | |
| 构件位置:<C,3>;<D,7> | | | | | | | | | |
| 横向底筋 | Φ | 12 | | 1.2－2×0.04 | 7 | 14 | 1.12 | 15.68 | 13.920 |
| 纵向底筋 | Φ | 12 | | 1.2－2×0.04 | 7 | 14 | 1.12 | 15.68 | 13.920 |
| 构件名称:J-5 | | 构件数量:3 | | | | | 本构件钢筋重:91.616 | | |
| 构件位置:<A,12>;<D,3>;<D,4> | | | | | | | | | |
| 横向底筋 | Φ | 12 | | 1.8－2×0.04 | 10 | 30 | 1.72 | 51.6 | 45.808 |
| 纵向底筋 | Φ | 12 | | 1.8－2×0.04 | 10 | 30 | 1.72 | 51.6 | 45.808 |

续表

| 筋号 | 级别 | 直径 | 钢筋图形 | 钢筋长度计算式 | 根数 | 总根数 | 单长/m | 总长/m | 总重/kg |
|---|---|---|---|---|---|---|---|---|---|
| 构件名称:J-6 | | | 构件数量:1 | | | | 本构件钢筋重:22.692 | | |
| 构件位置: | | | | | | | | | |
| 横向底筋 | ⏀ | 12 | | $1.5 - 2 \times 0.04$ | 9 | 9 | 1.42 | 12.78 | 11.346 |
| 纵向底筋 | ⏀ | 12 | | $1.5 - 2 \times 0.04$ | 9 | 9 | 1.42 | 12.78 | 11.346 |
| 构件名称:J-7 | | | 构件数量:12 | | | | 本构件钢筋重:542.030 | | |
| 构件位置:<C,1>;<C,2>;<D,2>;<D,6>;<E,1>;<E,2>;<E,4>;<E,5>;<E,7>;<F,2>;<F,4>;<F,5> | | | | | | | | | |
| 横向底筋 | ⏀ | 12 | | $2.2 - 2 \times 0.04$ | 12 | 144 | 2.12 | 305.28 | 271.015 |
| 纵向底筋 | ⏀ | 12 | | $2.2 - 2 \times 0.04$ | 12 | 144 | 2.12 | 305.28 | 271.015 |
| 构件名称:J-8 | | | 构件数量:1 | | | | 本构件钢筋重:58.804 | | |
| 构件位置:<F,7> | | | | | | | | | |
| 横向边筋 | ⏀ | 12 | | $2.6 - 2 \times 0.04$ | 2 | 2 | 2.52 | 5.04 | 4.474 |
| 横向中筋 | ⏀ | 12 | | $2.6 \times 0.9$ | 12 | 12 | 2.34 | 28.08 | 24.928 |
| 纵向边筋 | ⏀ | 12 | | $2.6 - 2 \times 0.04$ | 2 | 2 | 2.52 | 5.04 | 4.474 |
| 纵向中筋 | ⏀ | 12 | | $2.6 \times 0.9$ | 12 | 12 | 2.34 | 28.08 | 24.928 |

## 2)柱筋计算(见表8.2)

表8.2 柱筋计算表

| 楼层名称: | | | | | | | 钢筋总重:8 384.34 | | |
|---|---|---|---|---|---|---|---|---|---|
| 筋号 | 级别 | 直径 | 钢筋图形 | 钢筋长度计算式 | 根数 | 总根数 | 单长/m | 总长/m | 总重/kg |
| 构件名称:KZ1(1) | | | 构件数量:2 | | | | 本构件钢筋重:795.285 | | |
| 构件位置:<F,1>;<F,7> | | | | | | | | | |

续表

| 筋号 | 级别 | 直径 | 钢筋图形 | 钢筋长度计算式 | 根数 | 总根数 | 单长/m | 总长/m | 总重/kg |
|---|---|---|---|---|---|---|---|---|---|
| 下部外侧角筋 | Φ | 22 | | $3.55 + 3.3 - 0.04 + 0.5 + 0.1$ | 3 | 6 | 7.08 | 42.48 | 126.754 |
| 下部内侧角筋 | Φ | 22 | | $3.55 + 3.3 - 0.04 + 0.5 + 0.1$ | 1 | 2 | 7.41 | 14.82 | 44.221 |
| 上部外侧角筋 | Φ | 18 | | $7.15 - 3.55 - 0.5 - 0.65 + 1.5 \times 46 \times 0.018$ | 3 | 6 | 3.69 | 22.15 | 44.248 |
| 上部内侧角筋 | Φ | 18 | | $7.15 - 3.55 - 0.5 - 0.03 + 12 \times 0.018$ | 1 | 2 | 3.29 | 6.58 | 13.143 |
| B边一侧外钢筋 | Φ | 18 | | $7.15 + 3.3 - 0.04 - 0.65 + 1.5 \times 46 \times 0.018 + 0.1$ | 2 | 4 | 11.10 | 44.41 | 88.707 |
| B边一侧内钢筋 | Φ | 18 | | $7.15 + 3.3 - 0.04 - 0.03 + 0.1 + 12 \times 0.018$ | 2 | 4 | 10.70 | 42.80 | 85.491 |
| H边插筋外钢筋 | Φ | 18 | | $7.15 + 3.3 - 0.04 - 0.65 + 1.5 \times 46 \times 0.018 + 0.1$ | 2 | 4 | 11.40 | 45.61 | 91.104 |
| H边插筋内钢筋 | Φ | 18 | | $7.15 + 3.3 - 0.04 - 0.03 + 0.1 + 12 \times 0.018$ | 2 | 4 | 10.70 | 42.8 | 23.089 |

续表

| 筋号 | 级别 | 直径 | 钢筋图形 | 钢筋长度计算式 | 根数 | 总根数 | 单长/m | 总长/m | 总重/kg |
|---|---|---|---|---|---|---|---|---|---|
| 箍筋1 | Φ | 10 | | $(0.45 - 2 \times 0.03 - 2 \times 0.01) \times 4 + 3 \times 0.01 + 2 \times 11.9 \times 0.01$ | 45 | 45 | 1.75 | 78.75 | 48.549 |
| 箍筋2 | Φ | 10 | | $[(0.45 - 2 \times 0.03 - 2 \times 0.01) - 0.22] \div 3 + 0.018 + (0.45 - 2 \times 0.03 - 2 \times 0.01) + 3 \times 0.01 + 2 \times 11.9 \times 0.01$ | 90 | 90 | 0.71 | 63.9 | 39.394 |
| 箍筋1 | Φ | 8 | | $(0.45 - 2 \times 0.03 - 2 \times 0.008) \times 4 + 3 \times 0.008 + 2 \times 11.9 \times 0.008$ | 156 | 156 | 1.71 | 266.76 | 105.253 |
| 箍筋2 | Φ | 8 | | $[(0.45 - 2 \times 0.03 - 2 \times 0.008) - 0.22] \div 3 + 0.018 + (0.45 - 2 \times 0.03 - 2 \times 0.008) + 3 \times 0.008 + 2 \times 11.9 \times 0.008$ | 164 | 164 | 0.66 | 108.24 | 42.707 |
| 箍筋3 | Φ | 8 | | $[(0.45 - 2 \times 0.03 - 2 \times 0.008) - 0.018] \div 3 + 0.018 + (0.45 - 2 \times 0.03 - 2 \times 0.008) + 3 \times 0.008 + 2 \times 11.9 \times 0.008$ | 148 | 148 | 0.73 | 108.04 | 42.628 |
| 构件名称：KZ1(2) | 构件数量:1 | | | | | 本构件钢筋重:611.745 | | | |
| 构件位置：<D,7> | | | | | | | | | |
| 下部外侧角筋 | ⾣ | 22 | | $3.55 + 3.3 - 0.04 + 0.5 + 0.1$ | 3 | 3 | 22.23 | 66.69 | 198.994 |
| 下部内侧角筋 | ⾣ | 22 | | $3.55 + 3.3 - 0.04 + 0.5 + 0.1$ | 1 | 1 | 7.41 | 7.41 | 22.110 |
| 上部外侧角筋 | ⾣ | 18 | | $7.15 - 3.55 - 0.5 - 0.6 + 1.5 \times 46 \times 0.018$ | 3 | 3 | 11.23 | 33.69 | 67.294 |
| 上部内侧角筋 | ⾣ | 18 | | $7.15 - 3.55 - 0.5 - 0.03 + 12 \times 0.018$ | 1 | 1 | 3.29 | 3.29 | 6.572 |

| 筋号 | 级别 | 直径 | 钢筋图形 | 钢筋长度计算式 | 根数 | 总根数 | 单长/m | 总长/m | 总重/kg |
|---|---|---|---|---|---|---|---|---|---|
| B边一侧外钢筋 | ⊉ | 18 | | $7.15 + 3.3 - 0.04 - 0.6 + 1.5 \times 46 \times 0.018 + 0.1$ | 2 | 2 | 11.15 | 22.30 | 44.543 |
| B边一侧内钢筋 | ⊉ | 18 | | $7.15 + 3.3 - 0.04 - 0.03 + 0.1 + 12 \times 0.018$ | 2 | 2 | 10.70 | 21.40 | 42.746 |
| H边一侧外钢筋 | ⊉ | 18 | | $7.15 + 3.3 - 0.04 - 0.6 + 1.5 \times 46 \times 0.018 + 0.1$ | 2 | 2 | 11.15 | 22.30 | 44.543 |
| H边一侧内钢筋 | ⊉ | 18 | | $7.15 + 3.3 - 0.04 - 0.03 + 0.1 + 12 \times 0.018$ | 2 | 2 | 10.70 | 21.40 | 42.746 |
| 箍筋1 | Φ | 10 | | $(0.45 - 2 \times 0.03 - 2 \times 0.01) \times 4 + 3 \times 0.01 + 2 \times 11.9 \times 0.01$ | 24 | 24 | 1.75 | 42.00 | 25.893 |
| 箍筋2 | Φ | 10 | | $[(0.45 - 2 \times 0.03 - 2 \times 0.01) - 0.22] \div 3 + 0.018 + (0.45 - 2 \times 0.03 - 2 \times 0.01) + 3 \times 0.01 + 2 \times 11.9 \times 0.01$ | 48 | 48 | 0.71 | 34.08 | 21.010 |
| 箍筋1 | Φ | 8 | | $(0.45 - 2 \times 0.03 - 2 \times 0.008) \times 4 + 3 \times 0.008 + 2 \times 11.9 \times 0.008$ | 78 | 78 | 1.71 | 133.38 | 52.626 |
| 箍筋2 | Φ | 8 | | $[(0.45 - 2 \times 0.03 - 2 \times 0.008) - 0.22] \div 3 + 0.018 + (0.45 - 2 \times 0.03 - 2 \times 0.008) + 3 \times 0.008 + 2 \times 11.9 \times 0.008$ | 82 | 82 | 0.66 | 54.12 | 21.354 |
| 箍筋3 | Φ | 8 | | $[(0.45 - 2 \times 0.03 - 2 \times 0.008) - 0.018] \div 3 + 0.018 + (0.45 - 2 \times 0.03 - 2 \times 0.008) + 3 \times 0.008 + 2 \times 11.9 \times 0.008$ | 74 | 74 | 0.73 | 54.02 | 21.314 |

续表

| 筋号 | 级别 | 直径 | 钢筋图形 | 钢筋长度计算式 | 根数 | 总根数 | 单长/m | 总长/m | 总重/kg |
|---|---|---|---|---|---|---|---|---|---|
| 构件名称:<br>KZ1(3) | | | 构件数量:2 | | | 本构件钢筋重:730.258 | | | |
| 构件位置:<A,1>;<A,3> | | | | | | | | | |
| 下部外侧角筋 | Φ | 22 | ⌐ | $3.55 + 3.3 - 0.04 + 0.52 + 0.1$ | 3 | 6 | 7.43 | 44.58 | 133.020 |
| 下部内侧角筋 | Φ | 22 | ⌐ | $3.55 + 3.3 - 0.04 + 0.52 + 0.1$ | 1 | 2 | 7.43 | 14.86 | 44.340 |
| 上部外侧角筋 | Φ | 18 | ⌐ | $7.15 - 3.55 - 0.52 - 0.5 + 1.5 \times 46 \times 0.018$ | 3 | 6 | 3.82 | 22.92 | 45.782 |
| 上部内侧角筋 | Φ | 18 | ⌐ | $7.15 - 3.55 - 0.52 - 0.03 + 12 \times 0.018$ | 1 | 2 | 3.27 | 6.54 | 13.063 |
| B边一侧外钢筋 | Φ | 18 | ⌐ | $7.15 + 3.3 - 0.04 - 0.6 + 1.5 \times 46 \times 0.018 + 0.1$ | 2 | 4 | 11.15 | 44.60 | 89.087 |
| B边一侧内钢筋 | Φ | 18 | ⌐ | $7.15 + 3.3 - 0.04 - 0.03 + 0.1 + 12 \times 0.018$ | 2 | 4 | 10.70 | 42.80 | 85.491 |
| H边一侧外钢筋 | Φ | 18 | ⌐ | $7.15 + 3.3 - 0.04 - 0.6 + 1.5 \times 46 \times 0.018 + 0.1$ | 2 | 4 | 11.152 | 44.61 | 89.103 |

续表

| 筋号 | 级别 | 直径 | 钢筋图形 | 钢筋长度计算式 | 根数 | 总根数 | 单长/m | 总长/m | 总重/kg |
|---|---|---|---|---|---|---|---|---|---|
| H边一侧内钢筋 | $\oplus$ | 18 | | $7.15+3.3-0.04-0.03+0.1+12\times0.018$ | 2 | 4 | 10.70 | 42.80 | 85.491 |
| 箍筋1 | $\phi$ | 10 | | $(0.45-2\times0.03-2\times0.01)\times4+3\times0.01+2\times11.9\times0.01$ | 23 | 23 | 1.75 | 40.25 | 24.814 |
| 箍筋2 | $\phi$ | 10 | | $[(0.45-2\times0.03-2\times0.01)-0.22]\div3+0.018+(0.45-2\times0.03-2\times0.01)+3\times0.01+2\times11.9\times0.01$ | 46 | 46 | 0.71 | 32.66 | 20.135 |
| 箍筋1 | $\phi$ | 8 | | $(0.45-2\times0.03-2\times0.008)\times4+3\times0.008+2\times11.9\times0.008$ | 78 | 78 | 1.71 | 133.38 | 56.626 |
| 箍筋2 | $\phi$ | 8 | | $[(0.45-2\times0.03-2\times0.008)-0.22]\div3+0.018+(0.45-2\times0.03-2\times0.008)+3\times0.008+2\times11.9\times0.008$ | 82 | 82 | 0.78 | 63.96 | 25.236 |
| 箍筋3 | $\phi$ | 8 | | $[(0.45-2\times0.03-2\times0.008)-0.018]\div3+0.018+(0.45-2\times0.03-2\times0.008)+3\times0.008+2\times11.9\times0.008$ | 74 | 74 | 0.73 | 54.02 | 21.314 |

| 构件名称:KZ2(1) | 构件数量:3 | | 本构件钢筋重:922.983 |
|---|---|---|---|

| 构件位置: <F,2>; <F,4>; <F,5> | | | | | | | | | |
|---|---|---|---|---|---|---|---|---|---|
| 外侧角筋 | $\oplus$ | 20 | | $7.15+3.3-0.04-0.65+1.5\times46\times0.02+0.1$ | 2 | 6 | 11.54 | 69.24 | 170.746 |
| 内侧角筋 | $\oplus$ | 20 | | $7.15+3.3-0.04-0.03+12\times0.02+0.1$ | 2 | 6 | 10.72 | 64.32 | 158.613 |

续表

| 筋号 | 级别 | 直径 | 钢筋图形 | 钢筋长度计算式 | 根数 | 总根数 | 单长/m | 总长/m | 总重/kg |
|---|---|---|---|---|---|---|---|---|---|
| B边一侧外钢筋 | $\Phi$ | 18 | | $7.15+3.3-0.04-0.65+1.5\times46\times0.018+0.1$ | 1 | 3 | 11.10 | 33.3 | 66.515 |
| B边一侧内钢筋 | $\Phi$ | 18 | | $7.15+3.3-0.03-0.04+12\times0.018+0.1$ | 1 | 3 | 10.70 | 32.1 | 64.118 |
| H边一侧钢筋 | $\Phi$ | 18 | | $7.15+3.3-0.03-0.04+12\times0.018+0.1$ | 2 | 6 | 10.70 | 64.2 | 128.237 |
| 箍筋1 | $\phi$ | 10 | | $(0.45-2\times0.03-2\times0.01)\times4+3\times0.01+2\times11.9\times0.01$ | 23 | 69 | 1.75 | 120.75 | 74.442 |
| 箍筋2 | $\phi$ | 10 | | $(0.45-2\times0.03-2\times0.01)\div2\times1.414\times4+3\times0.01+2\times11.9\times0.01$ | 23 | 69 | 1.31 | 90.39 | 55.725 |
| 箍筋3 | $\phi$ | 8 | | $(0.45-2\times0.03-2\times0.008)\times4+3\times0.008+2\times11.9\times0.008$ | 58 | 174 | 1.71 | 297.54 | 117.397 |
| 箍筋4 | $\phi$ | 8 | | $(0.45-2\times0.03-2\times0.008)\div2\times1.414\times4+3\times0.008+2\times11.9\times0.008$ | 58 | 174 | 1.27 | 220.98 | 87.190 |

| 构件名称：KZ2(2) | 构件数量:4 | | | | | 本构件钢筋重:1 209.962 | | | |
|---|---|---|---|---|---|---|---|---|---|
| 构件位置：<A,2>；<C,1>；<C,3>；<E,7> | | | | | | | | | |
| 外侧角筋 | $\Phi$ | 20 | | $7.15+3.3-0.04-0.5+1.5\times46\times0.02+0.1$ | 2 | 8 | 11.11 | 88.88 | 219.178 |

续表

| 筋号 | 级别 | 直径 | 钢筋图形 | 钢筋长度计算式 | 根数 | 总根数 | 单长/m | 总长/m | 总重/kg |
|---|---|---|---|---|---|---|---|---|---|
| 内侧角筋 | ⎬ | 20 | | $7.15 + 3.3 - 0.04 - 0.03 + 12 \times 0.02 + 0.1$ | 2 | 8 | 10.72 | 85.76 | 211.484 |
| B边一侧外钢筋 | ⎬ | 18 | | $7.15 + 3.3 - 0.04 - 0.5 + 1.5 \times 46 \times 0.018 + 0.1$ | 1 | 4 | 11.25 | 45.00 | 89.886 |
| B边一侧内钢筋 | ⎬ | 18 | | $7.15 + 3.3 - 0.03 - 0.04 + 12 \times 0.018 + 0.1$ | 1 | 4 | 10.70 | 42.80 | 85.49 |
| H边一侧钢筋 | ⎬ | 18 | | $7.15 + 3.3 - 0.03 - 0.04 + 12 \times 0.018 + 0.1$ | 2 | 8 | 10.70 | 85.60 | 170.983 |
| 箍筋1 | φ | 10 | | $(0.45 - 2 \times 0.03 - 2 \times 0.01) \times 4 + 3 \times 0.01 + 2 \times 11.9 \times 0.01$ | 93 | 93 | 1.75 | 162.75 | 100.335 |
| 箍筋2 | φ | 10 | | $(0.45 - 2 \times 0.03 - 2 \times 0.01) \div 2 \times 1.414 \times 4 + 3 \times 0.01 + 2 \times 11.9 \times 0.01$ | 93 | 93 | 1.31 | 121.83 | 75.108 |
| 箍筋3 | φ | 8 | | $(0.45 - 2 \times 0.03 - 2 \times 0.008) \times 4 + 3 \times 0.008 + 2 \times 11.9 \times 0.008$ | 219 | 219 | 1.71 | 374.49 | 147.759 |
| 箍筋4 | φ | 8 | | $(0.45 - 2 \times 0.03 - 2 \times 0.008) \div 2 \times 1.414 \times 4 + 3 \times 0.008 + 2 \times 11.9 \times 0.008$ | 219 | 219 | 1.27 | 278.13 | 109.739 |

| 构件名称：KZ2(3) | 构件数量：4 | 本构件钢筋重：1 232.159 |
|---|---|---|
| 构件位置：<D,1>；<D,4>；<D,5>；<D,6> | | |

续表

| 筋号 | 级别 | 直径 | 钢筋图形 | 钢筋长度计算式 | 根数 | 总根数 | 单长/m | 总长/m | 总重/kg |
|------|------|------|----------|----------------|------|--------|--------|--------|---------|
| 外侧角筋 | Φ | 20 | | $7.15 + 3.3 - 0.04 - 0.6 + 1.5 \times 46 \times 0.02 + 0.1$ | 2 | 8 | 11.59 | 92.72 | 240.978 |
| 内侧角筋 | Φ | 20 | | $7.15 + 3.3 - 0.04 - 0.03 + 12 \times 0.02 + 0.1$ | 2 | 8 | 10.72 | 85.76 | 211.484 |
| B边一侧外钢筋 | Φ | 18 | | $7.15 + 3.3 - 0.04 - 0.6 + 1.5 \times 46 \times 0.018 + 0.1$ | 1 | 4 | 11.15 | 44.61 | 89.107 |
| B边一侧内钢筋 | Φ | 18 | | $7.15 + 3.3 - 0.03 - 0.04 + 12 \times 0.018 + 0.1$ | 1 | 4 | 10.70 | 42.8 | 85.491 |
| H边一侧钢筋 | Φ | 18 | | $7.15 + 3.3 - 0.03 - 0.04 + 12 \times 0.018 + 0.1$ | 2 | 8 | 10.70 | 85.6 | 170.983 |
| 箍筋1 | φ | 10 | | $(0.45 - 2 \times 0.03 - 2 \times 0.01) \times 4 + 3 \times 0.01 + 2 \times 11.9 \times 0.01$ | 93 | 93 | 1.75 | 162.75 | 100.335 |
| 箍筋2 | φ | 10 | | $(0.45 - 2 \times 0.03 - 2 \times 0.01) \div 2 \times 1.414 \times 4 + 3 \times 0.01 + 2 \times 11.9 \times 0.01$ | 93 | 93 | 1.31 | 121.83 | 75.108 |
| 箍筋3 | φ | 8 | | $(0.45 - 2 \times 0.03 - 2 \times 0.008) \times 4 + 3 \times 0.008 + 2 \times 11.9 \times 0.008$ | 220 | 220 | 1.71 | 376.20 | 148.433 |
| 箍筋4 | φ | 8 | | $(0.45 - 2 \times 0.03 - 2 \times 0.008) \div 2 \times 1.414 \times 4 + 3 \times 0.008 + 2 \times 11.9 \times 0.008$ | 220 | 220 | 1.27 | 279.40 | 110.240 |

| 筋号 | 级别 | 直径 | 钢筋图形 | 钢筋长度计算式 | 根数 | 总根数 | 单长/m | 总长/m | 总重/kg |
|---|---|---|---|---|---|---|---|---|---|
| 构件名称：KZ2(4) | | | 构件数量：3 | | | 本构件钢筋重：890.437 | | | |
| 构件位置：<C,2>；<D,2>；<D,3> | | | | | | | | | |
| 角筋 | 𝚽 | 20 | | $7.15+3.3-0.04-0.03+12\times0.02+0.1$ | 4 | 12 | 10.72 | 128.64 | 317.226 |
| B边一侧钢筋 | 𝚽 | 18 | | $7.15+3.3-0.03-0.04+12\times0.018+0.1$ | 2 | 6 | 10.70 | 64.32 | 128.414 |
| H边一侧钢筋 | 𝚽 | 18 | | $7.15+3.3-0.03-0.04+12\times0.018+0.1$ | 2 | 6 | 10.70 | 64.32 | 128.477 |
| 箍筋1 | φ | 10 | | $(0.45-2\times0.03-2\times0.01)\times4+3\times0.01+2\times11.9\times0.01$ | 23 | 69 | 1.98 | 136.62 | 84.226 |
| 箍筋2 | φ | 10 | | $(0.45-2\times0.03-2\times0.01)\div2\times1.414\times4+3\times0.01+2\times11.9\times0.01$ | 23 | 69 | 1.31 | 90.39 | 55.725 |
| 箍筋3 | φ | 8 | | $[(0.45-2\times0.03-2\times0.008)\times4+3\times0.008+2\times11.9\times0.008$ | 150 | 150 | 1.71 | 256.50 | 101.205 |
| 箍筋4 | φ | 8 | | $(0.45-2\times0.03-2\times0.008)\div2\times1.414\times4+3\times0.008+2\times11.9\times0.008$ | 150 | 150 | 1.27 | 190.50 | 75.164 |
| 构件名称：KZ2(5) | | | 构件数量：3 | | | 本构件钢筋重：328.925 | | | |
| 构件位置：<E,2>；<E,4>；<E,5> | | | | | | | | | |

续表

| 筋号 | 级别 | 直径 | 钢筋图形 | 钢筋长度计算式 | 根数 | 总根数 | 单长/m | 总长/m | 总重/kg |
|---|---|---|---|---|---|---|---|---|---|
| 角筋 | ⚎ | 20 | | $7.15 - 3.55 - 0.03 + 12 \times 0.02$ | 4 | 12 | 3.81 | 45.72 | 112.746 |
| B边一侧钢筋 | ⚎ | 18 | | $7.15 - 3.55 - 0.03 + 12 \times 0.018$ | 2 | 6 | 3.79 | 22.74 | 45.422 |
| H边一侧钢筋 | ⚎ | 18 | | $7.15 - 3.55 - 0.03 + 12 \times 0.018$ | 2 | 6 | 3.79 | 22.74 | 45.422 |
| 箍筋1 | φ | 8 | | $(0.45 - 2 \times 0.03 - 2 \times 0.008) \times 4 + 3 \times 0.008 + 2 \times 11.9 \times 0.008$ | 27 | 81 | 1.71 | 138.51 | 54.518 |
| 箍筋2 | φ | 8 | | $(0.45 - 2 \times 0.03 - 2 \times 0.008) \div 2 \times 1.414 \times 4 + 3 \times 0.008 + 2 \times 11.9 \times 0.008$ | 27 | 81 | 1.27 | 102.87 | 40.588 |
| 构件名称：KZ2(6) | | | 构件数量:1 | | | | 本构件钢筋重:110.795 | | |
| 构件位置：<F,6> | | | | | | | | | |
| 外侧角筋 | ⚎ | 20 | | $7.15 - 3.55 - 0.65 + 0.65 + 1.5 \times 46 \times 0.02 + 0.5$ | 2 | 2 | 5.48 | 10.96 | 26.288 |
| 内侧角筋 | ⚎ | 20 | | $7.15 - 3.55 - 0.03 + 0.65 + 12 \times 0.02 + 0.5$ | 2 | 2 | 4.96 | 9.92 | 24.463 |
| B边一侧外钢筋 | ⚎ | 18 | | $7.15 - 3.55 - 0.65 + 1.5 \times 46 \times 0.018$ | 1 | 1 | 4.49 | 4.49 | 8.969 |

续表

| 筋号 | 级别 | 直径 | 钢筋图形 | 钢筋长度计算式 | 根数 | 总根数 | 单长/m | 总长/m | 总重/kg |
|---|---|---|---|---|---|---|---|---|---|
| B边一侧内钢筋 | ⊕ | 18 | | $7.15 - 3.55 - 0.03 + 12 \times 0.018$ | 1 | 1 | 3.79 | 3.79 | 7.570 |
| H边一侧钢筋 | ⊕ | 18 | | $7.15 - 3.55 - 0.03 + 12 \times 0.018$ | 2 | 2 | 10.89 | 21.78 | 43.505 |
| 构件名称:<br>KZ2(7) | 构件数量:1 | | | | | 本构件钢筋重:114.217 | | | |
| 构件位置:<E,1> | | | | | | | | | |
| 外侧角筋 | ⊕ | 20 | | $7.15 - 3.55 - 0.55 + 0.55 + 1.5 \times 46 \times 0.02 + 0.51$ | 2 | 2 | 5.49 | 10.98 | 27.002 |
| 内侧角筋 | ⊕ | 20 | | $7.15 - 3.55 - 0.03 + 0.55 + 12 \times 0.02 + 0.51$ | 2 | 2 | 4.84 | 9.68 | 23.797 |
| B边一侧外钢筋 | ⊕ | 18 | | $7.15 - 3.55 - 0.55 + 1.5 \times 46 \times 0.018$ | 1 | 1 | 4.49 | 4.49 | 8.969 |
| B边一侧内钢筋 | ⊕ | 18 | | $7.15 - 3.55 - 0.03 + 12 \times 0.018$ | 1 | 1 | 3.79 | 3.79 | 7.570 |
| H边一侧钢筋 | ⊕ | 18 | | $7.15 - 3.55 - 0.03 + 12 \times 0.018$ | 2 | 2 | 3.79 | 7.58 | 15.133 |

续表

| 筋号 | 级别 | 直径 | 钢筋图形 | 钢筋长度计算式 | 根数 | 总根数 | 单长/m | 总长/m | 总重/kg |
|------|------|------|----------|----------------|------|--------|--------|--------|---------|
| 箍筋1 | φ | 8 | | $(0.45 - 2 \times 0.03 - 2 \times 0.008) \times 4 + 3 \times 0.008 + 2 \times 11.9 \times 0.008$ | 27 | 27 | 1.71 | 46.17 | 18.217 |
| 箍筋2 | φ | 8 | | $(0.45 - 2 \times 0.03 - 2 \times 0.008) \div 2 \times 1.414 \times 4 + 3 \times 0.008 + 2 \times 11.9 \times 0.008$ | 27 | 27 | 1.27 | 34.29 | 13.529 |

| 构件名称: KZ3(1) | 构件数量:1 | | | | | 本构件钢筋重:244.942 | | | |
|------|------|------|------|------|------|------|------|------|------|
| 构件位置: <F,6> | | | | | | | | | |
| 角筋 | ⊕ | 18 | | $3.55 + 3.3 - 0.04 - 0.65 - 0.5$ | 4 | 4 | 5.66 | 22.64 | 45.222 |
| B边一侧钢筋 | ⊕ | 18 | | $3.55 + 3.3 - 0.04 + 0.1$ | 2 | 2 | 6.91 | 13.82 | 27.605 |
| H边一侧钢筋 | ⊕ | 18 | | $3.55 + 3.3 - 0.04 + 0.1$ | 2 | 2 | 6.91 | 13.82 | 27.605 |
| B边一侧钢筋(下多) | ⊕ | 18 | | $3.55 + 3.3 - 0.04 - 0.65 + 0.1 + 1.2 \times 46 \times 0.018$ | 2 | 2 | 7.25 | 14.50 | 28.963 |
| H边一侧钢筋(下多) | ⊕ | 18 | | $3.55 + 3.3 - 0.04 - 0.65 + 0.1 + 1.2 \times 46 \times 0.018$ | 2 | 2 | 7.25 | 14.50 | 28.963 |

| 筋号 | 级别 | 直径 | 钢筋图形 | 钢筋长度计算式 | 根数 | 总根数 | 单长/m | 总长/m | 总重/kg |
|---|---|---|---|---|---|---|---|---|---|
| 箍筋1 | φ | 10 | | $(0.45 - 2 \times 0.03 - 2 \times 0.01) \times 4 + 3 \times 0.01 + 2 \times 11.9 \times 0.01$ | 23 | 23 | 1.75 | 40.25 | 24.814 |
| 箍筋2 | φ | 10 | | $(0.45 - 2 \times 0.03 - 2 \times 0.01) \div 3 \times 1.414 \times 4 + [(0.45 - 2 \times 0.03 - 2 \times 0.01) \div 3 + 0.018] \times 4 + 7 \times 0.01 + 2 \times 11.9 \times 0.01$ | 23 | 23 | 1.57 | 36.11 | 22.262 |
| 箍筋3 | φ | 8 | | $(0.45 - 2 \times 0.03 - 2 \times 0.008) \times 4 + 3 \times 0.008 + 2 \times 11.9 \times 0.08$ | 31 | 31 | 1.71 | 53.01 | 20.916 |
| 箍筋4 | φ | 8 | | $(0.45 - 2 \times 0.03 - 2 \times 0.008) \div 3 \times 1.414 \times 4 + [(0.45 - 2 \times 0.03 - 2 \times 0.008) \div 3 + 0.018] \times 4 + 7 \times 0.008 + 2 \times 11.9 \times 0.008$ | 31 | 31 | 1.52 | 47.12 | 18.592 |

| 构件名称：KZ3(2) | | | 构件数量:1 | | | 本构件钢筋重:242.549 | | | |
|---|---|---|---|---|---|---|---|---|---|

| 构件位置：<E,1> | | | | | | | | | |
|---|---|---|---|---|---|---|---|---|---|
| 角筋 | ⊈ | 18 | | $3.55 + 3.3 - 0.04 - 0.55 - 0.51$ | 4 | 4 | 5.75 | 23.00 | 45.942 |
| B边一侧钢筋 | ⊈ | 18 | | $3.55 + 3.3 - 0.04 + 0.1$ | 2 | 2 | 6.91 | 13.82 | 27.605 |
| H边一侧钢筋 | ⊈ | 18 | | $3.55 + 3.3 - 0.04 + 0.1$ | 2 | 2 | 6.91 | 13.82 | 27.605 |
| B边一侧钢筋(下多) | ⊈ | 18 | | $3.55 + 3.3 - 0.04 - 0.55 + 0.1 + 1.2 \times 46 \times 0.018$ | 2 | 2 | 7.02 | 14.04 | 28.044 |

续表

| 筋号 | 级别 | 直径 | 钢筋图形 | 钢筋长度计算式 | 根数 | 总根数 | 单长/m | 总长/m | 总重/kg |
|---|---|---|---|---|---|---|---|---|---|
| H边一侧钢筋(下多) | ⊈ | 18 | | $3.55 + 3.3 - 0.04 - 0.55 + 0.1 + 1.2 \times 46 \times 0.018$ | 2 | 2 | 7.02 | 14.04 | 28.044 |
| 箍筋1 | φ | 10 | | $(0.45 - 2 \times 0.03 - 2 \times 0.01) \times 4 + 3 \times 0.01 + 2 \times 11.9 \times 0.01$ | 23 | 23 | 1.75 | 40.25 | 24.814 |
| 箍筋2 | φ | 10 | | $(0.45 - 2 \times 0.03 - 2 \times 0.01) \div 3 \times 1.414 \times 4 + [(0.45 - 2 \times 0.03 - 2 \times 0.01) \div 3 + 0.018] \times 4 + 7 \times 0.01 + 2 \times 11.9 \times 0.01$ | 23 | 23 | 1.57 | 36.11 | 22.262 |
| 箍筋3 | φ | 8 | | $(0.45 - 2 \times 0.03 - 2 \times 0.008) \times 4 + 3 \times 0.008 + 2 \times 11.9 \times 0.008$ | 30 | 30 | 1.71 | 51.30 | 20.241 |
| 箍筋4 | φ | 8 | | $(0.45 - 2 \times 0.03 - 2 \times 0.008) \div 3 \times 1.414 \times 4 + [(0.45 - 2 \times 0.03 - 2 \times 0.008) \div 3 + 0.018] \times 4 + 7 \times 0.008 + 2 \times 11.9 \times 0.008$ | 30 | 30 | 1.52 | 45.60 | 17.992 |
| 构件名称：KZ3(3) | | | | 构件数量:1 | | | 本构件钢筋重:366.051 | | |
| 构件位置：<E,6> | | | | | | | | | |
| 角筋 | ⊈ | 18 | | $7.15 + 3.3 - 0.03 - 0.04 + 0.1 + 12 \times 0.018$ | 4 | 4 | 10.7 | 42.8 | 85.491 |
| B边一侧钢筋(下部) | ⊈ | 18 | | $3.55 + 3.3 - 0.04 + 0.5 + 0.1$ | 4 | 4 | 7.41 | 29.64 | 59.205 |
| H边一侧钢筋(下部) | ⊈ | 18 | | $3.55 + 3.3 - 0.04 + 0.5 + 0.1$ | 4 | 4 | 7.41 | 29.64 | 59.205 |

| 筋号 | 级别 | 直径 | 钢筋图形 | 钢筋长度计算式 | 根数 | 总根数 | 单长/m | 总长/m | 总重/kg |
|---|---|---|---|---|---|---|---|---|---|
| B边一侧钢筋(上部) | Φ | 16 | | $7.15 - 3.55 - 0.5 - 0.03 + 12 \times 0.016$ | 4 | 4 | 3.26 | 13.04 | 20.580 |
| H边一侧钢筋(上部) | Φ | 16 | | $7.15 - 3.55 - 0.5 - 0.03 + 12 \times 0.016$ | 4 | 4 | 3.26 | 13.04 | 20.580 |
| 箍筋1 | φ | 10 | | $(0.45 - 2 \times 0.03 - 2 \times 0.01) \times 4 + 3 \times 0.01 + 2 \times 11.9 \times 0.01$ | 23 | 23 | 1.75 | 40.25 | 24.814 |
| 箍筋2 | φ | 10 | | $(0.45 - 2 \times 0.03 - 2 \times 0.01) \div 3 \times 1.414 \times 4 + [(0.45 - 2 \times 0.03 - 2 \times 0.01) \div 3 + 0.018] \times 4 + 7 \times 0.01 + 2 \times 11.9 \times 0.01$ | 23 | 23 | 1.57 | 36.11 | 22.262 |
| 箍筋3 | φ | 8 | | $(0.45 - 2 \times 0.03 - 2 \times 0.008) \times 4 + 3 \times 0.008 + 2 \times 11.9 \times 0.008$ | 58 | 58 | 1.71 | 99.18 | 39.132 |
| 箍筋4 | φ | 8 | | $(0.45 - 2 \times 0.03 - 2 \times 0.008) \div 3 \times 1.414 \times 4 + [(0.45 - 2 \times 0.03 - 2 \times 0.008) \div 3 + 0.018] \times 4 + 7 \times 0.008 + 2 \times 11.9 \times 0.008$ | 58 | 58 | 1.52 | 88.16 | 34.784 |
| 构件名称:**KZ4** | | | | 构件数量:3 | | | 本构件钢筋重:589.816 | | |
| 构件位置:<E,2>;<E,4>;<E,5> | | | | | | | | | |
| 角筋 | Φ | 20 | | $3.55 + 3.3 - 0.04 + 0.1$ | 4 | 12 | 6.91 | 82.92 | 204.481 |
| B边一侧钢筋 | Φ | 18 | | $3.55 + 3.3 - 0.04 + 0.1$ | 2 | 6 | 6.91 | 41.46 | 82.815 |

续表

| 筋号 | 级别 | 直径 | 钢筋图形 | 钢筋长度计算式 | 根数 | 总根数 | 单长/m | 总长/m | 总重/kg |
|---|---|---|---|---|---|---|---|---|---|
| H边一侧钢筋 | 业 | 18 | | $3.55 + 3.3 - 0.04 + 0.1$ | 2 | 6 | 6.91 | 41.46 | 82.815 |
| 箍筋1 | φ | 10 | | $(0.45 - 2 \times 0.03 - 2 \times 0.01) \times 4 + 3 \times 0.01 + 2 \times 11.9 \times 0.01$ | 23 | 69 | 1.75 | 120.75 | 74.442 |
| 箍筋2 | φ | 10 | | $(0.45 - 2 \times 0.03 - 2 \times 0.01) \div 2 \times 1.414 \times 4 + 3 \times 0.01 + 2 \times 11.9 \times 0.01$ | 23 | 69 | 1.31 | 90.39 | 55.725 |
| 箍筋3 | φ | 8 | | $(0.45 - 2 \times 0.03 - 2 \times 0.008) \times 4 + 3 \times 0.008 + 2 \times 11.9 \times 0.008$ | 31 | 93 | 1.71 | 159.03 | 62.747 |
| 箍筋4 | φ | 8 | | $(0.45 - 2 \times 0.03 - 2 \times 0.008) \div 2 \times 1.414 \times 4 + 3 \times 0.008 + 2 \times 11.9 \times 0.008$ | 31 | 93 | 1.27 | 118.11 | 46.601 |

**3）梁筋计算（见表 8.3）**

表 8.3　梁筋计算表

| 筋号 | 级别 | 直径 | 钢筋图形 | 钢筋长度计算式 | 根数 | 总根数 | 单长/m | 总长/m | 总重/kg |
|---|---|---|---|---|---|---|---|---|---|
| 楼层名称:地梁层 | | | | | | | | | |
| 构件名称:KL1(4) | | | 构件数量:1 | | | | 本构件钢筋重:278.009 | | |
| 构件位置: | | | | | | | | | |
| 上部通长筋 | 业 | 18 | | $18.7 + 0.25 - 0.45 \times 2 + (0.45 - 0.03) \times 2 + 15 \times 0.018 \times 2$ | 2 | 2 | 19.43 | 38.86 | 77.621 |

| 筋号 | 级别 | 直径 | 钢筋图形 | 钢筋长度计算式 | 根数 | 总根数 | 单长/m | 总长/m | 总重/kg |
|---|---|---|---|---|---|---|---|---|---|
| 构造筋 | φ | 10 | —— | $5.4 + 0.125 - 0.45 - 0.45 \div 2 + 15 \times 0.01 \times 2$ | 4 | 4 | 5.15 | 20.6 | 12.700 |
| | φ | 10 | —— | $3.6 - 0.45 + 15 \times 0.01 \times 2$ | 4 | 4 | 3.45 | 13.8 | 8.508 |
| | φ | 10 | —— | $2.5 - 0.45 \div 2 - 0.125 + 15 \times 0.01 \times 2$ | 4 | 4 | 2.45 | 9.8 | 6.042 |
| | φ | 10 | —— | $7.2 + 0.25 - 0.45 \times 2 + 15 \times 0.01 \times 2$ | 4 | 4 | 6.85 | 27.4 | 16.892 |
| 侧面受扭筋 | φ | 10 | —— | $3.6 - 0.45 + 2 \times 39 \times 0.01$ | 4 | 4 | 3.93 | 15.72 | 9.691 |
| | φ | 10 | —— | $2.5 - 0.45 \div 2 - 0.125 + 2 \times 39 \times 0.01$ | 4 | 4 | 2.93 | 11.72 | 7.225 |
| 下部通长筋 | ⊕ | 18 | ⌐ | $5.4 + 0.125 - 0.45 - 0.45 \div 2 + 0.45 - 0.03 + 15 \times 0.018 + 46 \times 0.018$ | 2 | 2 | 6.37 | 12.74 | 25.448 |
| | ⊕ | 18 | —— | $3.6 - 0.45 + 46 \times 0.018 \times 2$ | 2 | 2 | 4.81 | 9.62 | 19.216 |
| | ⊕ | 18 | —— | $2.5 - 0.45 \div 2 - 0.125 + 46 \times 0.018 \times 2$ | 2 | 2 | 3.81 | 7.62 | 15.221 |
| | ⊕ | 18 | ∟ | $7.2 + 0.25 - 0.45 \times 2 + 46 \times 0.018 + 15 \times 0.018 + 0.45 - 0.03$ | 2 | 2 | 8.07 | 16.14 | 32.218 |
| 箍筋1 | φ | 8 | ▢ | $[(0.25 - 2 \times 0.03 - 2 \times 0.008) + (0.5 - 2 \times 0.03 - 2 \times 0.008)] \times 2 + 3 \times 0.008 + 2 \times 11.9 \times 0.008$ | 75 | 75 | 1.41 | 105.75 | 41.725 |
| 箍筋2 | φ | 8 | ▢ | $[(0.25 - 2 \times 0.03 - 2 \times 0.008) + (0.45 - 2 \times 0.03 - 2 \times 0.008)] \times 2 + 3 \times 0.008 + 2 \times 11.9 \times 0.008$ | 12 | 12 | 1.31 | 15.72 | 6.202 |

| 构件名称：KL2(4) | 构件数量：1 | 本构件钢筋重：207.036 |
|---|---|---|

| 构件位置： | | | | | | | | | |
|---|---|---|---|---|---|---|---|---|---|
| 上部通长筋 | ⊕ | 18 | ⌐⌐ | $18.7 + 0.25 - 0.45 \times 2 + (0.45 - 0.03) \times 2 + 15 \times 0.018 \times 2$ | 2 | 2 | 19.43 | 38.86 | 77.621 |
| 构造筋 | φ | 10 | —— | $7.2 + 0.25 - 0.45 \times 2 + 15 \times 0.01 \times 2$ | 4 | 4 | 6.85 | 27.4 | 16.892 |

续表

| 筋号 | 级别 | 直径 | 钢筋图形 | 钢筋长度计算式 | 根数 | 总根数 | 单长/m | 总长/m | 总重/kg |
|---|---|---|---|---|---|---|---|---|---|
| 下部通长筋 | Φ | 18 | | $5.4 + 0.125 - 0.45 - 0.45 \div 2 + 0.45 - 0.03 + 15 \times 0.018 + 46 \times 0.018$ | 2 | 2 | 6.37 | 12.74 | 25.448 |
| | Φ | 18 | | $3.6 - 0.45 + 46 \times 0.018 \times 2$ | 2 | 2 | 4.81 | 9.62 | 19.216 |
| | Φ | 18 | | $2.5 - 0.45 \div 2 - 0.125 + 46 \times 0.018 \times 2$ | 2 | 2 | 3.81 | 7.62 | 15.221 |
| | Φ | 18 | | $7.2 + 0.25 - 0.45 \times 2 + 46 \times 0.018 + 15 \times 0.018 + 0.45 - 0.03$ | 2 | 2 | 8.07 | 16.14 | 6.368 |
| 箍筋1 | φ | 8 | | $[(0.25 - 2 \times 0.03 - 2 \times 0.008) + (0.45 - 2 \times 0.03 - 2 \times 0.008)] \times 2 + 3 \times 0.008 + 2 \times 11.9 \times 0.008$ | 54 | 54 | 1.31 | 70.74 | 27.911 |
| 箍筋2 | φ | 8 | | $[(0.25 - 2 \times 0.03 - 2 \times 0.008) + (0.5 - 2 \times 0.03 - 2 \times 0.008)] \times 2 + 3 \times 0.008 + 2 \times 11.9 \times 0.008$ | 33 | 33 | 1.41 | 46.53 | 18.359 |

| 构件名称:KL3(2) | 构件数量:1 | | | 本构件钢筋重:105.083 |
|---|---|---|---|---|

| 构件位置: | | | | | | | | | |
|---|---|---|---|---|---|---|---|---|---|
| 上部通长筋 | Φ | 18 | | $5.4 + 3.6 + 0.125 - 0.45 - 0.45 \div 2 + (0.45 - 0.03) \times 2 + 15 \times 0.018 \times 2$ | 2 | 2 | 9.83 | 19.66 | 39.270 |
| 下部通长筋 | Φ | 18 | | $5.4 + 0.125 - 0.45 - 0.45 \div 2 + 0.45 - 0.03 + 15 \times 0.018 + 46 \times 0.018$ | 2 | 2 | 6.37 | 12.74 | 25.448 |
| | Φ | 18 | | $3.6 - 0.45 + 46 \times 0.018 + 0.45 - 0.03 + 15 \times 0.018$ | 2 | 2 | 4.67 | 9.34 | 18.656 |
| 箍筋 | φ | 8 | | $[(0.25 - 2 \times 0.03 - 2 \times 0.008) + (0.45 - 2 \times 0.03 - 2 \times 0.008)] \times 2 + 3 \times 0.008 + 2 \times 11.9 \times 0.008$ | 42 | 42 | 1.31 | 55.02 | 21.709 |

| 构件名称:KL4(2) | 构件数量:1 | | | 本构件钢筋重:164.713 |
|---|---|---|---|---|

| 构件位置: |
|---|

| 筋号 | 级别 | 直径 | 钢筋图形 | 钢筋长度计算式 | 根数 | 总根数 | 单长/m | 总长/m | 总重/kg |
|---|---|---|---|---|---|---|---|---|---|
| 上部通长筋 | Φ | 20 | | $2.5 + 7.2 + 0.25 - 0.45 \times 2 + (0.45 - 0.03) \times 2 + 15 \times 0.02 \times 2$ | 2 | 2 | 10.49 | 20.98 | 51.737 |
| 构造筋 | φ | 10 | | $7.2 + 0.25 - 0.45 \times 2 + 15 \times 0.01 \times 2$ | 4 | 4 | 6.85 | 27.4 | 16.892 |
| 端部支座负筋 | Φ | 16 | | $(7.2 + 0.25 - 0.45 \times 2) \div 3 + 15 \times 0.016 + 0.45 - 0.03$ | 3 | 3 | 2.84 | 8.52 | 13.447 |
| 下部通长筋 | Φ | 20 | | $2.5 + 0.125 - 0.45 - 0.125 + 0.45 - 0.03 + 15 \times 0.02 + 46 \times 0.02$ | 2 | 2 | 3.69 | 7.38 | 18.199 |
| | Φ | 20 | | $7.2 + 0.25 - 0.45 \times 2 + 46 \times 0.02 + 0.45 - 0.03 + 15 \times 0.02$ | 2 | 2 | 8.19 | 16.38 | 40.393 |
| 箍筋1 | φ | 8 | | $[(0.25 - 2 \times 0.03 - 2 \times 0.008) + (0.45 - 2 \times 0.03 - 2 \times 0.008)] \times 2 + 3 \times 0.008 + 2 \times 11.9 \times 0.008$ | 11 | 11 | 1.31 | 14.41 | 5.686 |
| 箍筋2 | φ | 8 | | $[(0.25 - 2 \times 0.03 - 2 \times 0.008) + (0.5 - 2 \times 0.03 - 2 \times 0.008)] \times 2 + 3 \times 0.008 + 2 \times 11.9 \times 0.008$ | 33 | 33 | 1.41 | 46.53 | 18.359 |

| 构件名称：KL5(2) | 构件数量：1 | | | 本构件钢筋重：152.450 | | | | | |
|---|---|---|---|---|---|---|---|---|---|
| 构件位置： | | | | | | | | | |
| 上部通长筋 | Φ | 20 | | $2.5 + 7.2 + 0.25 - 0.45 \times 2 + (0.45 - 0.03) \times 2 + 15 \times 0.02 \times 2$ | 2 | 2 | 10.49 | 20.98 | 51.737 |
| 侧面受扭筋 | φ | 10 | | $7.2 + 0.25 - 0.45 \times 2 + 2 \times 39 \times 0.01$ | 4 | 4 | 7.33 | 29.32 | 18.076 |

续表

| 筋号 | 级别 | 直径 | 钢筋图形 | 钢筋长度计算式 | 根数 | 总根数 | 单长/m | 总长/m | 总重/kg |
|---|---|---|---|---|---|---|---|---|---|
| 下部通长筋 | ⸫ | 20 | └ | $2.5 + 0.125 - 0.45 - 0.125 + 0.45 - 0.03 + 15 \times 0.02 + 46 \times 0.02$ | 2 | 2 | 3.69 | 7.38 | 18.199 |
| | ⸫ | 20 | └ | $7.2 + 0.25 - 0.45 \times 2 + 46 \times 0.02 + 0.45 - 0.03 + 15 \times 0.02$ | 2 | 2 | 8.19 | 16.38 | 40.393 |
| 箍筋1 | φ | 8 | ▭ | $[(0.25 - 2 \times 0.03 - 2 \times 0.008) + (0.45 - 2 \times 0.03 - 2 \times 0.008)] \times 2 + 3 \times 0.008 + 2 \times 11.9 \times 0.008$ | 11 | 11 | 1.31 | 14.41 | 5.686 |
| 箍筋2 | φ | 8 | ▭ | $[(0.25 - 2 \times 0.03 - 2 \times 0.008) + (0.5 - 2 \times 0.03 - 2 \times 0.008)] \times 2 + 3 \times 0.008 + 2 \times 11.9 \times 0.008$ | 33 | 33 | 1.41 | 46.53 | 18.359 |

| 构件名称: KL6(2) | 构件数量:2 | | | | | | 本构件钢筋重:335.985 | | |
|---|---|---|---|---|---|---|---|---|---|
| **构件位置:** | | | | | | | | | |
| 上部通长筋 | ⸫ | 18 | ⊓ | $7.2 + 2.5 + 0.25 - 0.45 \times 2 + (0.45 - 0.03) \times 2 + 15 \times 0.018 \times 2$ | 2 | 4 | 9.94 | 39.76 | 79.419 |
| 侧面受扭筋 | φ | 10 | — | $7.2 + 0.25 - 0.45 \times 2 + 2 \times 39 \times 0.01$ | 4 | 8 | 7.33 | 29.32 | 18.076 |
| 端部支座负筋 | ⸫ | 18 | ⌐ | $(7.2 + 0.25 - 0.45 \times 2) \times 2 \div 3 + 0.45 - 0.03 + 15 \times 0.018$ | 2 | 4 | 5.06 | 20.24 | 40.429 |
| | ⸫ | 20 | ⌐ | $(7.2 + 0.25 - 0.45 \times 2) \times 2 \div 3 + 0.45$ | 1 | 2 | 4.82 | 9.64 | 23.772 |
| 下部通长筋 | ⸫ | 18 | └ | $2.5 + 0.25 - 0.45 - 0.125 + 0.45 - 0.03 + 46 \times 0.018 + 15 \times 0.018$ | 2 | 4 | 3.69 | 14.76 | 29.483 |
| | ⸫ | 18 | └ | $7.2 + 0.25 - 0.45 \times 2 + 46 \times 0.018 + 0.45 - 0.03 + 15 \times 0.018$ | 3 | 6 | 8.07 | 48.42 | 96.717 |
| 箍筋1 | φ | 8 | ▭ | $[(0.25 - 2 \times 0.03 - 2 \times 0.008) + (0.45 - 2 \times 0.03 - 2 \times 0.008)] \times 2 + 3 \times 0.008 + 2 \times 11.9 \times 0.008$ | 11 | 22 | 1.31 | 28.82 | 11.371 |

| 筋号 | 级别 | 直径 | 钢筋图形 | 钢筋长度计算式 | 根数 | 总根数 | 单长/m | 总长/m | 总重/kg |
|---|---|---|---|---|---|---|---|---|---|
| 箍筋2 | Φ | 8 | | $[(0.25-2\times0.03-2\times0.008)+(0.5-2\times0.03-2\times0.008)]\times2+3\times0.008+2\times11.9\times0.008$ | 33 | 66 | 1.41 | 93.06 | 36.718 |
| 构件名称：KL8(2) | | | 构件数量:1 | | | | 本构件钢筋重:117.470 | | |
| 构件位置： | | | | | | | | | |
| 上部通长筋 | 坐 | 18 | | $6.3+2.5+0.25-0.45\times2+(0.45-0.03)\times2+15\times0.018\times2$ | 2 | 2 | 9.53 | 19.06 | 38.072 |
| 构造筋 | Φ | 10 | | $6.3+0.25-0.45\times2+15\times0.01\times2$ | 4 | 4 | 5.95 | 23.8 | 14.673 |
| 下部通长筋 | 坐 | 18 | | $6.3+0.25-0.45\times2+0.45-0.03+15\times0.018+46\times0.018$ | 2 | 2 | 7.17 | 14.34 | 28.644 |
| | 坐 | 18 | | $2.5-0.125+0.125-0.45+46\times0.018+0.45-0.03+15\times0.018$ | 2 | 2 | 3.57 | 7.14 | 14.262 |
| 箍筋1 | Φ | 8 | | $[(0.25-2\times0.03-2\times0.008)+(0.45-2\times0.03-2\times0.008)]\times2+3\times0.008+2\times11.9\times0.008$ | 11 | 11 | 1.31 | 14.41 | 5.686 |
| 箍筋2 | Φ | 8 | | $[(0.25-2\times0.03-2\times0.008)+(0.5-2\times0.03-2\times0.008)]\times2+3\times0.008+2\times11.9\times0.008$ | 29 | 29 | 1.41 | 40.89 | 16.134 |
| 构件名称：KL9(2) | | | 构件数量:1 | | | | 本构件钢筋重:143.294 | | |
| 构件位置： | | | | | | | | | |
| 上部通长筋 | 坐 | 20 | | $6.3+2.5+0.25-0.45\times2+(0.45-0.03)\times2+15\times0.02\times2$ | 2 | 2 | 9.59 | 19.18 | 47.298 |
| 侧面受扭筋 | Φ | 10 | | $6.3+0.25-0.45\times2+39\times0.01\times2$ | 4 | 4 | 6.43 | 25.72 | 15.856 |

续表

| 筋号 | 级别 | 直径 | 钢筋图形 | 钢筋长度计算式 | 根数 | 总根数 | 单长 /m | 总长 /m | 总重 /kg |
|---|---|---|---|---|---|---|---|---|---|
| 端部支座负筋 | ⊕ | 14 | | $0.45 - 0.03 + 15 \times 0.014 + (6.3 + 0.25 - 0.45 \times 2) \div 3$ | 1 | 1 | 2.51 | 2.51 | 3.033 |
| 下部通长筋 | ⊕ | 20 | | $6.3 + 0.25 - 0.45 \times 2 + 0.45 - 0.03 + 46 \times 0.02 + 15 \times 0.02$ | 2 | 2 | 7.29 | 14.58 | 35.954 |
| | ⊕ | 20 | | $2.5 - 0.125 + 0.125 - 0.45 + 46 \times 0.025 + 0.45 - 0.03 + 15 \times 0.02$ | 2 | 2 | 3.92 | 7.84 | 19.333 |
| 箍筋 1 | φ | 8 | | $[(0.25 - 2 \times 0.03 - 2 \times 0.008) + (0.45 - 2 \times 0.03 - 2 \times 0.008)] \times 2 + 3 \times 0.008 + 2 \times 11.9 \times 0.008$ | 11 | 11 | 1.31 | 14.41 | 5.686 |
| 箍筋 2 | φ | 8 | | $[(0.25 - 2 \times 0.03 - 2 \times 0.008) + (0.5 - 2 \times 0.03 - 2 \times 0.008)] \times 2 + 3 \times 0.008 + 2 \times 11.9 \times 0.008$ | 29 | 29 | 1.41 | 40.89 | 16.134 |
| 构件名称: KL10(6) | 构件数量:1 | | | | | | 本构件钢筋重:525.815 | | |
| 构件位置: | | | | | | | | | |
| 上部通长筋 | ⊕ | 20 | | $6.3 + 2.5 + 0.25 - 0.45 \times 2 + (0.45 - 0.03) \times 2 + 15 \times 0.02 \times 2 + 5.9 + 8.4 \times 2 + 3.6 - 0.45 + 46 \times 0.02 + 0.45 - 0.03 + 15 \times 0.02$ | 2 | 2 | 36.48 | 72.96 | 179.919 |
| 侧面受扭筋 | φ | 10 | | $6.3 + 0.25 - 0.45 \times 2 + 39 \times 0.01 \times 2$ | 4 | 4 | 6.43 | 25.72 | 15.856 |
| | φ | 10 | | $5.9 - 0.45 \div 2 - 0.125 + 15 \times 0.01 \times 2$ | 4 | 4 | 5.85 | 23.4 | 14.426 |
| 构造筋 | φ | 10 | | $8.4 - 0.45 + 15 \times 0.01 \times 2$ | 4 | 4 | 8.25 | 33 | 20.345 |
| | φ | 10 | | $8.4 - 0.45 + 15 \times 0.01 \times 2$ | 4 | 4 | 8.25 | 33 | 20.345 |

| 筋号 | 级别 | 直径 | 钢筋图形 | 钢筋长度计算式 | 根数 | 总根数 | 单长/m | 总长/m | 总重/kg |
|---|---|---|---|---|---|---|---|---|---|
| 端部支座负筋 | ⊕ | 14 | | $0.45 - 0.03 + 15 \times 0.014 + (6.3 + 0.25 - 0.45 \times 2) \div 3$ | 1 | 1 | 2.51 | 2.51 | 3.033 |
| 下部通长筋 | ⊕ | 20 | | $6.3 + 0.25 - 0.45 \times 2 + 46 \times 0.02 + 15 \times 0.02 + 0.45 - 0.03$ | 2 | 2 | 7.29 | 14.58 | 35.954 |
| | ⊕ | 20 | | $2.5 - 0.45 + 46 \times 0.02 \times 2$ | 2 | 2 | 3.89 | 7.78 | 19.185 |
| | ⊕ | 20 | | $5.9 - 0.125 - 0.45 \div 2 + 0.45 - 0.03 + 15 \times 0.02 + 46 \times 0.02$ | 2 | 2 | 7.19 | 14.38 | 35.461 |
| | ⊕ | 20 | | $8.4 - 0.45 + 46 \times 0.02 \times 2$ | 2 | 2 | 9.79 | 19.58 | 48.284 |
| | ⊕ | 20 | | $8.4 - 0.45 + 46 \times 0.02 \times 2$ | 2 | 2 | 9.79 | 19.58 | 48.284 |
| | ⊕ | 20 | | $3.6 - 0.45 \div 2 + 0.125 - 0.45 + 46 \times 0.02 + 0.45 - 0.03 + 15 \times 0.02$ | 2 | 2 | 4.69 | 9.38 | 23.131 |
| | ⊕ | 14 | | $6.3 + 0.25 - 0.45 \times 2 + 46 \times 0.014 + 15 \times 0.014 + 0.45 - 0.03$ | 1 | 1 | 6.92 | 6.92 | 8.362 |
| | ⊕ | 14 | | $2.5 - 0.45 + 46 \times 0.014 \times 2$ | 1 | 1 | 3.34 | 3.34 | 4.036 |
| | ⊕ | 14 | | $5.9 - 0.125 - 0.45 \div 2 + 0.45 - 0.03 + 15 \times 0.014 + 46 \times 0.014$ | 1 | 1 | 6.82 | 6.82 | 8.241 |
| | ⊕ | 14 | | $8.4 - 0.45 + 46 \times 0.014 \times 2$ | 1 | 1 | 9.24 | 9.24 | 11.165 |
| | ⊕ | 14 | | $8.4 - 0.45 + 46 \times 0.014 \times 2$ | 1 | 1 | 9.24 | 9.24 | 11.165 |
| | ⊕ | 14 | | $3.6 - 0.45 \div 2 + 0.125 - 0.45 + 46 \times 0.014 + 0.45 - 0.03 + 15 \times 0.014$ | 1 | 1 | 4.32 | 4.32 | 5.220 |

续表

| 筋号 | 级别 | 直径 | 钢筋图形 | 钢筋长度计算式 | 根数 | 总根数 | 单长/m | 总长/m | 总重/kg |
|------|------|------|----------|----------------|------|--------|--------|--------|---------|
| 箍筋1 | φ | 8 | | $[(0.25-2\times0.03-2\times0.008)+(0.45-2\times0.03-2\times0.008)]\times2+3\times0.008+2\times11.9\times0.008$ | 27 | 27 | 1.31 | 35.37 | 13.956 |
| 箍筋2 | φ | 8 | | $[(0.25-2\times0.03-2\times0.008)+(0.5-2\times0.03-2\times0.008)]\times2+3\times0.008+2\times11.9\times0.008$ | 58 | 58 | 1.41 | 81.76 | 32.267 |
| 箍筋3 | φ | 8 | | $[(0.25-2\times0.03-2\times0.008)+(0.55-2\times0.03-2\times0.008)]\times2+3\times0.008+2\times11.9\times0.008$ | 82 | 82 | 1.51 | 123.82 | 48.854 |
| 构件名称:<br>KL11(5) | | | 构件数量:1 | | | | 本构件钢筋重:572.985 | | |
| 构件位置: | | | | | | | | | |
| 上部通长筋 | Φ | 20 | | $35.1+0.25-0.45\times2+(0.45-0.03)\times2+15\times0.02\times2$ | 2 | 2 | 35.89 | 71.78 | 177.009 |
| | φ | 10 | | $6.3+0.125-0.45-0.45\div2+15\times0.01\times2$ | 4 | 4 | 6.05 | 24.2 | 14.919 |
| | φ | 10 | | $8.4-0.45+15\times0.01\times2$ | 4 | 4 | 8.25 | 33 | 20.345 |
| 构造筋 | φ | 10 | | $8.4-0.45+15\times0.01\times2$ | 4 | 4 | 8.25 | 33 | 20.345 |
| | φ | 10 | | $8.4-0.45+15\times0.01\times2$ | 4 | 4 | 8.25 | 33 | 20.345 |
| | φ | 10 | | $3.6-0.45\div2+0.125-0.45$ | 4 | 4 | 3.05 | 12.2 | 7.521 |
| 中部支座负筋 | Φ | 14 | | $(8.4-0.45)\times2\div3+0.45$ | 1 | 1 | 5.75 | 5.75 | 6.948 |

| 筋号 | 级别 | 直径 | 钢筋图形 | 钢筋长度计算式 | 根数 | 总根数 | 单长/m | 总长/m | 总重/kg |
|---|---|---|---|---|---|---|---|---|---|
| 下部通长筋 | ⊕ | 20 | ∟ | $6.3+0.125-0.45-0.45\div2+0.45-0.03+15\times0.02+46\times0.02$ | 2 | 2 | 7.39 | 14.78 | 36.447 |
| | ⊕ | 20 | ∟ | $8.4-0.45+0.45-0.03+15\times0.02+46\times0.02$ | 2 | 2 | 9.59 | 19.18 | 47.298 |
| | ⊕ | 20 | — | $8.4-0.45+46\times0.02\times2$ | 2 | 2 | 9.79 | 19.58 | 48.284 |
| | ⊕ | 20 | — | $8.4-0.45+0.45-0.03+15\times0.02+46\times0.02$ | 2 | 2 | 9.59 | 19.18 | 47.298 |
| | ⊕ | 20 | ⌐ | $3.6-0.45\div2+0.125-0.45+46\times0.02+0.45-0.03+15\times0.02$ | 2 | 2 | 4.69 | 9.38 | 23.131 |
| 箍筋1 | φ | 8 | ▭ | $[(0.25-2\times0.03-2\times0.008)+(0.45-2\times0.03-2\times0.008)]\times2+3\times0.008+2\times11.9\times0.008$ | 16 | 16 | 1.31 | 20.96 | 8.270 |
| 箍筋2 | φ | 8 | ▭ | $[(0.25-2\times0.03-2\times0.008)+(0.5-2\times0.03-2\times0.008)]\times2+3\times0.008+2\times11.9\times0.008$ | 30 | 30 | 1.41 | 42.3 | 16.690 |
| 箍筋3 | φ | 8 | ▭ | $[(0.25-2\times0.03-2\times0.008)+(0.6-2\times0.03-2\times0.008)]\times2+3\times0.008+2\times11.9\times0.008$ | 123 | 123 | 1.61 | 198.03 | 78.135 |

| 构件名称:KL12(5) | 构件数量:1 | | 本构件钢筋重:567.112 |
|---|---|---|---|

| 构件位置: | | | | | | | | | |
|---|---|---|---|---|---|---|---|---|---|
| 上部通长筋 | ⊕ | 20 | ⌐ | $35.1+0.25-0.45\times2+(0.45-0.03)\times2+15\times0.02\times2$ | 2 | 2 | 35.89 | 71.96 | 177.453 |
| 构造筋 | φ | 10 | — | $6.3+0.125-0.45-0.45\div2+15\times0.01\times2$ | 4 | 4 | 6.05 | 24.2 | 14.919 |
| | φ | 10 | — | $8.4-0.45+15\times0.01\times2$ | 4 | 4 | 8.25 | 33 | 20.345 |

续表

| 筋号 | 级别 | 直径 | 钢筋图形 | 钢筋长度计算式 | 根数 | 总根数 | 单长/m | 总长/m | 总重/kg |
|---|---|---|---|---|---|---|---|---|---|
| 构造筋 | φ | 10 | —— | $8.4 - 0.45 + 15 \times 0.01 \times 2$ | 4 | 4 | 8.25 | 33 | 20.345 |
| | φ | 10 | —— | $8.4 - 0.45 + 15 \times 0.01 \times 2$ | 4 | 4 | 8.25 | 33 | 20.345 |
| | φ | 10 | —— | $3.6 - 0.45 \div 2 + 0.125 - 0.45$ | 4 | 4 | 3.05 | 12.2 | 7.521 |
| 下部通长筋 | 坐 | 20 | ⌐—— | $6.3 + 0.125 - 0.45 - 0.45 \div 2 + 0.45 - 0.03 + 15 \times 0.02 + 46 \times 0.02$ | 2 | 2 | 7.39 | 14.78 | 36.447 |
| | 坐 | 20 | ⌐—— | $8.4 - 0.45 + 0.45 - 0.03 + 15 \times 0.02 + 46 \times 0.02$ | 2 | 2 | 9.59 | 19.18 | 47.298 |
| | 坐 | 20 | —— | $8.4 - 0.45 + 46 \times 0.02 \times 2$ | 2 | 2 | 9.79 | 19.58 | 48.284 |
| | 坐 | 20 | ⌐—— | $8.4 - 0.45 + 0.45 - 0.03 + 15 \times 0.02 + 46 \times 0.02$ | 2 | 2 | 9.59 | 19.18 | 47.298 |
| | 坐 | 20 | ⌐—— | $3.6 - 0.45 \div 2 + 0.125 - 0.45 + 46 \times 0.02 + 0.45 - 0.03 + 15 \times 0.02$ | 2 | 2 | 4.69 | 9.38 | 23.131 |
| 箍筋1 | φ | 8 | ▭ | $[(0.25 - 2 \times 0.03 - 2 \times 0.008) + (0.5 - 2 \times 0.03 - 2 \times 0.008)] \times 2 + 3 \times 0.008 + 2 \times 11.9 \times 0.008$ | 46 | 46 | 1.41 | 64.86 | 25.591 |
| 箍筋2 | φ | 8 | ▭ | $[(0.25 - 2 \times 0.03 - 2 \times 0.008) + (0.6 - 2 \times 0.03 - 2 \times 0.008)] \times 2 + 3 \times 0.008 + 2 \times 11.9 \times 0.008$ | 123 | 123 | 1.61 | 198.03 | 78.135 |
| 构件名称：L1(1) | 构件数量:2 | | | | | | 本构件钢筋重:92.335 | | |
| 构件位置： | | | | | | | | | |
| 上部通长筋 | 坐 | 16 | ⌐—⌐ | $3.6 - 0.45 + (0.45 - 0.03) \times 2 + 15 \times 0.016 \times 2$ | 2 | 4 | 4.47 | 17.88 | 28.219 |

| 筋号 | 级别 | 直径 | 钢筋图形 | 钢筋长度计算式 | 根数 | 总根数 | 单长/m | 总长/m | 总重/kg |
|---|---|---|---|---|---|---|---|---|---|
| 下部通长筋 | Ⅲ | 16 | | $3.6 - 0.45 + 12 \times 0.016 \times 2$ | 3 | 6 | 3.53 | 21.2 | 33.459 |
| 箍筋 | Φ | 8 | | $[(0.2 - 2 \times 0.03 - 2 \times 0.008) + (0.4 - 2 \times 0.03 - 2 \times 0.008)] \times 2 + 3 \times 0.008 + 2 \times 11.9 \times 0.008$ | 35 | 70 | 1.11 | 77.7 | 30.657 |

| 构件名称:L2(1) | 构件数量:2 | | | 本构件钢筋重:42.763 | | | | | |
|---|---|---|---|---|---|---|---|---|---|
| 构件位置: | | | | | | | | | |
| 上部通长筋 | Ⅲ | 14 | | $2.5 - 0.45 + (0.45 - 0.03) \times 2 + 15 \times 0.014 \times 2$ | 2 | 4 | 3.31 | 13.24 | 15.998 |
| 下部通长筋 | Ⅲ | 16 | | $2.5 - 0.45 + 12 \times 0.016 \times 2$ | 2 | 4 | 2.43 | 9.74 | 15.366 |
| 箍筋 | Φ | 6 | | $[(0.2 - 2 \times 0.03 - 2 \times 0.006) + (0.4 - 2 \times 0.03 - 2 \times 0.006)] \times 2 + 3 \times 0.006 + 2 \times 11.9 \times 0.006$ | 24 | 48 | 1.07 | 51.36 | 11.399 |

| 楼层名称:二层平面 | | | | 钢筋总重:6 043.063 | | | | | |
|---|---|---|---|---|---|---|---|---|---|
| 构件名称:KL1(4) | 构件数量:1 | | | 本构件钢筋重:383.004 | | | | | |
| 构件位置: | | | | | | | | | |
| 上部通长筋 | Ⅲ | 18 | | $18.7 + 0.25 - 0.45 \times 2 + (0.45 - 0.03) \times 2 + 15 \times 0.018 \times 2$ | 2 | 2 | 19.03 | 38.06 | 76.023 |
| 侧面受扭筋 | Φ | 10 | | $1.9 + 5.3 + 0.25 - 0.45 \times 2 + 39 \times 0.01 \times 2$ | 4 | 4 | 7.33 | 29.32 | 18.076 |

续表

| 筋号 | 级别 | 直径 | 钢筋图形 | 钢筋长度计算式 | 根数 | 总根数 | 单长/m | 总长/m | 总重/kg |
|---|---|---|---|---|---|---|---|---|---|
| 端部支座负筋 | Φ | 18 | | $(2.7 \times 2 + 0.125 - 0.45 - 0.45 \div 2) \div 3 + 0.45 - 0.03 + 15 \times 0.018$ | 1 | 1 | 2.31 | 2.31 | 4.614 |
| 端部支座负筋 | Φ | 20 | | $(5.3 + 1.9 + 0.25 - 0.45 \times 2) \div 3 + 0.45 - 0.03 + 15 \times 0.02$ | 1 | 1 | 2.90 | 2.90 | 7.151 |
| 中部支座负筋 | Φ | 18 | | $(2.7 \times 2 - 0.45 \div 2 + 0.125 - 0.45) \times 2 \div 3 + 0.45$ | 1 | 1 | 3.68 | 3.68 | 7.351 |
| 中部支座负筋 | Φ | 20 | | $(1.9 + 5.3 + 0.25 - 0.45 \times 2) \times 2 \div 3 + 0.45$ | 2 | 2 | 4.82 | 9.64 | 23.772 |
| 下部通长筋 | Φ | 18 | | $2.7 \times 2 + 0.125 - 0.45 - 0.45 \div 2 + 0.45 - 0.03 + 15 \times 0.018 + 46 \times 0.018$ | 4 | 4 | 6.37 | 25.48 | 50.900 |
| 下部通长筋 | Φ | 18 | | $3.6 - 0.45 + 46 \times 0.018 \times 2$ | 2 | 2 | 4.81 | 9.62 | 19.216 |
| 下部通长筋 | Φ | 18 | | $2.5 - 0.125 - 0.45 \div 2 + 46 \times 0.018 \times 2$ | 2 | 2 | 3.81 | 7.62 | 15.221 |
| 下部通长筋 | Φ | 20 | | $5.3 + 1.9 + 0.25 - 0.45 \times 2 + (0.45 - 0.03) \times 2 + 15 \times 0.02 \times 2$ | 4 | 4 | 7.99 | 31.96 | 78.813 |
| 吊筋 | Φ | 16 | | $0.2 + 0.1 + 2 \times (0.5 - 2 \times 0.03) + 20 \times 0.016 \times 2$ | 2 | 2 | 1.24 | 2.48 | 3.910 |
| 吊筋 | Φ | 16 | | $0.2 + 0.1 + 2 \times (0.6 - 2 \times 0.03) + 20 \times 0.016 \times 2$ | 2 | 2 | 2.02 | 4.04 | 6.376 |
| 箍筋1 | φ | 8 | | $[(0.25 - 2 \times 0.03 - 2 \times 0.008) + (0.5 - 2 \times 0.03 - 2 \times 0.008)] \times 2 + 3 \times 0.008 + 2 \times 11.9 \times 0.008$ | 75 | 75 | 1.41 | 105.75 | 41.725 |
| 箍筋2 | φ | 8 | | $[(0.25 - 2 \times 0.03 - 2 \times 0.008) + (0.6 - 2 \times 0.03 - 2 \times 0.008)] \times 2 + 3 \times 0.008 + 2 \times 11.9 \times 0.008$ | 47 | 47 | 1.61 | 75.67 | 29.856 |
| 构件名称:KL2(4) | 构件数量:1 | | | | | 本构件钢筋重:369.091 | | | |
| 构件位置: | | | | | | | | | |

| 筋号 | 级别 | 直径 | 钢筋图形 | 钢筋长度计算式 | 根数 | 总根数 | 单长/m | 总长/m | 总重/kg |
|---|---|---|---|---|---|---|---|---|---|
| 上部通长筋 | Φ | 20 | | $2.7 \times 2 + 3.6 + 2.5 - 0.45 + (0.45 - 0.03) \times 2 + 15 \times 0.02 \times 2 + 5.3 + 1.9 + 0.25 - 0.45 \times 2 + 46 \times 0.02 + 0.45 - 0.03 + 15 \times 0.02$ | 1 | 1 | 20.68 | 20.68 | 50.997 |
| | Φ | 20 | | $18.7 + 0.25 - 0.45 \times 2 + (0.45 - 0.03) \times 2 + 15 \times 0.02 \times 2$ | 1 | 1 | 19.49 | 19.49 | 48.062 |
| 侧面受扭筋 | Φ | 10 | | $5.3 + 1.9 + 0.25 - 0.45 \times 2 + 39 \times 0.01 \times 2$ | 4 | 4 | 7.33 | 29.32 | 18.076 |
| 端部支座负筋 | Φ | 16 | | $(2.7 \times 2 + 0.125 - 0.45 - 0.45 \div 2) \div 3 + 0.45 - 0.03 + 46 \times 0.016$ | 2 | 2 | 2.77 | 5.54 | 8.743 |
| | Φ | 16 | | $(5.3 + 1.9 + 0.25 - 0.45 \times 2) \div 3 + 0.45 - 0.03 + 46 \times 0.016$ | 2 | 2 | 3.34 | 6.68 | 10.543 |
| 中部支座负筋 | Φ | 18 | | $(2.7 \times 2 + 0.125 - 0.45 - 0.45 \div 2) \times 2 \div 3 + 0.45$ | 2 | 2 | 3.68 | 7.36 | 14.701 |
| | Φ | 18 | | $(5.3 + 1.9 + 0.25 - 0.45 \times 2) \times 2 \div 3 + 0.45$ | 2 | 2 | 4.82 | 9.64 | 19.256 |
| 架立筋 | Φ | 12 | | $(5.3 + 1.9 + 0.25 - 0.45 \times 2) \div 3 + 0.15 \times 2$ | 2 | 2 | 2.48 | 4.96 | 4.403 |
| 下部通长筋 | Φ | 20 | | $2.7 \times 2 + 0.125 - 0.45 - 0.45 \div 2 + 0.45 - 0.03 + 15 \times 0.02 + 46 \times 0.02$ | 6 | 6 | 6.49 | 38.94 | 96.026 |
| | Φ | 18 | | $3.6 - 0.45 + 46 \times 0.018 \times 2$ | 2 | 2 | 4.81 | 9.62 | 19.216 |
| | Φ | 18 | | $2.5 - 0.125 - 0.45 \div 2 + 46 \times 0.018 + 0.45 - 0.03 + 15 \times 0.018$ | 1 | 1 | 3.67 | 3.67 | 7.331 |
| | Φ | 18 | | $2.5 - 0.125 - 0.45 \div 2 + 46 \times 0.018 \times 2$ | 1 | 1 | 3.81 | 3.81 | 7.610 |

续表

| 筋号 | 级别 | 直径 | 钢筋图形 | 钢筋长度计算式 | 根数 | 总根数 | 单长/m | 总长/m | 总重/kg |
|---|---|---|---|---|---|---|---|---|---|
| 吊筋 | ⊕ | 16 | | $0.2 + 0.1 + 2 \times (0.45 - 2 \times 0.03) + 20 \times 0.016 \times 2$ | 2 | 2 | 1.72 | 3.44 | 5.429 |
| | ⊕ | 16 | | $0.2 + 0.1 + 2 \times (0.65 - 2 \times 0.03) + 20 \times 0.016 \times 2$ | 2 | 2 | 2.12 | 4.24 | 6.692 |
| 箍筋1 | φ | 8 | | $[(0.25 - 2 \times 0.03 - 2 \times 0.008) + (0.45 - 2 \times 0.03 - 2 \times 0.008)] \times 2 + 3 \times 0.008 + 2 \times 11.9 \times 0.008$ | 77 | 77 | 1.31 | 100.87 | 39.799 |
| 箍筋2 | φ | 8 | | $[(0.3 - 2 \times 0.03 - 2 \times 0.008) + (0.65 - 2 \times 0.03 - 2 \times 0.008)] \times 2 + 3 \times 0.008 + 2 \times 11.9 \times 0.008$ | 44 | 44 | 1.81 | 79.64 | 31.423 |

| 构件名称:KL3(2A) | 构件数量:1 | | 本构件钢筋重:153.870 | | | | | | |
|---|---|---|---|---|---|---|---|---|---|
| 构件位置: | | | | | | | | | |
| 上部通长筋 | ⊕ | 18 | | $2.7 \times 2 + 3.6 + 2.5 - 0.45 + 0.45 - 0.03 + 15 \times 0.018 + 12 \times 0.018$ | 2 | 2 | 11.96 | 23.92 | 47.779 |
| 中部支座负筋 | ⊕ | 20 | | $(3.6 - 0.45) \times 2 \div 3 + 0.45$ | 1 | 1 | 2.55 | 2.55 | 6.288 |
| 下部通长筋 | ⊕ | 18 | | $2.7 \times 2 + 0.125 - 0.45 - 0.45 \div 2 + 0.45 - 0.03 + 46 \times 0.018 + 15 \times 0.018$ | 2 | 2 | 6.37 | 12.74 | 25.448 |
| | ⊕ | 18 | | $3.6 - 0.45 + 46 \times 0.018 \times 2$ | 2 | 2 | 4.81 | 9.62 | 19.216 |
| | ⊕ | 16 | | $2.5 - 0.45 \div 2 - 0.125 + 46 \times 0.016 + 0.25$ | 2 | 2 | 3.14 | 6.28 | 9.911 |
| 吊筋 | ⊕ | 16 | | $0.2 + 0.1 + 2 \times (0.45 - 2 \times 0.03) + 20 \times 0.016 \times 2$ | 2 | 2 | 1.72 | 3.44 | 5.429 |

| 筋号 | 级别 | 直径 | 钢筋图形 | 钢筋长度计算式 | 根数 | 总根数 | 单长 /m | 总长 /m | 总重 /kg |
|---|---|---|---|---|---|---|---|---|---|
| 箍筋 | φ | 8 | | $[(0.25 - 2 \times 0.03 - 2 \times 0.008) + (0.45 - 2 \times 0.03 - 2 \times 0.008)] \times 2 + 3 \times 0.008 + 2 \times 11.9 \times 0.008$ | 77 | 77 | 1.31 | 100.87 | 39.799 |

| 构件名称: KL4(2) | 构件数量:1 | | 本构件钢筋重:232.445 |
|---|---|---|---|

| 构件位置: | | | | | | | | | |
|---|---|---|---|---|---|---|---|---|---|
| 上部通长筋 | ⚠ | 20 | | $5.3 + 1.9 + 2.5 + 0.25 - 0.45 \times 2 + (0.45 - 0.03) \times 2 + 46 \times 0.02 \times 2$ | 2 | 2 | 11.73 | 23.46 | 57.852 |
| 中部支座负筋 | ⚠ | 18 | | $(5.3 + 1.9 + 0.25 - 0.45 \times 2) \times 2 \div 3 + 0.45$ | 2 | 2 | 4.82 | 9.64 | 19.256 |
| 端部支座负筋 | ⚠ | 14 | | $(2.5 - 0.45) \div 3 + 0.45 - 0.03 + 15 \times 0.014$ | 1 | 1 | 1.31 | 1.31 | 1.583 |
| | ⚠ | 20 | | $(5.3 + 1.9 + 0.25 - 0.45 \times 2) \div 3 + 0.45 - 0.03 + 15 \times 0.02$ | 1 | 1 | 2.90 | 2.90 | 7.151 |
| 下部通长筋 | ⚠ | 20 | | $2.5 - 0.45 + 0.45 - 0.03 + 15 \times 0.02 + 46 \times 0.02$ | 2 | 2 | 3.69 | 7.38 | 18.199 |
| | ⚠ | 20 | | $5.3 + 1.9 + 0.25 - 0.45 \times 2 + 0.45 - 0.03 + 15 \times 0.02 + 46 \times 0.02$ | 2 | 2 | 8.19 | 16.38 | 40.393 |
| | ⚠ | 22 | | $5.3 + 1.9 + 0.25 - 0.45 \times 2 + 0.45 - 0.03 + 15 \times 0.022 + 46 \times 0.022$ | 2 | 2 | 8.31 | 16.62 | 49.592 |
| 箍筋 1 | φ | 8 | | $[(0.25 - 2 \times 0.03 - 2 \times 0.008) + (0.45 - 2 \times 0.03 - 2 \times 0.008)] \times 2 + 3 \times 0.008 + 2 \times 11.9 \times 0.008$ | 19 | 19 | 1.31 | 24.89 | 9.821 |
| 箍筋 2 | φ | 8 | | $[(0.25 - 2 \times 0.03 - 2 \times 0.008) + (0.55 - 2 \times 0.03 - 2 \times 0.008)] \times 2 + 3 \times 0.008 + 2 \times 11.9 \times 0.008$ | 48 | 48 | 1.51 | 72.48 | 28.598 |

续表

| 筋号 | 级别 | 直径 | 钢筋图形 | 钢筋长度计算式 | 根数 | 总根数 | 单长/m | 总长/m | 总重/kg |
|---|---|---|---|---|---|---|---|---|---|
| 构件名称:<br>KL5(2) | 构件数量:1 | | | | | 本构件钢筋重:183.316 | | | |
| 构件位置: | | | | | | | | | |
| 上部通长筋 | ⊈ | 18 | | $5.3+1.9+2.5+0.25-0.45\times2+(0.45-0.03)\times2+15\times0.018$ | 2 | 2 | 10.16 | 20.32 | 40.588 |
| 中部支座负筋 | ⊈ | 18 | | $(5.3+1.9+0.25-0.45\times2)\times2\div3+0.45$ | 2 | 2 | 4.82 | 9.64 | 19.256 |
| 端部支座负筋 | ⊈ | 18 | | $(2.5-0.45)\div3+0.45-0.03+15\times0.018$ | 1 | 1 | 1.37 | 1.37 | 2.737 |
| | ⊈ | 20 | | $(5.3+1.9+0.25-0.45\times2)\div3+0.45-0.03+15\times0.02$ | 1 | 1 | 2.90 | 2.90 | 7.151 |
| 下部通长筋 | ⊈ | 18 | | $2.5-0.45+0.45-0.03+15\times0.018+46\times0.018$ | 2 | 2 | 3.57 | 7.14 | 14.262 |
| | ⊈ | 18 | | $5.3+1.9+0.25-0.45\times2+46\times0.018+0.45-0.03+15\times0.018$ | 4 | 4 | 8.07 | 32.28 | 64.478 |
| 箍筋1 | φ | 8 | | $[(0.25-2\times0.03-2\times0.008)+(0.45-2\times0.03-2\times0.008)]\times2+3\times0.008+2\times11.9\times0.008$ | 19 | 19 | 1.31 | 24.89 | 9.821 |
| 箍筋2 | φ | 8 | | $[(0.25-2\times0.03-2\times0.008)+(0.55-2\times0.03-2\times0.008)]\times2+3\times0.008+2\times11.9\times0.008$ | 42 | 42 | 1.51 | 63.42 | 25.023 |
| 构件名称:<br>KL6(2) | 构件数量:1 | | | | | 本构件钢筋重:215.967 | | | |
| 构件位置: | | | | | | | | | |
| 上部通长筋 | ⊈ | 18 | | $5.3+1.9+2.5+0.25-0.45\times2+(0.45-0.03)\times2+15\times0.018\times2$ | 2 | 2 | 10.43 | 20.86 | 41.667 |

续表

| 筋号 | 级别 | 直径 | 钢筋图形 | 钢筋长度计算式 | 根数 | 总根数 | 单长/m | 总长/m | 总重/kg |
|---|---|---|---|---|---|---|---|---|---|
| 端部支座负筋 | Φ | 18 | | $(2.5-0.45)\div3+0.45-0.03+15\times0.018$ | 1 | 1 | 1.37 | 1.37 | 2.737 |
| | Φ | 20 | | $(5.3+1.9+0.25-0.45\times2)\div3+0.45-0.03+15\times0.018$ | 1 | 1 | 2.54 | 2.54 | 6.264 |
| 中部支座负筋 | Φ | 18 | | $(5.3+1.9+0.25-0.45\times2)\times2\div3+0.45$ | 2 | 2 | 4.82 | 9.64 | 19.256 |
| 侧面受扭筋 | φ | 10 | | $5.3+1.9+0.25-0.45\times2+39\times0.01\times2$ | 4 | 4 | 7.33 | 29.32 | 18.076 |
| 下部通长筋 | Φ | 20 | | $2.5-0.45+0.45-0.03+15\times0.02+46\times0.02$ | 2 | 2 | 3.69 | 7.38 | 18.199 |
| | Φ | 20 | | $5.3+1.9+0.25-0.45\times2+46\times0.02+0.45-0.03+15\times0.02$ | 2 | 2 | 8.19 | 16.38 | 40.393 |
| | Φ | 18 | | $5.3+1.9+0.25-0.45\times2+46\times0.018+0.45-0.03+15\times0.018$ | 2 | 2 | 8.07 | 16.14 | 32.239 |
| 箍筋1 | φ | 8 | | $[(0.25-2\times0.03-2\times0.008)+(0.45-2\times0.03-2\times0.008)]\times2+3\times0.008+2\times11.9\times0.008$ | 19 | 19 | 1.31 | 24.89 | 9.821 |
| 箍筋2 | φ | 8 | | $[(0.25-2\times0.03-2\times0.008)+(0.6-2\times0.03-2\times0.008)]\times2+3\times0.008+2\times11.9\times0.008$ | 43 | 43 | 1.61 | 69.23 | 27.315 |
| 构件名称:KL7(2) | | 构件数量:1 | | | | | 本构件钢筋重:207.807 | | |
| 构件位置: | | | | | | | | | |
| 上部通长筋 | Φ | 18 | | $5.3+1.9+2.5+0.25-0.45\times2+(0.45-0.03)\times2+15\times0.018\times2$ | 2 | 2 | 10.43 | 20.86 | 41.667 |

续表

| 筋号 | 级别 | 直径 | 钢筋图形 | 钢筋长度计算式 | 根数 | 总根数 | 单长/m | 总长/m | 总重/kg |
|---|---|---|---|---|---|---|---|---|---|
| 端部支座负筋 | ⊕ | 18 | | $(2.5-0.45)\div3+0.45-0.03+15\times0.018$ | 1 | 1 | 1.37 | 1.37 | 2.737 |
| 端部支座负筋 | ⊕ | 18 | | $(5.3+1.9+0.25-0.45\times2)\div3+0.45-0.03+15\times0.018$ | 1 | 1 | 2.87 | 2.87 | 5.733 |
| 中部支座负筋 | ⊕ | 20 | | $(5.3+1.9+0.25-0.45\times2)\times2\div3+0.45$ | 1 | 1 | 4.82 | 4.82 | 11.886 |
| 侧面受扭筋 | φ | 10 | | $5.3+1.9+0.25-0.45\times2+39\times0.01\times2$ | 4 | 4 | 7.33 | 29.32 | 18.076 |
| 下部通长筋 | ⊕ | 20 | | $2.5-0.45+0.45-0.03+15\times0.02+46\times0.02$ | 2 | 2 | 3.69 | 7.38 | 18.199 |
| 下部通长筋 | ⊕ | 20 | | $5.3+1.9+0.25-0.45\times2+(0.45-0.03)\times2+15\times0.02\times2$ | 2 | 2 | 7.99 | 15.98 | 39.407 |
| 下部通长筋 | ⊕ | 16 | | $5.3+1.9+0.25-0.45\times2+(0.45-0.03)\times2+15\times0.016\times2$ | 1 | 1 | 7.87 | 7.87 | 12.421 |
| 吊筋 | ⊕ | 16 | | $0.2+0.1+2\times(0.6-2\times0.03)+20\times0.016\times2$ | 2 | 2 | 2.02 | 4.04 | 6.376 |
| 箍筋1 | φ | 8 | | $[(0.25-2\times0.03-2\times0.008)+(0.5-2\times0.03-2\times0.008)]\times2+3\times0.008+2\times11.9\times0.008$ | 18 | 18 | 1.41 | 25.38 | 10.014 |
| 箍筋2 | φ | 8 | | $[(0.25-2\times0.03-2\times0.008)+(0.6-2\times0.03-2\times0.008)]\times2+3\times0.008+2\times11.9\times0.008$ | 65 | 65 | 1.61 | 104.65 | 41.291 |
| 构件名称:KL8(2) | 构件数量:1 | | | | | | 本构件钢筋重:126.805 | | |
| 构件位置: | | | | | | | | | |

| 筋号 | 级别 | 直径 | 钢筋图形 | 钢筋长度计算式 | 根数 | 总根数 | 单长/m | 总长/m | 总重/kg |
|------|------|------|----------|----------------|------|--------|--------|--------|---------|
| 上部通长筋 | $\oplus$ | 18 | | $6.3 + 2.5 + 0.25 - 0.45 \times 2 + (0.45 - 0.03) \times 2 + 15 \times 0.018 \times 2$ | 2 | 2 | 9.53 | 19.06 | 38.072 |
| 下部通长筋 | $\oplus$ | 20 | | $6.3 + 0.25 - 0.45 \times 2 + 0.45 - 0.03 + 15 \times 0.02 + 46 \times 0.02$ | 2 | 2 | 7.29 | 14.58 | 35.954 |
| 下部通长筋 | $\oplus$ | 20 | | $2.5 - 0.45 + 46 \times 0.02 + 0.45 - 0.03 + 15 \times 0.02$ | 2 | 2 | 4.61 | 9.22 | 22.737 |
| 箍筋 | $\phi$ | 8 | | $[(0.25 - 2 \times 0.03 - 2 \times 0.008) + (0.5 - 2 \times 0.03 - 2 \times 0.008)] \times 2 + 3 \times 0.008 + 2 \times 11.9 \times 0.008$ | 54 | 54 | 1.41 | 76.14 | 30.042 |

| 构件名称:KL9(2) | 构件数量:1 | | | | 本构件钢筋重:148.940 | | | | |
|------|------|------|------|------|------|------|------|------|------|

| 构件位置: | | | | | | | | | |
|------|------|------|------|------|------|------|------|------|------|

| 筋号 | 级别 | 直径 | 钢筋图形 | 钢筋长度计算式 | 根数 | 总根数 | 单长/m | 总长/m | 总重/kg |
|------|------|------|----------|----------------|------|--------|--------|--------|---------|
| 上部通长筋 | $\oplus$ | 18 | | $6.3 + 2.5 + 0.25 - 0.45 \times 2 + (0.45 - 0.03) \times 2 + 15 \times 0.018 \times 2$ | 2 | 2 | 9.53 | 19.06 | 38.072 |
| 端部支座负筋 | $\oplus$ | 16 | | $(6.3 + 0.25 - 0.45 \times 2) \div 3 + 0.45 - 0.03 + 15 \times 0.016$ | 1 | 1 | 2.54 | 2.54 | 4.009 |
| 中部支座负筋 | $\oplus$ | 20 | | $(6.3 + 0.25 - 0.45 \times 2) \times 2 \div 3 + 0.45$ | 1 | 1 | 4.21 | 4.21 | 10.382 |
| 下部通长筋 | $\oplus$ | 18 | | $6.3 + 0.25 - 0.45 \times 2 + 0.45 - 0.03 + 15 \times 0.018 + 46 \times 0.018$ | 2 | 2 | 7.17 | 14.34 | 28.644 |
| 下部通长筋 | $\oplus$ | 20 | | $6.3 + 0.25 - 0.45 \times 2 + 0.45 - 0.03 + 15 \times 0.02 + 46 \times 0.02$ | 1 | 1 | 7.29 | 7.29 | 17.977 |
| 下部通长筋 | $\oplus$ | 18 | | $2.5 - 0.45 + 46 \times 0.018 + 0.45 - 0.03 + 15 \times 0.018$ | 2 | 2 | 3.57 | 7.14 | 14.262 |

续表

| 筋号 | 级别 | 直径 | 钢筋图形 | 钢筋长度计算式 | 根数 | 总根数 | 单长/m | 总长/m | 总重/kg |
|---|---|---|---|---|---|---|---|---|---|
| 吊筋 | Φ | 16 | | $0.2+0.1+2\times(0.5-2\times0.03)+20\times0.016\times2$ | 2 | 2 | 1.82 | 3.64 | 5.745 |
| 箍筋1 | φ | 8 | | $[(0.25-2\times0.03-2\times0.008)+(0.5-2\times0.03-2\times0.008)]\times2+3\times0.008+2\times11.9\times0.008$ | 36 | 36 | 1.41 | 50.76 | 20.028 |
| 箍筋2 | φ | 8 | | $[(0.25-2\times0.03-2\times0.008)+(0.45-2\times0.03-2\times0.008)]\times2+3\times0.008+2\times11.9\times0.008$ | 19 | 19 | 1.31 | 24.89 | 9.821 |

| 构件名称：KL10(6) | 构件数量:1 | | 本构件钢筋重:687.213 |
|---|---|---|---|

| 构件位置： | | | | | | | | | |
|---|---|---|---|---|---|---|---|---|---|
| 上部通长筋 | Φ | 18 | | $35.1+0.25-0.45\times2+(0.45-0.03)\times2+15\times0.018\times2$ | 2 | 2 | 35.83 | 71.66 | 143.178 |
| 端部支座负筋 | Φ | 18 | | $(6.3+0.25-0.45\times2)\div3+0.45-0.03+15\times0.018$ | 1 | 1 | 2.57 | 2.57 | 5.133 |
| 中部支座负筋 | Φ | 20 | | $(6.3+0.25-0.45)\times2\div3+0.45$ | 1 | 1 | 4.52 | 4.52 | 11.146 |
| | Φ | 14 | | $(8.4-0.45)\times2\div3+0.45$ | 1 | 1 | 5.75 | 5.75 | 6.948 |
| | Φ | 20 | | $(8.4-0.45)\times2\div3+0.45$ | 1 | 1 | 5.75 | 5.75 | 14.180 |
| | Φ | 14 | | $(8.4-0.45)\times2\div3+0.45$ | 1 | 1 | 5.75 | 5.75 | 6.948 |
| 构造筋 | φ | 10 | | $6.3+0.25-0.45\times2+15\times0.01\times2$ | 4 | 4 | 5.95 | 23.8 | 14.673 |
| | φ | 10 | | $2.5-0.45+15\times0.01\times2$ | 4 | 4 | 2.35 | 9.4 | 5.795 |

| 筋号 | 级别 | 直径 | 钢筋图形 | 钢筋长度计算式 | 根数 | 总根数 | 单长/m | 总长/m | 总重/kg |
|---|---|---|---|---|---|---|---|---|---|
| 构造筋 | φ | 10 | —— | $5.9 - 0.125 - 0.45 \div 2 + 15 \times 0.01 \times 2$ | 4 | 4 | 5.85 | 23.4 | 14.426 |
| | φ | 10 | —— | $8.4 - 0.45 + 15 \times 0.01 \times 2$ | 4 | 4 | 8.25 | 33 | 20.345 |
| | φ | 10 | —— | $8.4 - 0.45 + 15 \times 0.01 \times 2$ | 4 | 4 | 8.25 | 33 | 20.345 |
| | φ | 10 | —— | $3.6 + 0.125 - 0.45 - 0.45 \div 2 + 15 \times 0.01 \times 2$ | 4 | 4 | 3.35 | 13.4 | 8.261 |
| 下部通长筋 | Φ | 18 | ⌞ | $6.3 + 0.25 - 0.45 \times 2 + 0.45 - 0.03 + 15 \times 0.018 + 46 \times 0.018$ | 2 | 2 | 7.17 | 14.34 | 28.644 |
| | Φ | 20 | ⌞ | $6.3 + 0.25 - 0.45 \times 2 + 0.45 - 0.03 + 15 \times 0.02 + 46 \times 0.02$ | 1 | 1 | 7.29 | 7.29 | 17.977 |
| | Φ | 18 | —— | $2.5 - 0.45 + 46 \times 0.018 \times 2$ | 2 | 2 | 3.71 | 7.42 | 14.821 |
| | Φ | 18 | —— | $5.9 - 0.125 - 0.45 \div 2 + 46 \times 0.018 \times 2$ | 2 | 2 | 7.29 | 14.54 | 29.043 |
| | Φ | 18 | —— | $8.4 - 0.45 + 46 \times 0.018 \times 2$ | 3 | 3 | 9.61 | 28.83 | 57.587 |
| | Φ | 18 | —— | $8.4 - 0.45 + 46 \times 0.018 \times 2$ | 2 | 2 | 9.61 | 19.22 | 38.391 |
| | Φ | 20 | —— | $8.4 - 0.45 + 46 \times 0.02 \times 2$ | 1 | 1 | 9.79 | 9.79 | 24.142 |
| | Φ | 18 | ⌞ | $3.6 - 0.45 \div 2 + 0.125 - 0.45 + 46 \times 0.018 + 0.45 - 0.03 + 15 \times 0.018$ | 2 | 2 | 4.57 | 9.14 | 18.257 |
| 吊筋 | Φ | 16 | ⟍⟋ | $0.2 + 0.1 + 2 \times (0.6 - 2 \times 0.03) + 20 \times 0.016 \times 2$ | 2 | 2 | 2.02 | 4.04 | 6.376 |
| | Φ | 16 | ⟍⟋ | $0.2 + 0.1 + 2 \times (0.6 - 2 \times 0.03) + 20 \times 0.016 \times 2$ | 2 | 2 | 2.02 | 4.04 | 6.376 |

续表

| 筋号 | 级别 | 直径 | 钢筋图形 | 钢筋长度计算式 | 根数 | 总根数 | 单长/m | 总长/m | 总重/kg |
|---|---|---|---|---|---|---|---|---|---|
| 箍筋 | φ | 8 | | $[(0.25-2\times0.03-2\times0.008)+(0.6-2\times0.03-2\times0.008)]\times2+3\times0.008+2\times11.9\times0.008$ | 241 | 241 | 1.61 | 388.01 | 153.093 |
| 构件名称：KL11(5) | | 构件数量：1 | | | | | 本构件钢筋重：1 180.351 | | |
| 构件位置： | | | | | | | | | |
| 上部通长筋 | 坐 | 20 | | $35.1+0.25-0.45\times2+(0.45-0.03)\times2+15\times0.02\times2$ | 2 | 2 | 35.89 | 71.78 | 177.009 |
| 端部支座负筋 | 坐 | 14 | | $(6.3+0.125-0.45-0.45\div2)\div3+0.45-0.03+15\times0.014$ | 1 | 1 | 2.55 | 2.55 | 3.081 |
| 中部支座负筋 | 坐 | 22 | | $(2.5+5.9-0.45)\times2\div3+0.45$ | 2 | 2 | 5.75 | 11.5 | 34.314 |
| | 坐 | 20 | | $(4.2\times2-0.45)\times2\div3+0.45$ | 2 | 2 | 5.75 | 11.5 | 28.359 |
| | 坐 | 18 | | $(4.2\times2-0.45)\times2\div4+0.45$ | 2 | 2 | 4.43 | 8.86 | 17.697 |
| | 坐 | 20 | | $(4.2\times2-0.45)\times2\div3+0.45$ | 2 | 2 | 5.75 | 11.5 | 28.359 |
| | 坐 | 18 | | $(4.2\times2-0.45)\times2\div4+0.45$ | 4 | 4 | 4.43 | 17.72 | 35.395 |
| | 坐 | 20 | | $(4.2\times2-0.45)\times2\div3+0.45$ | 2 | 2 | 5.75 | 11.5 | 28.359 |
| 侧面受扭筋 | φ | 10 | | $6.3+0.125-0.45-0.45\div2+39\times0.01\times2$ | 4 | 4 | 6.53 | 26.12 | 16.103 |
| | φ | 10 | | $4.2\times2-0.45+39\times0.01\times2$ | 4 | 4 | 8.73 | 34.92 | 21.528 |

| 筋号 | 级别 | 直径 | 钢筋图形 | 钢筋长度计算式 | 根数 | 总根数 | 单长/m | 总长/m | 总重/kg |
|---|---|---|---|---|---|---|---|---|---|
| 侧面受扭筋 | Φ | 10 | —— | $4.2 \times 2 - 0.45 + 39 \times 0.01 \times 2$ | 4 | 4 | 8.73 | 34.92 | 21.528 |
| | Φ | 10 | —— | $4.2 \times 2 - 0.45 + 39 \times 0.01 \times 2$ | 4 | 4 | 8.73 | 34.92 | 21.528 |
| 下部通长筋 | ⊈ | 20 | L | $6.3 + 0.125 - 0.45 - 0.45 \div 2 + 0.45 - 0.03 + 15 \times 0.02 + 46 \times 0.02$ | 2 | 2 | 7.39 | 14.78 | 36.447 |
| | ⊈ | 18 | L | $6.3 + 0.125 - 0.45 - 0.45 \div 2 + 0.45 - 0.03 + 15 \times 0.018 + 46 \times 0.018$ | 2 | 2 | 7.27 | 14.54 | 29.043 |
| | ⊈ | 16 | L | $4.2 \times 2 - 0.45 + 0.45 - 0.03 + 15 \times 0.016 + 46 \times 0.016$ | 2 | 2 | 9.35 | 18.7 | 29.513 |
| | ⊈ | 20 | L | $4.2 \times 2 - 0.45 + 0.45 - 0.03 + 15 \times 0.02 + 46 \times 0.02$ | 4 | 4 | 9.59 | 38.36 | 94.596 |
| | ⊈ | 18 | —— | $4.2 \times 2 - 0.45 + 46 \times 0.018 \times 2$ | 4 | 4 | 9.61 | 38.44 | 76.782 |
| | ⊈ | 20 | —— | $4.2 \times 2 - 0.45 + 46 \times 0.02 \times 2$ | 4 | 4 | 9.79 | 39.16 | 96.569 |
| | ⊈ | 20 | L | $4.2 \times 2 - 0.45 + 0.45 - 0.03 + 15 \times 0.02 + 46 \times 0.02$ | 8 | 8 | 9.59 | 76.72 | 189.192 |
| | ⊈ | 18 | L | $3.6 + 0.125 - 0.45 - 0.45 \div 2 + 46 \times 0.018 + 0.45 - 0.03 + 15 \times 0.018$ | 2 | 2 | 4.57 | 9.14 | 18.257 |
| 吊筋 | ⊈ | 16 | ⎵ | $0.2 + 0.1 + 2 \times (0.55 - 2 \times 0.03) + 20 \times 0.016 \times 2$ | 2 | 2 | 1.92 | 3.84 | 6.060 |
| | ⊈ | 16 | ⎵ | $0.2 + 0.1 + 2 \times (0.7 - 2 \times 0.03) + 20 \times 0.016 \times 2$ | 2 | 2 | 2.22 | 4.44 | 7.007 |
| | ⊈ | 16 | ⎵ | $0.2 + 0.1 + 2 \times (0.7 - 2 \times 0.03) + 20 \times 0.016 \times 2$ | 2 | 2 | 2.22 | 4.44 | 7.007 |
| 箍筋 1 | Φ | 8 | ▢ | $[(0.25 - 2 \times 0.03 - 2 \times 0.008) + (0.55 - 2 \times 0.03 - 2 \times 0.008)] \times 2 + 3 \times 0.008 + 2 \times 11.9 \times 0.008$ | 58 | 58 | 1.51 | 87.58 | 34.556 |

续表

| 筋号 | 级别 | 直径 | 钢筋图形 | 钢筋长度计算式 | 根数 | 总根数 | 单长/m | 总长/m | 总重/kg |
|---|---|---|---|---|---|---|---|---|---|
| 箍筋2 | φ | 8 | | $[(0.25-2\times0.03-2\times0.008)+(0.7-2\times0.03-2\times0.008)]\times2+3\times0.008+2\times11.9\times0.008$ | 153 | 153 | 1.81 | 276.93 | 109.266 |
| 箍筋3 | φ | 8 | | $[(0.25-2\times0.03-2\times0.008)+(0.5-2\times0.03-2\times0.008)]\times2+3\times0.008+2\times11.9\times0.008$ | 23 | 23 | 1.41 | 32.43 | 12.796 |
| 构件名称：KL12(5) | 构件数量:1 | | | | | 本构件钢筋重:1 038.030 | | | |
| 构件位置： | | | | | | | | | |
| 上部通长筋 | ⊈ | 20 | | $35.1+0.2-0.45\times2+(0.45-0.03)\times2+15\times0.02\times2$ | 2 | 2 | 35.84 | 71.86 | 176.723 |
| 端部支座负筋 | ⊈ | 18 | | $(3.4+2.9-0.45\div2+0.1-0.45)\div3+0.45-0.03+15\times0.018$ | 2 | 2 | 2.6 | 5.2 | 10.387 |
| 中部支座负筋 | ⊈ | 20 | | $(4.2\times2-0.45)\times2\div3+0.45$ | 2 | 2 | 5.75 | 11.5 | 28.359 |
| | ⊈ | 18 | | $(4.2\times2-0.45)\times2\div4+0.45$ | 2 | 2 | 4.43 | 8.86 | 17.697 |
| | ⊈ | 22 | | $(4.2\times2-0.45)\times2\div3+0.45$ | 2 | 2 | 5.75 | 11.5 | 34.314 |
| | ⊈ | 20 | | $(4.2\times2-0.45)\times2\div3+0.45$ | 1 | 1 | 5.75 | 5.75 | 14.180 |
| | ⊈ | 20 | | $(4.2\times2-0.45)\times2\div4+0.45$ | 2 | 2 | 4.43 | 8.86 | 21.849 |
| | ⊈ | 20 | | $(4.2\times2-0.45)\times2\div3+0.45$ | 1 | 1 | 5.75 | 5.75 | 14.180 |

| 筋号 | 级别 | 直径 | 钢筋图形 | 钢筋长度计算式 | 根数 | 总根数 | 单长/m | 总长/m | 总重/kg |
|---|---|---|---|---|---|---|---|---|---|
| 侧面受扭筋 | Φ | 10 | —— | $3.4 + 2.9 - 0.45 \div 2 + 0.1 - 0.45 + 39 \times 0.01 \times 2$ | 4 | 4 | 6.51 | 13.02 | 8.027 |
| | Φ | 10 | —— | $4.2 \times 2 - 0.45 + 2 \times 39 \times 0.01$ | 4 | 4 | 3.81 | 15.24 | 9.395 |
| | Φ | 10 | —— | $4.2 \times 2 - 0.45 + 2 \times 39 \times 0.01$ | 4 | 4 | 3.81 | 15.24 | 9.395 |
| | Φ | 10 | —— | $4.2 \times 2 - 0.45 + 2 \times 39 \times 0.01$ | 4 | 4 | 3.81 | 15.24 | 9.395 |
| | Φ | 10 | —— | $3.6 - 0.45 \div 2 + 0.1 - 0.45 + 2 \times 39 \times 0.01$ | 4 | 4 | 3.81 | 15.24 | 9.395 |
| 构造筋 | Φ | 10 | ⊒⊏ | $3.6 - 0.45 \div 2 + 0.1 - 0.45 + 15 \times 0.01 \times 2$ | 4 | 4 | 3.33 | 13.32 | 8.212 |
| 下部通长筋 | 亚 | 20 | ∟— | $3.4 + 2.9 - 0.45 \div 2 + 0.1 - 0.45 + 0.45 - 0.03 + 15 \times 0.02 + 46 \times 0.02$ | 6 | 6 | 7.37 | 44.22 | 109.047 |
| | 亚 | 18 | —— | $4.2 \times 2 - 0.45 + 46 \times 0.018$ | 2 | 2 | 8.78 | 17.56 | 35.075 |
| | 亚 | 20 | —— | $4.2 \times 2 - 0.45 + 46 \times 0.02$ | 3 | 3 | 8.87 | 26.61 | 65.620 |
| | 亚 | 18 | —— | $4.2 \times 2 - 0.45 + 46 \times 0.018$ | 2 | 2 | 8.78 | 17.56 | 35.075 |
| | 亚 | 20 | —— | $4.2 \times 2 - 0.45 + 46 \times 0.02$ | 3 | 3 | 8.87 | 26.61 | 65.620 |
| | 亚 | 16 | ∟— | $4.2 \times 2 - 0.45 + 46 \times 0.016 + 0.45 - 0.03 + 15 \times 0.016$ | 2 | 2 | 9.35 | 18.7 | 29.513 |
| | 亚 | 20 | ∟—∟ | $4.2 \times 2 - 0.45 + 46 \times 0.02 + 0.45 - 0.03 + 15 \times 0.02$ | 4 | 4 | 9.59 | 38.36 | 94.596 |
| | 亚 | 18 | ∟— | $3.6 - 0.45 \div 2 + 0.1 - 0.45 + 46 \times 0.018 + 0.45 - 0.03 + 15 \times 0.018$ | 2 | 2 | 4.54 | 9.08 | 18.137 |

续表

| 筋号 | 级别 | 直径 | 钢筋图形 | 钢筋长度计算式 | 根数 | 总根数 | 单长/m | 总长/m | 总重/kg |
|---|---|---|---|---|---|---|---|---|---|
| 吊筋 | Φ | 16 | | $0.2 + 0.1 + 2 \times (0.65 - 2 \times 0.03) + 20 \times 0.016 \times 2$ | 2 | 2 | 2.12 | 4.24 | 6.692 |
| | Φ | 16 | | $0.2 + 0.1 + 2 \times (0.65 - 2 \times 0.03) + 20 \times 0.016 \times 2$ | 2 | 2 | 2.12 | 4.24 | 6.692 |
| | Φ | 16 | | $0.2 + 0.1 + 2 \times (0.65 - 2 \times 0.03) + 20 \times 0.016 \times 2$ | 2 | 2 | 2.12 | 4.24 | 6.692 |
| 箍筋1 | φ | 10 | | $[(0.25 - 2 \times 0.03 - 2 \times 0.01) + (0.65 - 2 \times 0.03 - 2 \times 0.01)] \times 2 + 3 \times 0.01 + 2 \times 11.9 \times 0.01$ | 58 | 58 | 1.75 | 101.50 | 62.575 |
| 箍筋2 | φ | 8 | | $[(0.25 - 2 \times 0.03 - 2 \times 0.008) + (0.65 - 2 \times 0.03 - 2 \times 0.008)] \times 2 + 3 \times 0.008 + 2 \times 11.9 \times 0.008$ | 173 | 173 | 1.71 | 295.83 | 116.723 |
| 箍筋3 | φ | 8 | | $[(0.25 - 2 \times 0.03 - 2 \times 0.008) + (0.5 - 2 \times 0.03 - 2 \times 0.008)] \times 2 + 3 \times 0.008 + 2 \times 11.9 \times 0.008$ | 26 | 26 | 1.41 | 36.66 | 14.465 |

| 构件名称：L2(1) | 构件数量:2 | | 本构件钢筋重:64.218 |
|---|---|---|---|

| 构件位置： | | | | | | | | | |
|---|---|---|---|---|---|---|---|---|---|
| 上部通长筋 | Φ | 14 | | $3.6 - 0.25 + (0.25 - 0.03) \times 2 + 15 \times 0.014 \times 2$ | 2 | 4 | 4.21 | 16.84 | 20.348 |
| 下部通长筋 | Φ | 16 | | $3.6 - 0.25 + 12 \times 0.016 \times 2$ | 3 | 6 | 3.73 | 22.38 | 35.321 |
| 箍筋 | φ | 6 | | $[(0.2 - 2 \times 0.03 - 2 \times 0.006) + (0.4 - 2 \times 0.03 - 2 \times 0.006)] \times 2 + 3 \times 0.006 + 2 \times 11.9 \times 0.006$ | 18 | 36 | 1.07 | 38.52 | 8.549 |

| 构件名称：L3(1) | 构件数量:1 | | 本构件钢筋重:167.218 |
|---|---|---|---|

| 构件位置： |
|---|

| 筋号 | 级别 | 直径 | 钢筋图形 | 钢筋长度计算式 | 根数 | 总根数 | 单长/m | 总长/m | 总重/kg |
|---|---|---|---|---|---|---|---|---|---|
| 上部通长筋 | Φ | 18 | | $5.3 + 1.9 + 0.2 - 0.25 \times 2 + (0.25 - 0.03) \times 2 + 15 \times 0.018 \times 2$ | 2 | 2 | 7.88 | 15.76 | 31.480 |
| 下部通长筋 | Φ | 18 | | $5.3 + 1.9 + 0.2 - 0.25 \times 2 + 12 \times 0.018 \times 2$ | 8 | 8 | 7.33 | 58.64 | 117.131 |
| 箍筋 | φ | 8 | | $[(0.2 - 2 \times 0.03 - 2 \times 0.008) + (0.5 - 2 \times 0.03 - 2 \times 0.008)] \times 2 + 3 \times 0.008 + 2 \times 11.9 \times 0.008$ | 36 | 36 | 1.31 | 47.16 | 18.607 |

| 构件名称: L4(1A) | | 构件数量:2 | | | | 本构件钢筋重:392.420 | | | |
|---|---|---|---|---|---|---|---|---|---|
| 构件位置: | | | | | | | | | |
| 上部通长筋 | Φ | 18 | | $2.5 + 1.9 + 5.3 - 0.25 \div 2 + 0.1 - 0.25 + (0.25 - 0.03) \times 2 + 15 \times 0.018 + 12 \times 0.018$ | 2 | 4 | 10.35 | 41.4 | 82.695 |
| 中部支座负筋 | Φ | 18 | | $(5.3 + 1.9 + 0.2 - 0.25 \times 2) \times 2 \div 3 + 0.25$ | 1 | 2 | 4.85 | 9.70 | 19.375 |
| 中部支座负筋 | Φ | 18 | | $(5.3 + 1.9 + 0.2 - 0.25 \times 2) \times 2 \div 4 + 0.45$ | 2 | 4 | 3.90 | 15.60 | 31.160 |
| 下部通长筋 | Φ | 18 | | $5.3 + 1.9 + 0.2 - 0.25 \times 2 + 12 \times 0.018 \times 2$ | 7 | 14 | 7.33 | 102.62 | 204.979 |
| 下部通长筋 | Φ | 16 | | $2.5 - 0.1 - 0.25 \div 2 + 12 \times 0.016 \times 2$ | 2 | 4 | 2.66 | 10.64 | 16.792 |
| 箍筋1 | φ | 6 | | $[(0.2 - 2 \times 0.03 - 2 \times 0.006) + (0.4 - 2 \times 0.03 - 2 \times 0.006)] \times 2 + 3 \times 0.006 + 2 \times 11.9 \times 0.006$ | 23 | 46 | 1.07 | 49.22 | 10.924 |
| 箍筋2 | φ | 6 | | $[(0.2 - 2 \times 0.03 - 2 \times 0.006) + (0.5 - 2 \times 0.03 - 2 \times 0.006)] \times 2 + 3 \times 0.006 + 2 \times 11.9 \times 0.006$ | 47 | 94 | 1.27 | 119.38 | 26.495 |

续表

| 筋号 | 级别 | 直径 | 钢筋图形 | 钢筋长度计算式 | 根数 | 总根数 | 单长/m | 总长/m | 总重/kg |
|---|---|---|---|---|---|---|---|---|---|
| 构件名称：L6(1A) | | | 构件数量:1 | | | | 本构件钢筋重:138.892 | | |
| 构件位置： | | | | | | | | | |
| 上部通长筋 | ⊕ | 18 | | $6.3 + 2.5 + 0.2 - 0.25 \times 2 + (0.25 - 0.03) \times 2 + 15 \times 0.018 + 12 \times 0.018$ | 2 | 2 | 9.43 | 18.86 | 37.672 |
| 中部支座负筋 | ⊕ | 20 | | $(6.3 + 0.2 - 0.25 \times 2) \times 2 \div 3 + 0.25$ | 1 | 1 | 4.25 | 4.25 | 10.481 |
| 下部通长筋 | ⊕ | 18 | | $6.3 + 0.2 - 0.25 \times 2 + 12 \times 0.018 \times 2$ | 5 | 5 | 6.43 | 32.15 | 64.218 |
| | ⊕ | 14 | | $2.5 - 0.1 - 0.15 + 12 \times 0.014 \times 2$ | 2 | 2 | 2.59 | 5.18 | 6.259 |
| 箍筋1 | φ | 8 | | $[(0.2 - 2 \times 0.03 - 2 \times 0.008) + (0.45 - 2 \times 0.03 - 2 \times 0.008)] \times 2 + 3 \times 0.008 + 2 \times 11.9 \times 0.008$ | 31 | 31 | 1.21 | 37.51 | 14.800 |
| 箍筋2 | φ | 6 | | $[(0.2 - 2 \times 0.03 - 2 \times 0.006) + (0.4 - 2 \times 0.03 - 2 \times 0.006)] \times 2 + 3 \times 0.006 + 2 \times 11.9 \times 0.006$ | 23 | 23 | 1.07 | 24.61 | 5.462 |
| 构件名称：JZL1(1) | | | 构件数量:1 | | | | 本构件钢筋重:185.411 | | |
| 构件位置： | | | | | | | | | |
| 上部通长筋 | ⊕ | 16 | | $5.3 + 1.9 + 0.2 - 0.25 \times 2 + (0.25 - 0.03) \times 2 + 15 \times 0.016 \times 2$ | 2 | 2 | 7.82 | 15.64 | 24.684 |
| 构造筋 | φ | 10 | | $5.3 + 1.9 + 0.2 - 0.25 \times 2 + 15 \times 0.01 \times 2$ | 4 | 4 | 7.20 | 28.80 | 17.755 |

| 筋号 | 级别 | 直径 | 钢筋图形 | 钢筋长度计算式 | 根数 | 总根数 | 单长/m | 总长/m | 总重/kg |
|---|---|---|---|---|---|---|---|---|---|
| 下部通长筋 | ⊕ | 18 | | $5.3 + 1.9 + 0.2 - 0.25 \times 2 + 12 \times 0.018 \times 2$ | 8 | 8 | 7.332 | 58.66 | 117.171 |
| 箍筋 | φ | 10 | | $[(0.2 - 2 \times 0.03 - 2 \times 0.01) + (0.5 - 2 \times 0.03 - 2 \times 0.01)] \times 2 + 3 \times 0.01 + 2 \times 11.9 \times 0.01$ | 31 | 31 | 1.35 | 41.85 | 25.801 |

| 构件名称:JZL7(1) | 构件数量:1 | | | | | 本构件钢筋重:168.065 | | | |
|---|---|---|---|---|---|---|---|---|---|
| 构件位置: | | | | | | | | | |

| 筋号 | 级别 | 直径 | 钢筋图形 | 钢筋长度计算式 | 根数 | 总根数 | 单长/m | 总长/m | 总重/kg |
|---|---|---|---|---|---|---|---|---|---|
| 上部通长筋 | ⊕ | 16 | | $3.4 + 2.9 + 0.1 - 0.25 - 0.25 \div 2 + (0.25 - 0.03) \times 2 + 15 \times 0.016 \times 2$ | 2 | 2 | 6.95 | 13.9 | 21.938 |
| 端部支座负筋 | ⊕ | 16 | | $(6.3 + 0.2 - 0.25 \times 2) \div 3 + 0.25 - 0.03 + 15 \times 0.016$ | 1 | 1 | 2.46 | 2.46 | 3.882 |
| 构造筋 | φ | 10 | | $3.4 + 2.9 + 0.1 - 0.25 - 0.25 \div 2 + 39 \times 0.01 \times 2$ | 4 | 4 | 6.81 | 27.24 | 16.793 |
| 下部通长筋 | ⊕ | 20 | | $3.4 + 2.9 + 0.1 - 0.25 - 0.25 \div 2 + 12 \times 0.02 \times 2$ | 6 | 6 | 6.51 | 39.06 | 96.322 |
| 箍筋 | φ | 10 | | $[(0.2 - 2 \times 0.03 - 2 \times 0.01) + (0.5 - 2 \times 0.03 - 2 \times 0.01)] \times 2 + 3 \times 0.01 + 2 \times 11.9 \times 0.01$ | 35 | 35 | 1.35 | 47.25 | 29.130 |

| 楼层名称:屋面层 | | | | | | 钢筋总重:5 315.928 | | | |
|---|---|---|---|---|---|---|---|---|---|
| 构件名称:WKL1(4) | 构件数量:1 | | | | | 本构件钢筋重:265.300 | | | |
| 构件位置: | | | | | | | | | |

| 筋号 | 级别 | 直径 | 钢筋图形 | 钢筋长度计算式 | 根数 | 总根数 | 单长/m | 总长/m | 总重/kg |
|---|---|---|---|---|---|---|---|---|---|
| 上部通长筋 | ⊕ | 18 | | $18.7 + 0.2 - 0.45 \times 2 + (0.45 - 0.03) \times 2 + (0.5 - 0.03) \times 2$ | 2 | 2 | 19.78 | 39.56 | 79.020 |

续表

| 筋号 | 级别 | 直径 | 钢筋图形 | 钢筋长度计算式 | 根数 | 总根数 | 单长/m | 总长/m | 总重/kg |
|---|---|---|---|---|---|---|---|---|---|
| 下部通长筋 | $\Phi$ | 20 | ⌐___ | $2.7 \times 2 + 0.1 - 0.45 - 0.45 \div 2 + (0.45 - 0.03) \times 2 + 15 \times 0.02 + 46 \times 0.02$ | 2 | 2 | 6.89 | 13.78 | 33.981 |
| | $\Phi$ | 18 | ___ | $3.6 - 0.45 + 46 \times 0.018 \times 2$ | 2 | 2 | 4.81 | 9.62 | 19.216 |
| | $\Phi$ | 18 | ___ | $2.5 - 0.45 \div 2 - 0.1 + 46 \times 0.018 \times 2$ | 2 | 2 | 3.83 | 7.66 | 15.301 |
| | $\Phi$ | 18 | ⌐___ | $7.2 + 0.2 - 0.45 \times 2 + 46 \times 0.018 + 0.45 - 0.03 + 15 \times 0.018$ | 3 | 3 | 8.02 | 24.06 | 48.059 |
| 吊筋 | $\Phi$ | 16 | ⩗ | $0.2 + 0.1 + 2 \times (0.5 - 2 \times 0.03) + 20 \times 0.016 \times 2$ | 2 | 2 | 1.82 | 3.64 | 5.745 |
| 箍筋 | $\phi$ | 8 | ▭ | $[(0.25 - 2 \times 0.03 - 2 \times 0.008) + (0.5 - 2 \times 0.03 - 2 \times 0.008)] \times 2 + 3 \times 0.008 + 2 \times 11.9 \times 0.008$ | 115 | 115 | 1.41 | 162.15 | 63.978 |
| 构件名称：WKL2(4) | | | 构件数量:1 | | | | 本构件钢筋重:322.126 | | |
| 构件位置： | | | | | | | | | |
| 上部通长筋 | $\Phi$ | 18 | ⌐‾‾⌐ | $18.7 + 0.2 - 0.45 \times 2 + 0.45 - 0.03 + 0.55 - 0.03 + (0.45 - 0.03) \times 2$ | 2 | 2 | 19.78 | 39.56 | 79.020 |
| 端部支座负筋 | $\Phi$ | 14 | ⌐‾‾ | $(2.7 \times 2 - 0.45 \div 2 + 0.1 - 0.45) \div 3 + 0.45 - 0.03 + 0.45 - 0.03$ | 1 | 1 | 2.45 | 2.45 | 2.960 |
| 中部支座负筋 | $\Phi$ | 20 | ⌐‾‾⌐ | $(2.7 \times 2 - 0.45 \div 2 + 0.1 - 0.45) \times 2 \div 3 + 0.45$ | 1 | 1 | 3.67 | 3.67 | 9.050 |
| 中部支座负筋 | $\Phi$ | 18 | ⌐‾‾⌐ | $(7.2 + 0.2 - 0.45 \times 2) \times 2 \div 3 + 0.45$ | 1 | 1 | 4.78 | 4.78 | 9.548 |

| 筋号 | 级别 | 直径 | 钢筋图形 | 钢筋长度计算式 | 根数 | 总根数 | 单长/m | 总长/m | 总重/kg |
|---|---|---|---|---|---|---|---|---|---|
| 下部通长筋 | ⊈ | 20 | └─┐ | $2.7 \times 2 - 0.45 \div 2 + 0.1 - 0.45 + 0.45 - 0.03 + 15 \times 0.02 + 46 \times 0.02$ | 4 | 4 | 6.47 | 25.88 | 63.820 |
| | ⊈ | 18 | ─── | $3.6 - 0.45 + 46 \times 0.018 \times 2$ | 2 | 2 | 4.81 | 9.62 | 19.216 |
| | ⊈ | 18 | ─── | $2.5 - 0.45 \div 2 - 0.1 + 46 \times 0.018 \times 2$ | 2 | 2 | 3.83 | 7.66 | 15.301 |
| | ⊈ | 18 | └──┘ | $7.2 + 0.2 - 0.45 \times 2 + (0.45 - 0.03) \times 2 + 15 \times 0.018 \times 2$ | 4 | 4 | 7.88 | 31.52 | 62.960 |
| 吊筋 | ⊈ | 16 | ∨ | $0.2 + 0.1 + 2 \times (0.45 - 2 \times 0.03) + 20 \times 0.016 \times 2$ | 2 | 2 | 1.72 | 3.44 | 5.429 |
| 箍筋1 | φ | 8 | ▭ | $[(0.25 - 2 \times 0.03 - 2 \times 0.008) + (0.45 - 2 \times 0.03 - 2 \times 0.008)] \times 2 + 3 \times 0.008 + 2 \times 11.9 \times 0.008$ | 77 | 77 | 1.31 | 100.87 | 39.799 |
| 箍筋2 | φ | 8 | ▭ | $[(0.25 - 2 \times 0.03 - 2 \times 0.008) + (0.55 - 2 \times 0.03 - 2 \times 0.008)] \times 2 + 3 \times 0.008 + 2 \times 11.9 \times 0.008$ | 42 | 42 | 1.51 | 63.42 | 25.023 |

| 构件名称：WKL3(2A) | 构件数量：1 | | 本构件钢筋重：155.131 |
|---|---|---|---|

| 构件位置： | | | | | | | | | |
|---|---|---|---|---|---|---|---|---|---|
| 上部通长筋 | ⊈ | 18 | ⌐──┐ | $2.7 \times 2 + 3.6 + 2.5 - 0.45 + 0.45 - 0.03 + 0.45 - 0.03 + 0.25 - 0.03 + 12 \times 0.018$ | 2 | 2 | 12.33 | 24.66 | 49.257 |
| 中部支座负筋 | ⊈ | 18 | ╲──╱ | $(3.6 - 0.45) \times 2 \div 3 + 0.45$ | 1 | 1 | 2.55 | 2.55 | 5.094 |
| 下部通长筋 | ⊈ | 18 | └─┐ | $2.7 \times 2 - 0.45 \div 2 + 0.1 - 0.45 + 0.45 - 0.03 + 15 \times 0.018 + 46 \times 0.018$ | 2 | 2 | 6.34 | 12.68 | 25.328 |
| | ⊈ | 18 | ─── | $3.6 - 0.45 + 46 \times 0.018 \times 2$ | 2 | 2 | 4.81 | 9.62 | 19.216 |
| | ⊈ | 16 | └─┐ | $2.5 - 0.45 \div 2 - 0.1 + 46 \times 0.016 + 0.25$ | 2 | 2 | 3.16 | 6.32 | 9.974 |

续表

| 筋号 | 级别 | 直径 | 钢筋图形 | 钢筋长度计算式 | 根数 | 总根数 | 单长/m | 总长/m | 总重/kg |
|---|---|---|---|---|---|---|---|---|---|
| 吊筋 | Φ | 16 | | $0.2+0.1+2×(0.45-2×0.03)+20×0.016×2$ | 2 | 2 | 1.72 | 3.44 | 5.429 |
| 箍筋 | φ | 8 | | $[(0.25-2×0.03-2×0.008)+(0.45-2×0.03-2×0.008)]×2+3×0.008+2×11.9×0.008$ | 79 | 79 | 1.31 | 103.49 | 40.833 |

| 构件名称:WKL4(2) | 构件数量:2 | | 本构件钢筋重:393.614 |
|---|---|---|---|

构件位置:

| 上部通长筋 | Φ | 18 | | $2.7+2.5+0.2-0.45×2+(0.45-0.03)×2+0.45-0.03+0.55-0.03$ | 2 | 4 | 6.28 | 25.12 | 50.176 |
|---|---|---|---|---|---|---|---|---|---|
| 端部支座负筋 | Φ | 18 | | $(2.5-0.45)÷3+0.45-0.03+0.45-0.03$ | 2 | 4 | 1.52 | 6.08 | 12.145 |
| | Φ | 18 | | $(2.5-0.45)÷4+0.45-0.03+0.45-0.03$ | 2 | 4 | 1.35 | 5.4 | 10.786 |
| | Φ | 16 | | $(7.2+0.2-0.45×2)÷3+0.45-0.03+0.55-0.03$ | 2 | 4 | 3.11 | 12.44 | 19.633 |
| 中部支座负筋 | Φ | 18 | | $(7.2+0.2-0.45×2)×2÷3+0.45$ | 2 | 4 | 4.78 | 19.12 | 39.191 |
| | Φ | 18 | | $(7.2+0.2-0.45×2)×2÷4+0.45$ | 2 | 4 | 3.7 | 14.8 | 29.562 |
| 下部通长筋 | Φ | 18 | | $2.5-0.45+0.45-0.03+15×0.018+46×0.018$ | 2 | 4 | 3.57 | 14.28 | 28.524 |
| | Φ | 18 | | $7.2+0.2-0.45×2+(0.45-0.03)×2+(0.55-0.03)×2$ | 4 | 8 | 8.38 | 67.04 | 133.91 |
| 箍筋1 | φ | 8 | | $[(0.25-2×0.03-2×0.008)+(0.45-2×0.03-2×0.008)]×2+3×0.008+2×11.9×0.008$ | 19 | 38 | 1.31 | 49.78 | 19.641 |

| 筋号 | 级别 | 直径 | 钢筋图形 | 钢筋长度计算式 | 根数 | 总根数 | 单长/m | 总长/m | 总重/kg |
|---|---|---|---|---|---|---|---|---|---|
| 箍筋2 | φ | 8 | | $[(0.25-2\times0.03-2\times0.008)+(0.55-2\times0.03-2\times0.008)]\times2+3\times0.008+2\times11.9\times0.008$ | 42 | 84 | 1.51 | 126.84 | 50.046 |
| 构件名称：WKL5(2) | | 构件数量：1 | | | | | 本构件钢筋重：184.987 | | |
| 构件位置： | | | | | | | | | |
| 上部通长筋 | ⊕ | 18 | | $2.5+7.2+0.2-0.45\times2+(0.45-0.03)\times2+0.45-0.03+0.55-0.03$ | 2 | 2 | 10.78 | 21.56 | 43.065 |
| 中部支座负筋 | ⊕ | 14 | | $(7.2+0.2-0.45\times2)\times2\div3+0.45$ | 1 | 1 | 4.78 | 4.78 | 5.776 |
| 构造筋 | φ | 10 | | $7.2+0.2-0.45\times2+15\times0.01\times2$ | 4 | 4 | 6.8 | 27.2 | 16.769 |
| 下部通长筋 | ⊕ | 18 | | $2.5-0.45+0.45-0.03+15\times0.018+46\times0.018\times2$ | 2 | 2 | 4.4 | 8.8 | 17.578 |
| | ⊕ | 18 | | $7.2+0.2-0.45\times2+(0.45-0.03)\times2+(0.55-0.03)\times2$ | 4 | 4 | 8.38 | 33.52 | 66.955 |
| 箍筋1 | φ | 8 | | $[(0.25-2\times0.03-2\times0.008)+(0.45-2\times0.03-2\times0.008)]\times2+3\times0.008+2\times11.9\times0.008$ | 19 | 19 | 1.31 | 24.89 | 9.821 |
| 箍筋2 | φ | 8 | | $[(0.25-2\times0.03-2\times0.008)+(0.55-2\times0.03-2\times0.008)]\times2+3\times0.008+2\times11.9\times0.008$ | 42 | 42 | 1.51 | 63.42 | 25.023 |
| 构件名称：WKL6(2) | | 构件数量：1 | | | | | 本构件钢筋重：182.723 | | |
| 构件位置： | | | | | | | | | |
| 上部通长筋 | ⊕ | 18 | | $7.2+2.5+0.2-0.45\times2+(0.45-0.03)\times2+0.5-0.03+0.6-0.03$ | 2 | 2 | 10.88 | 21.76 | 43.464 |

续表

| 筋号 | 级别 | 直径 | 钢筋图形 | 钢筋长度计算式 | 根数 | 总根数 | 单长/m | 总长/m | 总重/kg |
|---|---|---|---|---|---|---|---|---|---|
| 构造筋 | Φ | 10 | ——— | $7.2 + 0.2 - 0.45 \times 2 + 15 \times 0.01 \times 2$ | 4 | 4 | 6.8 | 27.2 | 16.769 |
| 端部支座负筋 | Φ | 14 | ⌐ | $(7.2 + 0.2 - 0.45 \times 2) \times 2 \div 3 + 0.45 - 0.03 + 0.6 - 0.03$ | 3 | 3 | 5.32 | 15.96 | 19.285 |
| 下部通长筋 | Φ | 18 | └ | $2.5 - 0.45 + 0.45 - 0.03 + 0.5 - 0.03 + 46 \times 0.018$ | 2 | 2 | 3.77 | 7.54 | 15.061 |
| | Φ | 18 | └ | $7.2 + 0.2 - 0.45 \times 2 + (0.45 - 0.03) \times 2 + (0.6 - 0.03) \times 2$ | 3 | 3 | 8.48 | 25.44 | 50.815 |
| 箍筋1 | Φ | 8 | ▭ | $[(0.25 - 2 \times 0.03 - 2 \times 0.008) + (0.5 - 2 \times 0.03 - 2 \times 0.008)] \times 2 + 3 \times 0.008 + 2 \times 11.9 \times 0.008$ | 18 | 18 | 1.41 | 25.38 | 10.014 |
| 箍筋2 | Φ | 8 | ▭ | $[(0.25 - 2 \times 0.03 - 2 \times 0.008) + (0.6 - 2 \times 0.03 - 2 \times 0.008)] \times 2 + 3 \times 0.008 + 2 \times 11.9 \times 0.008$ | 43 | 43 | 1.61 | 69.23 | 27.315 |

| 构件名称:WKL7(2) | 构件数量:1 | | | | | | 本构件钢筋重:112.218 | | |
|---|---|---|---|---|---|---|---|---|---|
| 构件位置: | | | | | | | | | |
| 上部通长筋 | Φ | 18 | ⌐ | $6.3 + 2.5 + 0.2 - 0.45 \times 2 + (0.45 - 0.03) \times 2 + (0.5 - 0.03) \times 2$ | 2 | 2 | 9.88 | 19.76 | 39.470 |
| 下部通长筋 | Φ | 18 | └ | $6.3 + 0.2 - 0.45 \times 2 + 0.45 - 0.03 + 15 \times 0.018 + 46 \times 0.018$ | 2 | 2 | 7.12 | 14.24 | 28.444 |
| | Φ | 18 | └ | $2.5 - 0.45 + 46 \times 0.018 + 0.45 - 0.03 + 15 \times 0.018$ | 2 | 2 | 3.57 | 7.14 | 14.262 |
| 箍筋 | Φ | 8 | ▭ | $[(0.25 - 2 \times 0.03 - 2 \times 0.008) + (0.5 - 2 \times 0.03 - 2 \times 0.008)] \times 2 + 3 \times 0.008 + 2 \times 11.9 \times 0.008$ | 54 | 54 | 1.41 | 76.14 | 30.042 |

续表

| 筋号 | 级别 | 直径 | 钢筋图形 | 钢筋长度计算式 | 根数 | 总根数 | 单长/m | 总长/m | 总重/kg |
|---|---|---|---|---|---|---|---|---|---|
| 构件名称：WKL8(2) | | | 构件数量：1 | | | 本构件钢筋重：116.060 | | | |
| 构件位置： | | | | | | | | | |
| 上部通长筋 | ⊕ | 18 | | $3.4 + 2.9 + 0.2 - 0.45 \times 2 + (0.45 - 0.03) \times 2 + 0.5 - 0.03 + 0.45 - 0.03$ | 2 | 2 | 7.33 | 14.66 | 29.283 |
| 下部通长筋 | ⊕ | 18 | | $6.3 + 0.2 - 0.45 \times 2 + 0.45 - 0.03 + 15 \times 0.018 + 46 \times 0.018$ | 3 | 3 | 7.12 | 21.36 | 42.666 |
| | ⊕ | 18 | | $2.5 - 0.45 + 46 \times 0.018 + 0.45 - 0.03 + 15 \times 0.018$ | 2 | 2 | 3.57 | 7.14 | 14.262 |
| 箍筋1 | φ | 8 | | $[(0.25 - 2 \times 0.03 - 2 \times 0.008) + (0.5 - 2 \times 0.03 - 2 \times 0.008)] \times 2 + 3 \times 0.008 + 2 \times 11.9 \times 0.008$ | 36 | 36 | 1.41 | 51.76 | 20.028 |
| 箍筋2 | φ | 8 | | $[(0.25 - 2 \times 0.03 - 2 \times 0.008) + (0.45 - 2 \times 0.03 - 2 \times 0.008)] \times 2 + 3 \times 0.008 + 2 \times 11.9 \times 0.008$ | 19 | 19 | 1.31 | 24.89 | 9.821 |
| 构件名称：WKL9(6) | | | 构件数量：1 | | | 本构件钢筋重：582.134 | | | |
| 构件位置： | | | | | | | | | |
| 上部通长筋 | ⊕ | 18 | | $35.1 + 0.2 - 0.45 \times 2 + (0.45 - 0.03) \times 2 + (0.6 - 0.03) \times 2$ | 2 | 2 | 36.38 | 72.26 | 145.335 |
| 构造筋 | φ | 10 | | $6.3 + 0.2 - 0.45 \times 2 + 15 \times 0.01 \times 2$ | 4 | 4 | 5.9 | 23.6 | 14.549 |
| | φ | 10 | | $2.5 - 0.45 + 15 \times 0.01 \times 2$ | 4 | 4 | 2.35 | 9.4 | 5.795 |
| | φ | 10 | | $5.9 - 0.1 - 0.45 \div 2 + 15 \times 0.01 \times 2$ | 4 | 4 | 5.88 | 23.52 | 14.500 |
| | φ | 10 | | $8.4 - 0.45 + 15 \times 0.01 \times 2$ | 4 | 4 | 8.25 | 33 | 20.345 |

续表

| 筋号 | 级别 | 直径 | 钢筋图形 | 钢筋长度计算式 | 根数 | 总根数 | 单长/m | 总长/m | 总重/kg |
|---|---|---|---|---|---|---|---|---|---|
| 构造筋 | Φ | 10 | —— | $8.4 - 0.45 + 15 \times 0.01 \times 2$ | 4 | 4 | 8.25 | 33 | 20.345 |
| | Φ | 10 | —— | $3.6 - 0.45 \div 2 + 0.1 - 0.45 + 15 \times 0.01 \times 2$ | 3 | 3 | 3.33 | 9.99 | 6.159 |
| 下部通长筋 | Φ | 18 | | $6.3 + 0.2 - 0.45 \times 2 + (0.45 - 0.03) \times 2 + 15 \times 0.018 \times 2$ | 2 | 2 | 6.98 | 13.96 | 27.885 |
| | Φ | 18 | —— | $2.5 - 0.45 + 46 \times 0.018 \times 2$ | 2 | 2 | 3.71 | 7.42 | 14.821 |
| | Φ | 20 | —— | $8.4 - 0.45 + 46 \times 0.02 \times 2$ | 2 | 2 | 9.79 | 19.58 | 48.284 |
| | Φ | 20 | —— | $8.4 - 0.45 + 46 \times 0.02 \times 2$ | 2 | 2 | 9.79 | 19.58 | 48.284 |
| | Φ | 20 | —— | $8.4 - 0.45 + 46 \times 0.02 \times 2$ | 2 | 2 | 9.79 | 19.58 | 48.284 |
| | Φ | 20 | | $3.6 - 0.45 \div 2 + 0.1 - 0.45 + 46 \times 0.02 + 0.45 - 0.03 + 15 \times 0.02$ | 2 | 2 | 4.67 | 9.34 | 23.032 |
| 吊筋 | Φ | 16 | | $0.2 + 0.1 + 2 \times (0.6 - 2 \times 0.03) + 20 \times 0.016 \times 2$ | 2 | 2 | 2.02 | 4.04 | 6.376 |
| 箍筋1 | Φ | 8 | | $[(0.25 - 2 \times 0.03 - 2 \times 0.008) + (0.6 - 2 \times 0.03 - 2 \times 0.008)] \times 2 + 3 \times 0.008 + 2 \times 11.9 \times 0.008$ | 202 | 202 | 1.61 | 325.22 | 128.319 |
| 箍筋2 | Φ | 8 | | $[(0.25 - 2 \times 0.03 - 2 \times 0.008) + (0.45 - 2 \times 0.03 - 2 \times 0.008)] \times 2 + 3 \times 0.008 + 2 \times 11.9 \times 0.008$ | 19 | 19 | 1.31 | 24.89 | 9.821 |
| 构件名称：WKL10(5) | | | 构件数量:1 | | | | | 本构件钢筋重: 1 185.810 | |
| 构件位置： | | | | | | | | | |
| 上部通长筋 | Φ | 20 | | $35.1 + 0.2 - 0.45 \times 2 + (0.45 - 0.03) \times 2 + 0.55 - 0.03 + 0.5 - 0.03$ | 2 | 2 | 36.23 | 72.46 | 178.686 |

| 筋号 | 级别 | 直径 | 钢筋图形 | 钢筋长度计算式 | 根数 | 总根数 | 单长/m | 总长/m | 总重/kg |
|---|---|---|---|---|---|---|---|---|---|
| 中部支座负筋 | ⽧ | 18 | | $(8.4-0.45)\times2\div3+0.45$ | 2 | 2 | 5.75 | 11.5 | 22.970 |
| | ⽧ | 20 | | $(8.4-0.45)\times2\div3+0.45$ | 2 | 2 | 5.75 | 11.5 | 28.359 |
| | ⽧ | 16 | | $(8.4-0.45)\times2\div4+0.45$ | 2 | 2 | 4.43 | 8.86 | 13.983 |
| | ⽧ | 20 | | $(8.4-0.45)\times2\div3+0.45$ | 2 | 2 | 5.75 | 11.5 | 28.359 |
| | ⽧ | 20 | | $(8.4-0.45)\times2\div4+0.45$ | 3 | 3 | 4.43 | 13.29 | 32.773 |
| | ⽧ | 18 | | $(8.4-0.45)\times2\div3+0.45$ | 2 | 2 | 5.75 | 11.5 | 22.970 |
| 侧面受扭筋 | φ | 10 | | $6.3+0.1-0.45-0.45\div2+39\times0.01\times2$ | 4 | 4 | 6.51 | 26.04 | 16.054 |
| | φ | 10 | | $8.4-0.45+39\times0.01\times2$ | 4 | 4 | 8.73 | 34.92 | 21.528 |
| | φ | 10 | | $8.4-0.45+39\times0.01\times2$ | 4 | 4 | 8.73 | 34.92 | 21.528 |
| | φ | 10 | | $8.4-0.45+39\times0.01\times2$ | 4 | 4 | 8.73 | 34.92 | 21.528 |
| 下部通长筋 | ⽧ | 20 | | $6.3+0.1-0.45-0.45\div2+0.45-0.03+$ $15\times0.02+46\times0.02$ | 2 | 2 | 7.37 | 14.74 | 36.349 |
| | ⽧ | 16 | | $6.3+0.1-0.45-0.45\div2+0.45-0.03+$ $15\times0.016+46\times0.016$ | 2 | 2 | 7.12 | 14.24 | 22.747 |
| | ⽧ | 16 | | $4.2\times2-0.45+0.45-0.03+15\times0.016+$ $46\times0.016$ | 2 | 2 | 9.35 | 18.7 | 29.513 |
| | ⽧ | 20 | | $4.2\times2-0.45+0.45-0.03+15\times0.02+$ $46\times0.02$ | 4 | 4 | 9.59 | 38.36 | 94.596 |
| | ⽧ | 20 | | $8.4-0.45+46\times0.02\times2$ | 7 | 7 | 9.79 | 68.53 | 168.995 |

续表

| 筋号 | 级别 | 直径 | 钢筋图形 | 钢筋长度计算式 | 根数 | 总根数 | 单长 /m | 总长 /m | 总重 /kg |
|---|---|---|---|---|---|---|---|---|---|
| 下部通长筋 | ⊈ | 20 | | $8.4 - 0.45 + 46 \times 0.02 + 0.45 - 0.03 + 15 \times 0.02$ | 8 | 8 | 9.59 | 76.72 | 189.152 |
| | ⊈ | 18 | | $3.6 + 0.1 - 0.45 - 0.45 \div 2 + 46 \times 0.018 + 0.45 - 0.03 + 15 \times 0.018$ | 2 | 2 | 4.54 | 9.08 | 18.137 |
| 吊筋 | ⊈ | 16 | | $0.2 + 0.1 + 2 \times (0.55 - 2 \times 0.03) + 20 \times 0.016 \times 2$ | 2 | 2 | 2.12 | 4.24 | 6.692 |
| | ⊈ | 16 | | $0.2 + 0.1 + 2 \times (0.65 - 2 \times 0.03) + 20 \times 0.016 \times 2$ | 2 | 2 | 2.12 | 4.24 | 6.692 |
| | ⊈ | 16 | | $0.2 + 0.1 + 2 \times (0.65 - 2 \times 0.03) + 20 \times 0.016 \times 2$ | 2 | 2 | 2.12 | 4.24 | 6.692 |
| 箍筋 1 | φ | 8 | | $[(0.25 - 2 \times 0.03 - 2 \times 0.008) + (0.65 - 2 \times 0.03 - 2 \times 0.008)] \times 2 + 3 \times 0.008 + 2 \times 11.9 \times 0.008$ | 141 | 141 | 1.71 | 241.11 | 95.132 |
| 箍筋 2 | φ | 8 | | $[(0.25 - 2 \times 0.03 - 2 \times 0.008) + (0.55 - 2 \times 0.03 - 2 \times 0.008)] \times 2 + 3 \times 0.008 + 2 \times 11.9 \times 0.008$ | 58 | 58 | 1.51 | 87.58 | 34.556 |
| 箍筋 3 | φ | 8 | | $[(0.25 - 2 \times 0.03 - 2 \times 0.008) + (0.5 - 2 \times 0.03 - 2 \times 0.008)] \times 2 + 3 \times 0.008 + 2 \times 11.9 \times 0.008$ | 23 | 23 | 1.41 | 32.43 | 12.796 |
| 箍筋 4 | φ | 10 | | $[(0.25 - 2 \times 0.03 - 2 \times 0.01) + (0.65 - 2 \times 0.03 - 2 \times 0.01)] \times 2 + 3 \times 0.01 + 2 \times 11.9 \times 0.01$ | 51 | 51 | 1.75 | 89.25 | 55.023 |
| 构件名称：WKL11(5) | | 构件数量:1 | | | | | 本构件钢筋重:939.227 | | |
| 构件位置： | | | | | | | | | |
| 上部通长筋 | ⊈ | 20 | | $35.1 + 0.2 - 0.45 \times 2 + (0.45 - 0.03) \times 2 + 0.65 - 0.03 + 0.5 - 0.03$ | 2 | 2 | 36.33 | 72.66 | 179.034 |

| 筋号 | 级别 | 直径 | 钢筋图形 | 钢筋长度计算式 | 根数 | 总根数 | 单长/m | 总长/m | 总重/kg |
|---|---|---|---|---|---|---|---|---|---|
| 中部支座负筋 | ⊈ | 22 | (钢筋图形) | $(4.2 \times 2 - 0.45) \times 2 \div 3 + 0.45$ | 2 | 2 | 5.75 | 11.5 | 34.314 |
| | ⊈ | 22 | (钢筋图形) | $(8.4 - 0.45) \times 2 \div 3 + 0.45$ | 2 | 2 | 5.75 | 11.5 | 34.314 |
| | ⊈ | 22 | (钢筋图形) | $(8.4 - 0.45) \times 2 \div 3 + 0.45$ | 2 | 2 | 5.75 | 11.5 | 34.314 |
| | ⊈ | 18 | (钢筋图形) | $(8.4 - 0.45) \times 2 \div 3 + 0.45$ | 1 | 1 | 5.75 | 5.75 | 11.485 |
| 侧面受扭筋 | φ | 10 | (钢筋图形) | $3.4 + 2.9 - 0.45 \div 2 + 0.1 - 0.45 + 2 \times 39 \times 0.01$ | 4 | 4 | 6.51 | 26.04 | 16.054 |
| | φ | 10 | (钢筋图形) | $4.2 \times 2 - 0.45 + 2 \times 39 \times 0.01$ | 4 | 4 | 8.73 | 34.92 | 21.528 |
| | φ | 10 | (钢筋图形) | $8.4 - 0.45 + 2 \times 39 \times 0.01$ | 4 | 4 | 8.73 | 34.92 | 21.528 |
| | φ | 10 | (钢筋图形) | $8.4 - 0.45 + 2 \times 39 \times 0.01$ | 4 | 4 | 8.73 | 34.92 | 21.528 |
| 下部通长筋 | ⊈ | 20 | (钢筋图形) | $3.4 + 2.9 - 0.45 \div 2 + 0.1 - 0.45 + 0.45 - 0.03 + 15 \times 0.02 + 46 \times 0.02$ | 3 | 3 | 7.37 | 22.11 | 54.523 |
| | ⊈ | 18 | (钢筋图形) | $4.2 \times 2 - 0.45 + 46 \times 0.018 \times 2$ | 2 | 2 | 9.61 | 19.22 | 38.391 |
| | ⊈ | 20 | (钢筋图形) | $4.2 \times 2 - 0.45 + 46 \times 0.018 \times 2$ | 3 | 3 | 9.61 | 28.83 | 71.095 |
| | ⊈ | 20 | (钢筋图形) | $8.4 - 0.45 + 46 \times 0.02 \times 2$ | 4 | 4 | 9.79 | 39.16 | 96.569 |
| | ⊈ | 18 | (钢筋图形) | $8.4 - 0.45 + 46 \times 0.018 + 0.45 - 0.03 + 15 \times 0.018$ | 2 | 2 | 9.47 | 18.94 | 37.832 |
| | ⊈ | 20 | (钢筋图形) | $8.4 - 0.45 + 46 \times 0.02 + 0.45 - 0.03 + 15 \times 0.02$ | 3 | 3 | 9.59 | 28.77 | 70.947 |
| | ⊈ | 18 | (钢筋图形) | $3.6 - 0.45 \div 2 + 0.1 - 0.45 + 46 \times 0.018 + 0.45 - 0.03 + 15 \times 0.018$ | 2 | 2 | 4.54 | 9.08 | 18.137 |

续表

| 筋号 | 级别 | 直径 | 钢筋图形 | 钢筋长度计算式 | 根数 | 总根数 | 单长/m | 总长/m | 总重/kg |
|---|---|---|---|---|---|---|---|---|---|
| 吊筋 | 坐 | 16 | | $0.2 + 0.1 + 2 \times (0.65 - 2 \times 0.03) + 20 \times 0.016 \times 2$ | 2 | 2 | 2.12 | 4.24 | 6.692 |
| | 坐 | 16 | | $0.2 + 0.1 + 2 \times (0.5 - 2 \times 0.03) + 20 \times 0.016 \times 2$ | 2 | 2 | 1.82 | 3.64 | 5.745 |
| | 坐 | 16 | | $0.2 + 0.1 + 2 \times (0.65 - 2 \times 0.03) + 20 \times 0.016 \times 2$ | 2 | 2 | 2.12 | 4.24 | 6.692 |
| 箍筋1 | φ | 8 | | $[(0.25 - 2 \times 0.03 - 2 \times 0.008) + (0.65 - 2 \times 0.03 - 2 \times 0.008)] \times 2 + 3 \times 0.008 + 2 \times 11.9 \times 0.008$ | 152 | 152 | 1.71 | 259.92 | 102.554 |
| 箍筋2 | φ | 8 | | $[(0.25 - 2 \times 0.03 - 2 \times 0.008) + (0.5 - 2 \times 0.03 - 2 \times 0.008)] \times 2 + 3 \times 0.008 + 2 \times 11.9 \times 0.008$ | 23 | 23 | 1.41 | 32.43 | 12.796 |
| 箍筋3 | φ | 10 | | $[(0.25 - 2 \times 0.03 - 2 \times 0.01) + (0.65 - 2 \times 0.03 - 2 \times 0.01)] \times 2 + 3 \times 0.01 + 2 \times 11.9 \times 0.01$ | 40 | 40 | 1.75 | 70.00 | 43.155 |
| 构件名称:<br>L1(1) | | | 构件数量:1 | | | | | 本构件钢筋重:126.567 | |
| 构件位置: | | | | | | | | | |
| 上部通长筋 | 坐 | 14 | | $7.2 + 0.2 - 0.25 \times 2 + (0.25 - 0.03) \times 2 + 15 \times 0.014 \times 2$ | 2 | 2 | 7.76 | 15.52 | 18.753 |
| 端部支座负筋 | 坐 | 14 | | $(7.2 + 0.2 - 0.25 \times 2) \div 3 + 0.25 - 0.03 + 15 \times 0.014$ | 1 | 1 | 2.67 | 2.67 | 3.232 |
| 下部通长筋 | 坐 | 18 | | $7.2 + 0.2 - 0.25 \times 2 + 12 \times 0.018 \times 2$ | 6 | 6 | 7.33 | 43.99 | 87.872 |

| 筋号 | 级别 | 直径 | 钢筋图形 | 钢筋长度计算式 | 根数 | 总根数 | 单长/m | 总长/m | 总重/kg |
|------|------|------|----------|----------------|------|--------|--------|--------|---------|
| 箍筋 | Φ | 8 | | $[(0.2-2\times0.03-2\times0.008)+(0.45-2\times0.03-2\times0.008)]\times2+3\times0.008+2\times11.9\times0.008$ | 35 | 35 | 1.21 | 42.35 | 16.710 |

| 构件名称：L2(1) | 构件数量:1 | | | | | | 本构件钢筋重:170.497 | | |
|------|------|------|------|------|------|------|------|------|------|

| 构件位置: | | | | | | | | | |
|------|------|------|------|------|------|------|------|------|------|
| 上部通长筋 | Φ | 18 | | $7.2+0.2-0.25\times2+(0.25-0.03)\times2+15\times0.018\times2$ | 2 | 2 | 7.63 | 15.26 | 30.481 |
| 下部通长筋 | Φ | 18 | | $7.2+0.2-0.25\times2+(0.25-0.03)\times2+15\times0.018\times2$ | 8 | 8 | 7.63 | 61.04 | 121.925 |
| 箍筋 | Φ | 8 | | $[(0.2-2\times0.03-2\times0.008)+(0.5-2\times0.03-2\times0.008)]\times2+3\times0.008+2\times11.9\times0.008$ | 35 | 35 | 1.31 | 45.85 | 18.091 |

| 构件名称：L3(1A) | 构件数量:2 | | | | | | 本构件钢筋重:488.226 | | |
|------|------|------|------|------|------|------|------|------|------|

| 构件位置: | | | | | | | | | |
|------|------|------|------|------|------|------|------|------|------|
| 上部通长筋 | Φ | 16 | | $7.2+2.5+0.2-0.25\times2+(0.25-0.03)\times2+15\times0.016\times2$ | 2 | 4 | 9.89 | 39.56 | 62.435 |
| 中部支座负筋 | Φ | 20 | | $(7.2+0.2-0.25\times2)\times2\div3+0.25$ | 3 | 6 | 4.85 | 29.1 | 71.761 |
| | Φ | 20 | | $(7.2+0.2-0.25\times2)\times2\div4+0.25$ | 2 | 4 | 3.7 | 14.8 | 36.497 |
| 下部通长筋 | Φ | 14 | | $2.5+0.25+12\times0.014\times2$ | 2 | 4 | 3.09 | 12.36 | 14.935 |
| | Φ | 20 | | $7.2+0.2-0.25\times2+46\times0.02+0.25-0.03+15\times0.02$ | 6 | 12 | 8.34 | 100.08 | 246.797 |

续表

| 筋号 | 级别 | 直径 | 钢筋图形 | 钢筋长度计算式 | 根数 | 总根数 | 单长/m | 总长/m | 总重/kg |
|---|---|---|---|---|---|---|---|---|---|
| 箍筋1 | φ | 6 | | $[(0.2 - 2 \times 0.03 - 2 \times 0.006) + (0.4 - 2 \times 0.03 - 2 \times 0.006)] \times 2 + 3 \times 0.006 + 2 \times 11.9 \times 0.006$ | 23 | 46 | 1.07 | 49.22 | 10.924 |
| 箍筋2 | φ | 8 | | $[(0.2 - 2 \times 0.03 - 2 \times 0.008) + (0.45 - 2 \times 0.03 - 2 \times 0.008)] \times 2 + 3 \times 0.008 + 2 \times 11.9 \times 0.008$ | 47 | 94 | 1.21 | 113.74 | 44.877 |
| 构件名称:L5(1A) | 构件数量:1 | | | | | | 本构件钢筋重:91.308 | | |
| 构件位置: | | | | | | | | | |
| 上部通长筋 | ⊕ | 16 | | $6.3 + 2.5 + 0.2 - 0.25 \times 2 + (0.25 - 0.03) \times 2 + 15 \times 0.016 \times 2$ | 2 | 2 | 9.42 | 18.84 | 29.734 |
| 中部支座负筋 | ⊕ | 16 | | $(6.3 + 0.2 - 0.25 \times 2) \times 2 \div 3 + 0.25$ | 1 | 1 | 4.25 | 4.25 | 6.708 |
| 下部通长筋 | ⊕ | 18 | | $6.3 + 0.2 - 0.25 \times 2 + 12 \times 0.018 \times 2$ | 2 | 2 | 6.43 | 12.86 | 20.296 |
| | ⊕ | 16 | | $6.3 + 0.2 - 0.25 \times 2 + 12 \times 0.018 \times 2$ | 2 | 2 | 6.43 | 12.86 | 15.539 |
| | ⊕ | 14 | | $2.5 - 0.25 + 12 \times 0.014 \times 2$ | 2 | 2 | 2.28 | 4.56 | 5.519 |
| 箍筋1 | φ | 6 | | $[(0.2 - 2 \times 0.03 - 2 \times 0.006) + (0.45 - 2 \times 0.03 - 2 \times 0.006)] \times 2 + 3 \times 0.006 + 2 \times 11.9 \times 0.006$ | 31 | 31 | 1.17 | 36.27 | 8.050 |
| 箍筋2 | φ | 6 | | $[(0.2 - 2 \times 0.03 - 2 \times 0.006) + (0.4 - 2 \times 0.03 - 2 \times 0.006)] \times 2 + 3 \times 0.006 + 2 \times 11.9 \times 0.006$ | 23 | 23 | 1.07 | 24.61 | 5.462 |

**4）板筋计算（表8.4）**

表8.4 板筋计算表

| 楼层名称:二层平面 | | | | | | | 钢筋总重:30645.123 | | |
|---|---|---|---|---|---|---|---|---|---|
| 筋号 | 级别 | 直径 | 钢筋图形 | 钢筋长度计算式 | 根数 | 总根数 | 单长 8m | 总长 /m | 总重 /kg |
| 构件名称:<br>二层板 | | | 构件数量:1 | | | | 本构件钢筋重:30 645.123 | | |
| 构件位置: | | | | | | | | | |
| 底筋1 | Φ | 25 | ∠‾＼ | $3.2 - 0.15 - 0.1 + 2\max(0.25 \div 2, 5 \times 0.025)$ | 56 | 56 | 3.2 | 179.2 | 690.480 |
| 底筋2 | Φ | 25 | ∠‾＼ | $5.3 - 0.15 - 0.1 + 2\max(0.25 \div 2, 5 \times 0.025)$ | 44 | 44 | 5.3 | 233.2 | 898.549 |
| 底筋3 | Φ | 25 | ∠‾＼ | $3.1 - 0.15 - 0.1 + 2\max(0.3 \div 2, 5 \times 0.025)$ | 53 | 53 | 3.15 | 166.95 | 643.279 |
| 底筋4 | Φ | 25 | ∠‾＼ | $1.9 - 0.15 - 0.1 + 2\max(0.25 \div 2, 5 \times 0.025)$ | 69 | 69 | 1.90 | 131.1 | 505.145 |
| 底筋5 | Φ | 25 | ∠‾＼ | $4.2 - 0.15 - 0.1 + 2\max(0.25 \div 2, 5 \times 0.025)$ | 44 | 44 | 4.20 | 184.8 | 712.058 |
| 底筋6 | Φ | 25 | ∠‾＼ | $4.2 - 0.15 - 0.25 \div 2 + 2\max(0.25 \div 2, 5 \times 0.025)$ | 303 | 303 | 4.17 | 1 263.51 | 4 868.462 |
| 底筋7 | Φ | 25 | ∠‾＼ | $5.3 + 1.9 - 0.15 \times 2 + 2\max(0.25 \div 2, 5 \times 0.025)$ | 126 | 126 | 7.15 | 900.90 | 3 471.280 |
| 底筋8 | Φ | 25 | ∠‾＼ | $3.6 - 0.15 - 0.25 \div 2 + 2\max(0.25 \div 2, 5 \times 0.025)$ | 30 | 30 | 3.58 | 107.4 | 413.826 |
| 底筋9 | Φ | 25 | ∠‾＼ | $6.3 - 0.15 \times 2 + 2\max(0.25 \div 2, 5 \times 0.025)$ | 36 | 36 | 6.25 | 225 | 866.953 |
| 底筋10 | Φ | 25 | ∠‾＼ | $2.5 - 0.25 \div 2 - 0.1 + 2\max(0.25 \div 2, 5 \times 0.025)$ | 120 | 120 | 2.53 | 303.6 | 1 169.809 |
| 底筋11 | Φ | 25 | ∠‾＼ | $2.5 - 0.15 - 0.1 + 2\max(0.25 \div 2, 5 \times 0.025)$ | 177 | 177 | 2.5 | 442.5 | 1 705.008 |
| 底筋12 | Φ | 25 | ∠‾＼ | $5.9 - 0.25 + 2\max(0.25 \div 2, 5 \times 0.025)$ | 17 | 17 | 5.9 | 100.3 | 386.468 |
| 底筋13 | Φ | 25 | ∠‾＼ | $3.6 - 0.25 + 2\max(0.25 \div 2, 5 \times 0.025)$ | 17 | 17 | 3.6 | 61.2 | 235.811 |

续表

| 筋号 | 级别 | 直径 | 钢筋图形 | 钢筋长度计算式 | 根数 | 总根数 | 单长 8m | 总长 /m | 总重 /kg |
|---|---|---|---|---|---|---|---|---|---|
| 底筋14 | Φ | 25 | | $2.7 - 0.25 \div 2 - 0.1 + 2\max(0.25 \div 2, 5 \times 0.025)$ | 61 | 61 | 2.73 | 166.53 | 641.661 |
| 底筋15 | Φ | 25 | | $2.7 - 0.15 - 0.1 + 2\max(0.25 \div 2, 5 \times 0.025)$ | 61 | 61 | 2.7 | 164.7 | 634.609 |
| 底筋16 | Φ | 25 | | $6.3 - 0.15 \times 2 + 2\max(0.25 \div 2, 5 \times 0.025)$ | 38 | 38 | 6.25 | 237.5 | 915.117 |
| 负筋1 | Φ | 25 | | $1.05 + 0.1 - 2 \times 0.02 + 46 \times 0.025$ | 58 | 58 | 2.26 | 131.08 | 505.068 |
| 负筋2 | Φ | 25 | | $1 + 0.1 - 2 \times 0.02 + 46 \times 0.025$ | 25 | 25 | 2.21 | 55.25 | 212.885 |
| 负筋3 | Φ | 25 | | $1.3 + 0.1 - 2 \times 0.02 + 46 \times 0.025$ | 55 | 55 | 2.51 | 138.05 | 531.924 |
| 负筋4 | Φ | 25 | | $1.3 + 0.11 - 2 \times 0.02 + 46 \times 0.025$ | 234 | 234 | 2.52 | 589.68 | 2 272.111 |
| 负筋5 | Φ | 25 | | $0.9 + 0.1 - 2 \times 0.02 + 46 \times 0.025$ | 340 | 340 | 2.11 | 717.4 | 2 764.232 |
| 负筋6 | Φ | 25 | | $0.7 + 0.1 - 2 \times 0.02 + 46 \times 0.025$ | 8 | 8 | 1.91 | 12.28 | 58.856 |
| 负筋7 | Φ | 25 | | $0.9 \times 2 + 0.2 + 2 \times (0.1 - 2 \times 0.02)$ | 84 | 84 | 2.12 | 178.08 | 686.165 |
| 负筋8 | Φ | 25 | | $0.6 \times 2 + 0.2 + 2 \times (0.1 - 2 \times 0.02)$ | 9 | 9 | 1.52 | 16.38 | 52.717 |
| 负筋9 | Φ | 25 | | $1.2 \times 2 + 0.2 + 2 \times (0.11 - 2 \times 0.02)$ | 141 | 141 | 2.74 | 386.34 | 1 488.616 |
| 负筋10 | Φ | 25 | | $1.2 \times 2 + 0.25 + 2 \times (0.11 - 2 \times 0.02)$ | 100 | 100 | 2.97 | 297 | 1 144.378 |
| 负筋11 | Φ | 25 | | $0.8 \times 2 + 0.25 + 2 \times (0.1 - 2 \times 0.02)$ | 55 | 55 | 1.97 | 108.35 | 417.486 |
| 负筋12 | Φ | 25 | | $0.75 \times 2 + 0.2 + 2 \times (0.1 - 2 \times 0.02)$ | 24 | 24 | 1.82 | 43.68 | 168.305 |
| 负筋13 | Φ | 25 | | $0.75 \times 2 + 0.25 + 2 \times (0.1 - 2 \times 0.02)$ | 33 | 33 | 1.87 | 61.71 | 237.776 |

| 筋号 | 级别 | 直径 | 钢筋图形 | 钢筋长度计算式 | 根数 | 总根数 | 单长8m | 总长/m | 总重/kg |
|------|------|------|----------|----------------|------|--------|--------|--------|---------|
| 负筋14 | ⊉ | 25 | | $0.85 + 0.1 - 2 \times 0.02 + 46 \times 0.025$ | 123 | 123 | 2.06 | 253.38 | 976.305 |
| 负筋15 | ⊉ | 25 | | $0.8 \times 2 + 0.2 + 2 \times (0.1 - 2 \times 0.02)$ | 31 | 31 | 1.92 | 59.52 | 229.338 |
| 负筋16 | ⊉ | 25 | | $1.2 + 0.12 - 2 \times 0.02 + 46 \times 0.025$ | 15 | 15 | 2.43 | 36.45 | 140.446 |

| 楼层名称:屋面层 | | | | | | 钢筋总重:29 925.35 | | | |
|---|---|---|---|---|---|---|---|---|---|
| 构件名称:屋面板 | 构件数量: | | | | | 本构件钢筋重:29 925.35 | | | |
| 构件位置: | | | | | | | | | |

| 筋号 | 级别 | 直径 | 钢筋图形 | 钢筋长度计算式 | 根数 | 总根数 | 单长8m | 总长/m | 总重/kg |
|------|------|------|----------|----------------|------|--------|--------|--------|---------|
| 底筋1 | ⊉ | 25 | | $3.2 - 0.15 - 0.1 + 2 \times \max(0.25 \div 2, 5 \times 0.025)$ | 50 | 50 | 3.2 | 160 | 616.5 |
| 底筋2 | ⊉ | 25 | | $7.2 - 0.15 \times 2 + 2 \times \max(0.25 \div 2, 5 \times 0.025)$ | 195 | 195 | 7.15 | 1 394.25 | 5 372.219 |
| 底筋3 | ⊉ | 25 | | $3.1 - 0.25 \div 2 - 0.1 + 2 \times \max(0.25 \div 2, 5 \times 0.025)$ | 50 | 50 | 3.13 | 156.5 | 603.014 |
| 底筋4 | ⊉ | 25 | | $4.2 - 0.25 \div 2 - 0.1 + 2 \times \max(0.25 \div 2, 5 \times 0.025)$ | 284 | 284 | 4.23 | 1 201.32 | 4 628.836 |
| 底筋5 | ⊉ | 25 | | $3.6 - 0.15 - 0.25 \div 2 + 2 \times \max(0.25 \div 2, 5 \times 0.025)$ | 53 | 53 | 3.58 | 189.74 | 731.092 |
| 底筋6 | ⊉ | 25 | | $6.3 - 0.15 \times 2 + 2 \times \max(0.25 \div 2, 5 \times 0.025)$ | 80 | 80 | 6.25 | 500 | 1 926.563 |
| 底筋7 | ⊉ | 25 | | $2.5 - 0.25 \div 2 - 0.1 + 2 \times \max(0.25 \div 2, 5 \times 0.025)$ | 119 | 119 | 2.53 | 301.07 | 1 160.060 |
| 底筋8 | ⊉ | 25 | | $5.9 - 0.25 + 2 \times \max(0.25 \div 2, 5 \times 0.025)$ | 17 | 17 | 5.9 | 100.3 | 386.468 |
| 底筋9 | ⊉ | 25 | | $2.5 - 0.15 - 0.1 + 2 \times \max(0.25 \div 2, 5 \times 0.025)$ | 205 | 205 | 2.5 | 512.5 | 1 974.727 |
| 底筋10 | ⊉ | 25 | | $3.6 - 0.25 + 2 \times \max(0.25 \div 2, 5 \times 0.025)$ | 61 | 61 | 3.6 | 219.6 | 846.146 |

续表

| 筋号 | 级别 | 直径 | 钢筋图形 | 钢筋长度计算式 | 根数 | 总根数 | 单长8m | 总长/m | 总重/kg |
|---|---|---|---|---|---|---|---|---|---|
| 底筋11 | Φ | 25 | | $2.7 - 0.25 \div 2 - 0.1 + 2 \times \max(0.25 \div 2, 5 \times 0.025)$ | 78 | 78 | 2.73 | 212.94 | 820.484 |
| 负筋1 | Φ | 25 | | $1.3 + 0.12 - 2 \times 0.02 + 46 \times 0.025$ | 162 | 162 | 2.53 | 409.86 | 1 579.242 |
| 负筋2 | Φ | 25 | | $1.2 \times 2 + 0.25 + 2 \times (0.12 - 2 \times 0.02)$ | 422 | 422 | 2.81 | 1 185.82 | 4 569.113 |
| 负筋2 | Φ | 25 | | $1.05 + 0.1 - 2 \times 0.02 + 46 \times 0.025$ | 59 | 59 | 2.26 | 133.34 | 513.776 |
| 负筋4 | Φ | 25 | | $1 + 0.1 - 2 \times 0.02 + 46 \times 0.025$ | 15 | 15 | 2.21 | 33.15 | 127.731 |
| 负筋5 | Φ | 25 | | $1.15 + 0.1 - 2 \times 0.02 + 46 \times 0.025$ | 38 | 38 | 2.36 | 89.68 | 345.548 |
| 负筋6 | Φ | 25 | | $1.05 \times 2 + 0.25 + 2 \times (0.1 - 2 \times 0.02)$ | 129 | 129 | 2.47 | 318.63 | 1 227.721 |
| 负筋7 | Φ | 25 | | $0.9 + 0.1 - 2 \times 0.02 + 46 \times 0.025$ | 191 | 191 | 2.11 | 403.11 | 152.848 |
| 负筋8 | Φ | 25 | | $0.75 \times 2 + 0.2 + 2 \times (0.1 - 2 \times 0.02)$ | 46 | 46 | 1.82 | 83.72 | 322.584 |
| 负筋9 | Φ | 25 | | $0.8 \times 2 + 0.25 + 2 \times (0.1 - 2 \times 0.02)$ | 79 | 79 | 1.97 | 155.63 | 599.662 |
| 负筋10 | Φ | 25 | | $0.9 \times 2 + 0.2 + 2 \times (0.1 - 2 \times 0.02)$ | 44 | 44 | 2.12 | 93.28 | 359.420 |
| 负筋11 | Φ | 25 | | $0.95 \times 2 + 0.25 + 2 \times (0.1 - 2 \times 0.02)$ | 15 | 15 | 2.27 | 34.05 | 131.837 |
| 负筋12 | Φ | 25 | | $0.9 \times 2 + 0.25 + 2 \times (0.1 - 2 \times 0.02)$ | 15 | 15 | 2.17 | 31.5 | 121.373 |
| 负筋13 | Φ | 25 | | $0.85 + 0.1 - 2 \times 0.02 + 46 \times 0.025$ | 50 | 50 | 2.06 | 103 | 396.872 |
| 负筋14 | Φ | 25 | | $0.8 \times 2 + 0.2 + 2 \times (0.1 - 2 \times 0.02)$ | 31 | 31 | 1.92 | 59.52 | 229.338 |
| 负筋15 | Φ | 25 | | $0.8 \times 2 + 0.25 + 2 \times (0.1 - 2 \times 0.02)$ | 24 | 24 | 1.97 | 47.28 | 182.176 |

# 附录
# 实训任务

**1)实训的作用和目的**

钢筋工程量计算实训是学生学习完"建筑识图""钢筋工程量计算"等理论课程之后的职业技能训练的重要环节,重点训练学生手工计算钢筋工程量的能力,通过钢筋工程量计算实训,使学生加深对课堂教学内容的理解,巩固所学知识,能更加熟练灵活地识读平法施工图,更好地掌握钢筋手工算量的基本技能和方法。同时,通过实训,让学生积累经验,培养学生识图、分析、解决实际问题及动手操作的能力,为毕业后的工作岗位能力需求奠定基础。

**2)实训内容**

(1)实训资料

①某办公楼工程结构施工图;

②16G101 系列图集;

③钢筋工程量计算表及汇总表。

(2)实训内容

根据以上资料,进行以下内容的实训:

①熟悉施工图纸及有关资料;

②手工计算各钢筋混凝土构件的钢筋工程量。

**3)实训组织及要求**

(1)实训组织

①划分实训小组,开展小组讨论;

②每个学生必须独立完成所有实训内容。

(2)实训要求

①全面识读图纸;

②完成所给结构施工图中指定基础、柱、梁、板的钢筋工程量计算;

③提倡相互讨论、询问老师,禁止抄袭;

④在规定的时间内,按要求完成实训的各项内容和任务;

⑤周一到周五要求学生准时到实训地点集中进行实训。

(3)实训方法

学生训练为主,指导教师指导为辅,进行实务操作。

(4)实训考核办法

①考核组织。由实训指导教师负责。

②考核内容及评分办法:

a. 钢筋工程量计算实训,成绩评定分为优、良、中、及格、不及格 5 个等级。

• 优:准时到班进行集中实训,有良好的团队意识和协作精神,能独立完成实训任务,实训成果完整、钢筋工程量计算准确无误,具备分析问题、处理问题的能力,书写工整、格式规范,口试回答问题正确。

• 良:准时到班进行集中实训,有良好的团队意识和协作精神,能独立完成实训任务,实训成果完整、钢筋工程量计算较准确,具有一定分析问题、处理问题的能力,书写较工整、格式规范,口试回答问题基本正确。

• 中:准时到班进行集中实训,有较好的团队意识和协作精神,能完成实训任务,实训成果完整、钢筋工程量计算基本准确,书写基本工整、格式规范,口试回答问题基本正确。

• 及格:能到班进行集中实训,有一定团队意识和协作精神,能完成实训任务,实训成果基本完整,格式基本规范,口试能回答一些问题。

• 不及格:不到班进行集中实训,抄袭实训成果或实训成果不完整,不能回答口试问题。

b. 评分方法:考虑实训成果的完整性、规范性,以实训内容完成的数量和质量作为评定依据和考核内容。

c. 评分比重:实训过程占 30%,内容考核比重占 30%;格式要求及书写是否工整考核比重占 20%,纪律考核比重占 20%,通过书面检查和答辩的形式综合评分。

③考核要求:在规定的实训地点、时间内,按要求独立完成实训任务。

(5)时间安排表(见附表 1.1)

附表 1.1　实训时间两周

| 序　号 | 内　容 | 时　间 |
|---|---|---|
| 1 | 熟悉图纸和有关资料 | 1 天 |
| 2 | 完成基础钢筋工程量计算 | 1 天 |
| 3 | 完成柱钢筋工程量计算 | 2 天 |
| 4 | 完成梁钢筋工程量计算 | 2 天 |
| 5 | 完成板钢筋工程量计算 | 2 天 |
| 6 | 汇总各构件钢筋工程量 | 1 天 |
| 7 | 上交实训成果 | 1 天 |
| | 小计 | 10 天(2 周) |

**4)实训步骤**

学生应参照以下步骤进行实训:

(1)做好准备工作

①领取实训任务书;

②收集实训所需资料:图纸、图集、钢筋工程量计算表及汇总表;

③认真听取老师布置实训任务,明确实训的内容和要求;

④仔细阅读图纸,全面了解工程结构设计。

(2)工程量计算

①读懂基础配筋,在钢筋工程量计算表上完成其钢筋工程量计算并绘制出钢筋简图;

②读懂柱配筋,在钢筋工程量计算表上完成其钢筋工程量计算并绘制出钢筋简图;

③读懂梁配筋,在钢筋工程量计算表上完成其钢筋工程量计算并绘制出钢筋简图;

④读懂板配筋,在钢筋工程量计算表上完成其钢筋工程量计算并绘制出钢筋简图;

⑤汇总该工程基础、柱、梁、板钢筋工程量并完成钢筋工程量汇总表,上交实训成果。

(3)提交成果并进行答辩

①成果:钢筋工程量计算表及汇总表。

②成果验收及答辩。

**5)实训图纸**

本实训配套图纸如下。

# 参考文献

[1] 中华人民共和国住房和城乡建设部. 房屋建筑与装饰工程工程量计算规范:GB 50584—2013[S]. 北京:中国计划出版社,2013.

[2] 中国建筑标准设计研究院. 混凝土结构施工图平面整体表示方法制图规则和构造详图（现浇混凝土框架、剪力墙、梁、板）:16G101—1[S]. 北京:中国计划出版社,2016.

[3] 中国建筑标准设计研究院. 混凝土结构施工图平面整体表示方法制图规则和构造详图（现浇混凝土板式楼梯）:16G101—2[S]. 北京:中国计划出版社,2016.

[4] 中国建筑标准设计研究院. 混凝土结构施工图平面整体表示方法制图规则和构造详图（独立基础、条形基础、筏形基础、桩基础）:16G101—3[S]. 北京:中国计划出版社,2016.

[5] 王武齐. 建筑工程计量与计价[M]. 4版. 北京:中国建筑工业出版社,2015.

[6] 北京广联达惠中软件技术有限公司. 建筑工程钢筋工程量的计算与软件应用[M]. 北京:中国建材工业出版社,2005.

[7] 陈青来. 钢筋混凝土结构平法设计与施工规则[M]. 2版. 北京:中国建筑工业出版社,2018.

# 结 构 设 计 总 说 明

## 1.概述
1.1 本图标高以米(m)为单位,其余尺寸均以毫米(mm)为单位。
1.2 结构施工时应结合总图、建筑、水、暖、电、气等专业施工图纸及设备安装图纸施工。
1.3 钢筋锚固构造详±0.000所对应的标高和相应标高建筑图纸。平面定位见建筑图。
1.4 根据《建筑抗震设计规范》GB 50011—2010(2016年版)和《建筑工程抗震设防分类标准》GB 50223—2008, 本工程抗震设防类别为丙类;设计基本地震加速度0.15g;设计地震分组第二组;抗震设防烈度为7度。建筑场地类别为II类;设计地震分组第二组;本工程结构安全等级为二级。
1.5 结构形式为混凝土框架结构;结构高度21.30 m, 框架抗震等级三级。
1.6 基本风压值:0.30 kN/m²; 地面粗糙度为B类。
1.7 结构计算采用中国建筑科学研究院编制软件PK、PM、SATWE结构计算软件(2010年版)。
1.8 建筑结构设计使用年限为50年。
1.9 建筑结构安全等级为二级, 基础设计等级丙级。

## 2.设计依据及所采用的规范、规程和标准
2.1 现行国家、省行业、设计规范、规程。
2.2 建筑设计单位提供的岩土工程勘察报告。
2.3 规范、规程和标准
《建筑抗震设防分类标准》 GB 50223—2008
《建筑结构制图标准》 GB/T 50105—2010
《建筑结构荷载规范》 GB 50009—2012
《建筑地基基础设计规范》 JGJ 79—2012
《建筑抗震设计规范》 GB 50011—2010(2016年版)
《混凝土结构设计规范》 GB 50010—2010(2015年版)
《建筑地基基础设计规范》 GB 50007—2011
《砌体结构设计规范》 GB 50003—2011
《混凝土结构施工图平面整体表示方法制图规则和构造详图》 16G 101—1
《冷混凝土填充墙构造详图》 西南 15G701—3
《冷轧带肋钢筋混凝土结构技术规程》 JGJ 95—2011
《建筑结构可靠度设计统一标准》 GB 50068—2001
《中国地震动区划图》 GB 18306—2015

## 3.活荷载标准值
3.1 楼屋面(不包括构件自重)、活荷载值:

| | 恒载 | 活载 |
|---|---|---|
| 3.1.1 卫生间 | 4.0 kN/m² | 2.5 kN/m² |
| 3.1.2 楼梯 | 3.5 kN/m² | 3.5 kN/m² |
| 3.1.3 走道 | 2.0 kN/m² | 2.5 kN/m² |
| 3.1.4 会议室 | 2.0 kN/m² | 2.5 kN/m² |
| 3.1.5 办公室 | 2.0 kN/m² | 2.0 kN/m² |
| 3.1.6 阳台 | 2.0 kN/m² | 2.0 kN/m² |
| 3.1.7 门厅 | 2.0 kN/m² | 2.5 kN/m² |
| 3.1.8 阳台 | 2.0 kN/m² | 2.5 kN/m² |
| 3.1.9 上人屋面 | 3.5 kN/m² | 2.0 kN/m² |
| 3.2.0 不上人屋面 | 3.5 kN/m² | 0.5 kN/m² |

3.2.1 阳台栏杆(栏)考虑顶部水平荷载为1.0 kN/m。
3.2.2 施工和检修荷载按《建筑结构荷载规范》GB 50009—2012第5.5.1条要求执行。
3.3 楼屋面装修层恒载或楼(层)面活荷载取值。

## 4.主要结构材料
4.1 混凝土
4.1.1 主体的梁、板、柱混凝土强度等级均为C35, 楼屋面混凝土均采用C35。
4.1.2 填充墙的构造柱、圈梁、压顶及其他混凝土采用C20。
4.1.3 基础部分混凝土强度等级C25;地梁及基础C25;地梁C15;垫层C15。
4.2 钢材
4.2.1 钢筋采用HPB300(φ钢);HRB400(φ钢);CRB550级钢均为φ钢。
本工程梁柱受力钢筋的抗拉强度实测值与屈服强度实测值不应小于1.25;且钢筋的屈服强度实测值与强度标准值的比值不大于1.3。凡采用最大拉力下的总伸长率实测值不应小于9%。所有抗震受拉弯(梁、柱)纵向受力钢筋采用抗震钢筋HRB400E。钢筋的强度标准值应具有不小于95%的保证率。
4.2.2 预埋件、钢板、型钢采用Q235B。
4.2.3 焊条采用 E43型用于HPB300级钢焊接,E50型用于HRB400级钢焊接。
不同类型钢筋焊接采用相应的焊接规定。

## 5.构造要求
5.1 混凝土环境类别及耐久性的要求,受力钢筋保护层厚度:
5.1.1 室内正常环境为一类,基础、地梁等与土直接接触的为二a类。
5.1.2 结构混凝土耐久性的基本要求:

| 环境类别 | 最大水胶比 | 最大氯离子含量(%) | 最大碱含量(kg/m³) |
|---|---|---|---|
| 一 | 0.60 | 0.30 | 不限制 |
| 二a | 0.55 | 0.20 | 3.00 |

5.1.3 受力钢筋的混凝土保护层厚度(mm)

| 环境类别 | 板 | 梁 | 柱 |
|---|---|---|---|
| 一 | 15 | 20 | — |
| 二a | 20 | 25 | — |

(1)表中混凝土保护层厚度指最外层钢筋外边缘至混凝土表面的距离。
(2)构件中受力钢筋的保护层厚度不应小于钢筋的公称直径。
(3)基础底面钢筋的保护层厚度,有垫层时应从垫层顶面算起,且不应小于40mm。

5.2 钢筋锚固
5.2.1 钢筋的锚固伸至纵向受力钢筋中心线,并大于10d和100mm。当为HRB400级钢筋可不弯钩,当为HPB300级钢筋,端部应加弯钩。
5.2.2 当纵向受拉钢筋末端采用弯钩时,端部加弯钩。
5.2.3 柱、梁钢筋的锚固长度详见图集16G101—1第53页受拉钢筋抗震锚固长度。
5.2.4 采用CRB550钢筋最小锚固长度:C30混凝土为35d, C20为45d。冷轧带肋钢筋的最小搭接长度:C30混凝土中45d, C20中55d。

5.3 钢筋连接
5.3.1 接头要求
5.3.1.1 凡受拉或小偏心受拉杆件内的纵向受力钢筋不得采用绑扎搭接接头。
5.3.1.1 焊接头的质量检查应符合现行国家标准《混凝土结构工程施工质量验收规范》(GB 50204—2015)和《钢筋焊接及验收规程》(JGJ 18—2012),机械连接接头的质量应符合《钢筋机械连接技术规程》(JGJ 107—2016)的要求并应做抽样试验。
5.3.2 接头位置及接头数量
5.3.2.a 柱、剪力墙、梁的受力钢筋接头位置详见图集16G101—1。
5.3.2.b 接头位置宜设置在受力较小处。
5.3.2.c 同一构件中相邻纵向受力钢筋的绑扎搭接接头宜相互错开。
钢筋绑扎搭接接头连接区段的长度为1.3倍搭接长度,见图一。
受拉钢筋搭接接头的搭接长度详16G101—1第34页表。

表: 接头区段内受力钢筋搭接接头面积百分率  单位:%

| 接头形式 | 受拉区 | 受压区 |
|---|---|---|
| 绑扎搭接接头 | 25 | 50 |
| 焊接、机械接头 | 50 | 不限 |

5.3.2.d 梁的底部纵向钢筋接头在支座或支座两侧1/3跨度范围内,不应在距支座1/3范围内接头。梁的上部钢筋宜在跨中1/3跨度范围内接头,不宜在支座处接头。

5.4 钢筋混凝土现浇板
5.4.1 板混凝土强度应垂直板面,板底钢筋在板内1/3范围搭接。
5.4.2 当板起坡或屋面平台时,板面钢筋应加强作钢筋加强层。
5.4.3 板上孔洞应预留,避免事后开凿。当孔口<300mm时单边不另附加钢筋,按规范处理,不需截断;当300mm≤孔<800mm时应加附加钢筋,详图一;当洞口尺寸>800mm时应设附加梁,详图二。见总说明。
5.4.4 板的底部钢筋,短钢筋放置下排,长钢筋放上排。板面钢筋,短钢筋放置上排,长钢筋上排布置。
5.4.5 楼屋面混凝土宜一次浇筑;当混凝土未达到初凝时而施工时,施工缝应留置在跨中1/3跨度范围处或垂直于板面方向。
5.4.6 板内分布筋的搭接长度搭接,选择搭接如下要求:

| 受力钢筋直径 | 分布钢筋直径、间距 |
|---|---|
| 8,10 | Φ6@250 |

注:板及外露柱面混凝土间距双向@200, 屋面板的双向钢筋应双向@6φ@200温度筋,板与墙相接处@200间距。

5.4.7 板内分布电线管处,应对现浇板加强处理,详图五。

5.5 梁
5.5.1 本工程梁采用平面整体设计方法,施工时应严格按国家建筑设计图集16G101—1执行,构造选用为6。
5.5.2 梁内箍筋采用封闭箍并做135°弯钩,详见图集16G101—1。
5.5.3 梁内受力钢筋搭接接头须绑扎搭接,详见图集16G101—1。
5.5.4 主、次梁交接处,图中未标注的一律在次梁两侧柱加注吊筋,箍筋直径同梁主筋,间距为50mm。吊筋弯起加密段位置见详16G101—1图集的构造详图。当图中指明设置形式时,按图。
5.5.5 主、次梁相接时,次梁的纵向钢筋置于主梁纵向钢筋之上。
5.5.6 梁内大于6m,梁的跨中起拱应按0.003L(L为两端跨度起拱或按设计2号);梁宽、板均应起拱,起拱不小于0.004L;当L>4.2m约梁起拱应按0.002L(L为梁跨净跨度)。
5.5.7 当梁与柱、墙次梁相交时,梁的侧面纵向钢筋应相应伸入,置于柱、墙主筋内。
5.5.8 吊筋、拉筋构造详16G101—1第63页详图。

5.6 柱
5.6.1 本工程柱采用平面整体设计表示方法,施工时应严格按国家建筑设计图集16G101—1执行,构造选用图集。
5.6.2 柱内箍筋采用封闭箍并做135°弯钩,详见图集16G101—1。
5.6.3 剪跨比不大于2的柱,箍筋加密区范围应全高。

## 5.7 填充墙
5.7.1 填充墙位置及墙厚应结合建筑施工。
5.7.2 填充墙的构造详西南15G701—3执行,抗震构造为7度。
5.7.3 构造柱设置:墙长超过墙高(无混凝土柱墙时),纵横墙交接处或和西南15G701—3要求的位置需设置。
5.7.4 当墙高>4m时应在中部设置一道混凝土现浇带,详见四。
5.7.5 未注明墙厚均为200厚。
5.7.6 填充墙拉结筋沿墙体每隔500~600设置 2φ6拉结筋,拉结筋宜沿墙通长设置。
5.7.7 楼梯间内人流通道的填充墙采用钢筋网配筋砂浆层面加强。

## 6.其它要求
6.1 施工质量检查应符合现行有关工程的施工及验收规范要求。
6.2 管井、孔洞、门窗洞口、后浇带、预埋线槽及与结构相连构件,各专业应密切配合,避免错漏。预埋及后浇部位均需图纸要求。点校对后浇筑。
6.3 主体结构钢筋混凝土保护层详图6及要求部位,后浇部位。因后浇定位可变设置及受钢筋混凝土墙体钢筋的重点构件。
6.3.a 可设置后浇混凝土检验的部位:检查宽范围内的墙板、梁(梁高h)中部1/3,两侧剪侧向钢筋混凝土墙体钢筋的重点构件。
6.3.b 禁止设置后浇混凝土检验的部位:柱、剪力墙的钢筋接头:梁高(梁高h)上下1/3,在梁端1/3的范围内,上述禁止设置后浇混凝土检验部位均需配合设计处置措施和措施。
6.4 吊顶需要及技挂布置见相应图。
6.5 板、梁、柱、墙、后浇带等处的混凝土浇灌位置,后浇空预留孔洞的直径、数量、预埋件、预埋管、预埋件、预留接地引线等位置,应及时预埋,方可浇筑混凝土。
6.6 楼板面埋入凡<300mm以的设备配合施工,图中不标注,在混凝土浇筑各工种间交接处问位置、大小、切勿留孔。
6.7 穿楼板壁墙的管件应预留孔洞,孔位置在楼板中部1/3跨度范围,不得随意凿打。
6.8 通长需要管线的混凝土浇注无需绑扎,宜采取处理,切实做好与各专业配合。
6.9 图中未注明的女儿墙构造详西南15G701—3。
6.10 凡有幕墙的构造均应按幕墙设置检验一遍,现主体预留,并经审查后方可施工。
6.11 电气管线过埋入混凝土结构内的埋设应按100交叉于板内或墙内。水电管埋过墙大于板内墙纵筋大时,应采取加强处理。
6.12 本设计只关工程,应按照现行的相应结构设计、规则和准。
6.13 在设计使用年限内未经技术认定或验证设计时,不得改变结构的功能及使用环境。
6.14 结构设计说明无能解释或在本设计时,对其他专业本图相关和知不明和建设单位与设计单位专业负责人联系。
6.15 本工程施工图必须经过施工图审查部门审查合格批准方可施工。

## 表六 柱、梁、剪力墙(16G101—1)

| 构造部位 | 节点所在页码 | 选用节点 | 备 注 |
|---|---|---|---|
| 抗震KZ纵向钢筋连接构造 | P57(焊接连接) | * | |
| 抗震KZ边柱和角柱顶纵向钢筋构造 | P59 | | |
| 抗震KZ中柱柱顶纵筋构造和变截面纵筋构造 | P60 | | |
| 抗震QZ、LZ纵向钢筋构造 | P61 | | |
| 抗震KZ、LZ箍筋加密区范围 | P61 | | |
| 芯柱KZ配筋构造 矩形箍筋复合方式 | P67 | | |
| 抗震楼层框架梁KL纵向钢筋构造 | P79 | | 按相应抗震等级选用 |
| 抗震屋面框架梁KL纵向钢筋构造 | P80 | | |
| KL、KL中间支座纵向钢筋构造 | P84 | | |
| KL、KL箍筋、附加箍筋、吊筋构造 | P85 P87 | | 按相应抗震等级选用 |
| L配筋构造 | P86 | | |
| L中间支座纵向钢筋构造 | P88 | | |
| XL梁配筋构造及各类悬挑的悬臂配筋构造 | P89 | | |
| 井字梁JZL配筋构造 | P91 | | * |

## 表四 抗震构造选用表(选自西南15G701—3)

| 构造部位 | 详图结点 | 施工图选用节点 | 构造部位 | 详图结点 | 施工图选用节点 |
|---|---|---|---|---|---|
| 框架填充墙上门门口、窗洞口 | | ● | 框架与填充墙 | | |
| 框架填充墙上光门、窗洞口 | | ● | 女儿墙构造节点 | | ● |
| 框架填充墙节构造接 | | | 留洞构造节点 | | ● |
| 框架填充墙内构造接 | | | 构造柱节点 | | ● |
| 框架填充墙与构造柱连接 | | | 电线管线盒安装节点 | | ● |
| 接排构填充墙地震防护点 | | ● | | | |

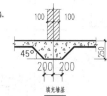
直径同梁箍筋,同距50
梁的圆形孔洞周边配筋构造详图
图四

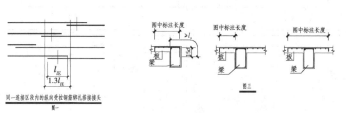

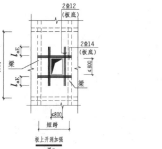

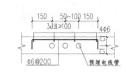
现浇板内电线套管上下附加焊接钢丝网片
图五

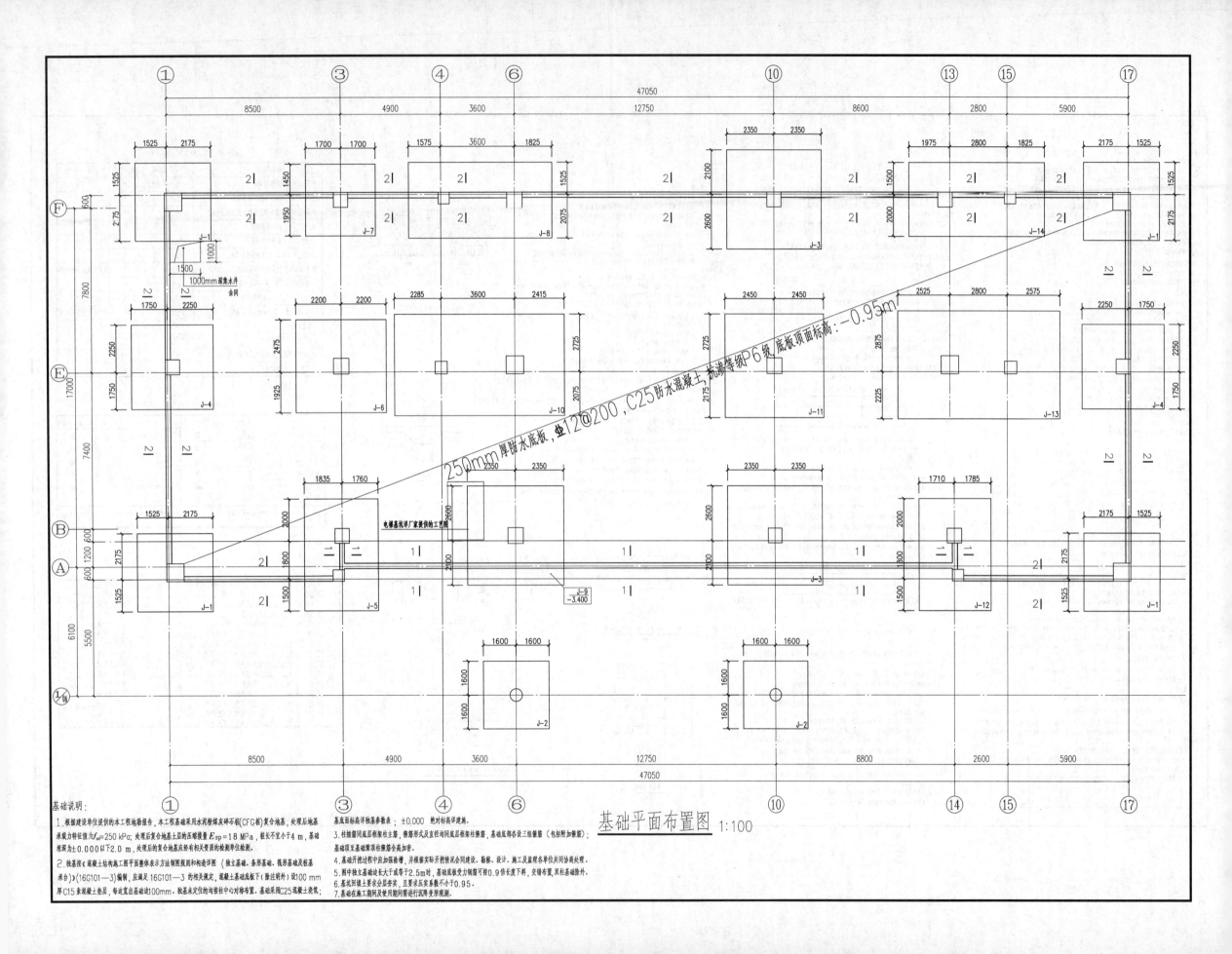

基础平面布置图 1:100

基础说明：

1. 根据建设单位提供的本工程地勘报告，本工程基础采用水泥粉煤灰碎石桩(CFG桩)复合地基，处理后地基承载力特征值为 $f_{ak}$=250 kPa；处理后复合地基土层的压缩模量 $E_{sp}$=18 MPa，桩长不宜小于4 m，基础埋深为±0.000以下2.0 m。处理后的复合地基应经有相关资质的检测单位检测。

2. 独基按《混凝土结构施工图平面表示方法制图规则和构造详图（独立基础、条形基础、筏形基础及桩基承台）》(16G101—3)编制，应满足16G101—3 的相关规定。混凝土基础底板下（垫注明外）设100 mm厚C15素混凝土垫层，每边宽出基础边100mm。独基未定位的均按柱中心对称布置。基础采用C25混凝土浇筑；

3. 柱插筋同底层框架柱主筋，箍筋形式及直径均同底层框架柱箍筋，基础底部各设三组箍筋（包括附加箍筋）；基础顶至底层柱顶柱箍筋全高加密。

4. 基础开挖过程中应加强验槽，并根据实际开挖情况会同建设、勘察、设计、施工及监理各单位共同协商处理。

5. 图中独立基础边大于或等于2.5m时，基础底板受力钢筋可按0.9倍长度下料，交错布置，且柱基础除外。

6. 基坑回填土要求分层夯实，且要求压实系数不小于0.95。

7. 基础在施工期间及使用期间应进行沉降变形观测。

基底面标高详独基参数表：±0.000 绝对标高详建。

## 独立基础参数表

| 基础编号 | 柱断面 a×b | 基础平面尺寸 | | | | | | | | 基础高度 | | | 基础底板配筋 | | 基底标高 |
|---|---|---|---|---|---|---|---|---|---|---|---|---|---|---|---|
| | | A | $a_1$ | $a_2$ | $a_3$ | B | $b_1$ | $b_2$ | $b_3$ | $h_1$ | $h_2$ | $h_3$ | ① $A_{s1}$ | ② $A_{s2}$ | $H_0$ |
| J-1 | 850x850 | 3700 | 725 | 700 | | 3700 | 725 | 700 | | 400 | 300 | | Φ16@150 | Φ16@150 | -2.000 |
| J-2 | 600 | 3200 | 650 | 650 | | 3200 | 650 | 650 | | 300 | 300 | | Φ12@150 | Φ12@150 | -2.000 |
| J-3 | 700x700 | 4700 | 700 | 650 | 650 | 4700 | 700 | 650 | 650 | 300 | 300 | 450 | Φ16@100 | Φ16@100 | -2.000 |
| J-4 | 700x700 | 4000 | 850 | 800 | | 4000 | 850 | 800 | | 400 | 400 | | Φ14@100 | Φ14@100 | -2.000 |
| J-6 | 750x750 | 4400 | 625 | 600 | 600 | 4400 | 625 | 600 | 600 | 300 | 300 | 300 | Φ14@100 | Φ14@100 | -2.000 |
| J-7 | 700x700 | 3400 | 700 | 650 | | 3400 | 700 | 650 | | 300 | 350 | | Φ14@130 | Φ14@130 | -2.000 |
| J-9 | 750x750 | 4700 | 675 | 650 | 650 | 4700 | 675 | 650 | 650 | 300 | 300 | 400 | Φ16@100 | Φ16@100 | -2.000 |
| J-11 | 750x750 | 4900 | 775 | 650 | 650 | 4900 | 775 | 650 | 650 | 300 | 300 | 450 | Φ16@100 | Φ16@100 | -2.000 |

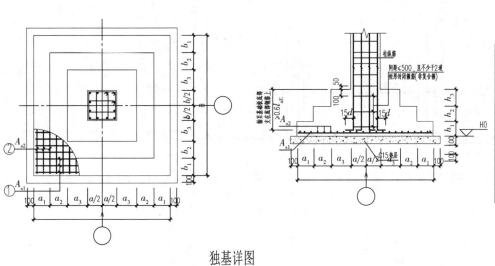

独基详图

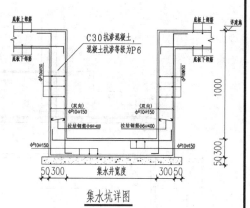

集水坑详图

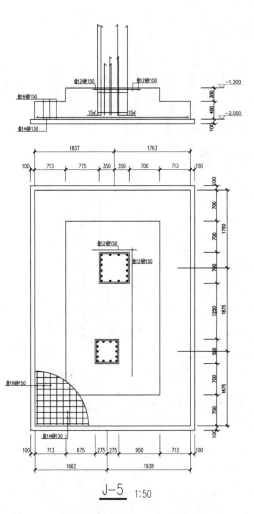

J-5 1:50

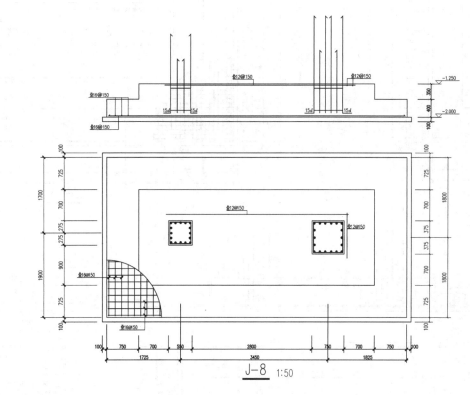

J-8 1:50

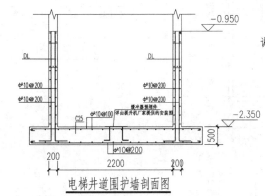

电梯井道围护墙剖面图

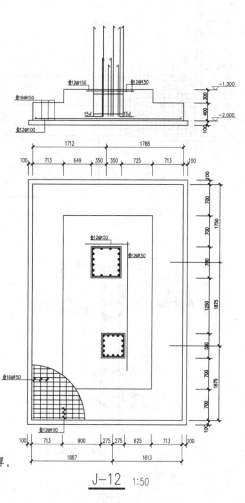

J-12 1:50

说明：1．本工程电梯大样及详图由专业的生产厂家提供。
2．电梯井道围护墙除图中基础部分已注明为钢筋混凝土墙体外，其余为页岩空心砖砌筑200mm厚。
3．电梯井井筒角部设置构造柱，柱截面为240×240，主筋为4Φ14，箍筋为ΦR6@100。
4．电梯井轨道在楼层半高处增设一道钢筋混凝土梁（电梯门洞处除外），梁截面为200×300，主筋为4Φ14，箍筋为ΦR6@200，电梯轨道滑槽预埋件应预埋在楼层及半高处钢筋混凝土梁上，具体做法及大样参见厂家提供的施工图，电梯轨道滑槽预埋件应预埋在楼层及半高处钢筋混凝土梁上，具体做法及大样参见厂家提供的施工图。

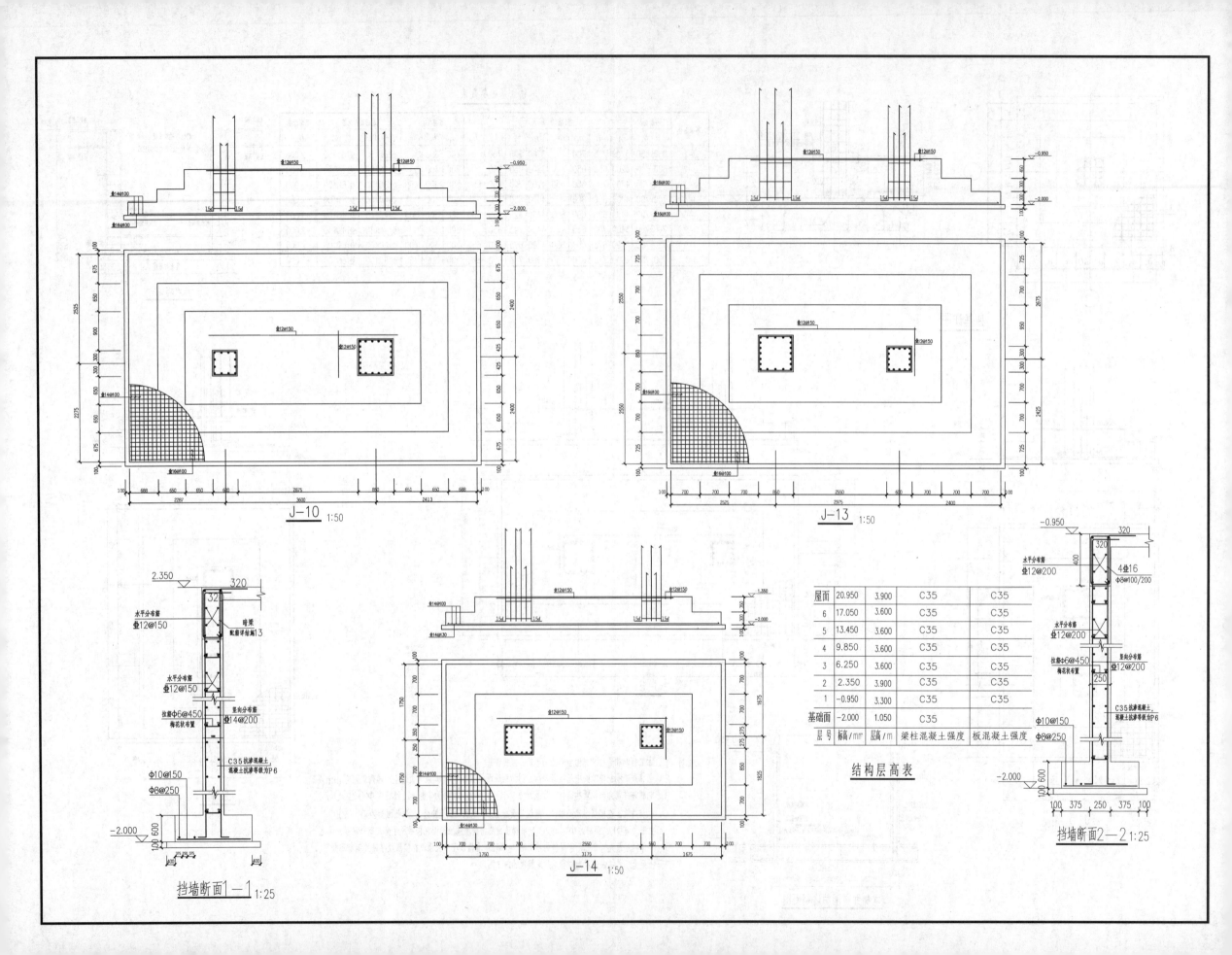

J-10 1:50

J-13 1:50

J-14 1:50

挡墙断面1—1 1:25

挡墙断面2—2 1:25

| 层号 | 标高/mm | 层高/m | 梁柱混凝土强度 | 板混凝土强度 |
|---|---|---|---|---|
| 屋面 | 20.950 | 3.900 | C35 | C35 |
| 6 | 17.050 | 3.600 | C35 | C35 |
| 5 | 13.450 | 3.600 | C35 | C35 |
| 4 | 9.850 | 3.600 | C35 | C35 |
| 3 | 6.250 | 3.600 | C35 | C35 |
| 2 | 2.350 | 3.900 | C35 | C35 |
| 1 | -0.950 | 3.300 | C35 | C35 |
| 基础面 | -2.000 | 1.050 | C35 | |

结构层高表

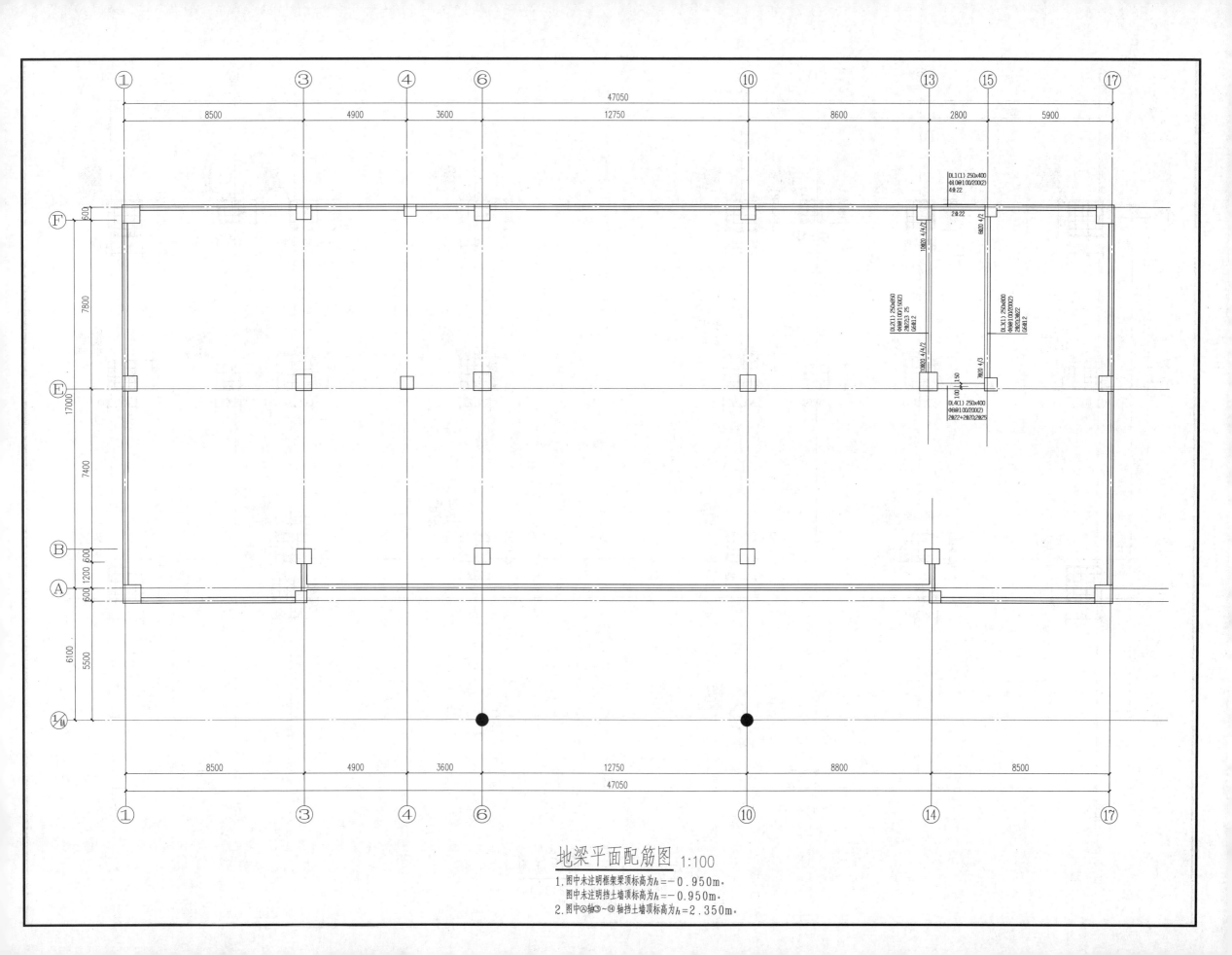

地梁平面配筋图 1:100

1. 图中未注明框架梁顶标高为 $h=-0.950m$。
   图中未注明挡土墙顶标高为 $h=-0.950m$。
2. 图中 Ⓐ轴③~⑭轴挡土墙顶标高为 $h=2.350m$。

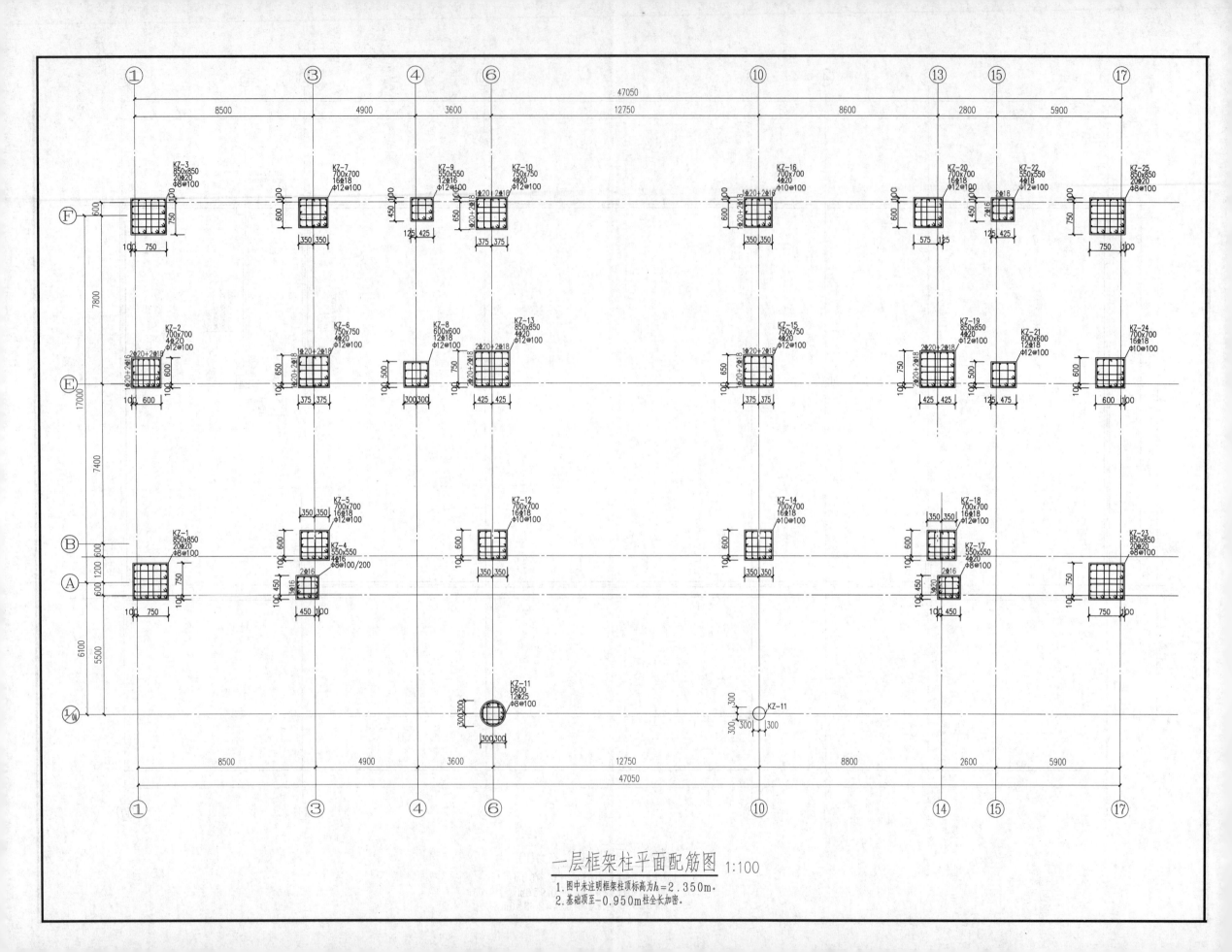

一层框架柱平面配筋图 1:100

1.图中未注明框架柱顶标高为h=2.350m.
2.基础顶至-0.950m柱全长加密.

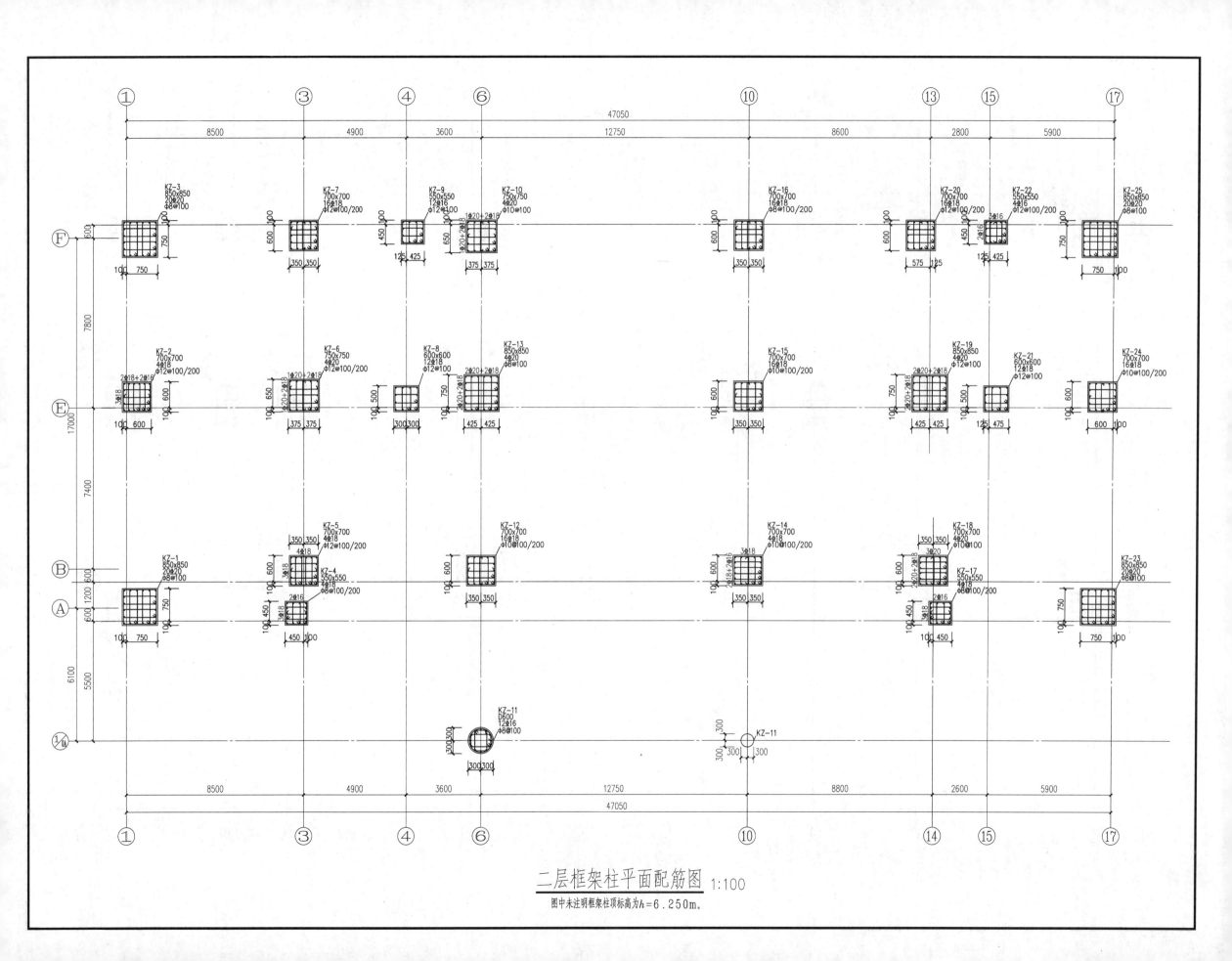

二层框架柱平面配筋图 1:100
图中未注明框架柱顶标高为h=6.250m.

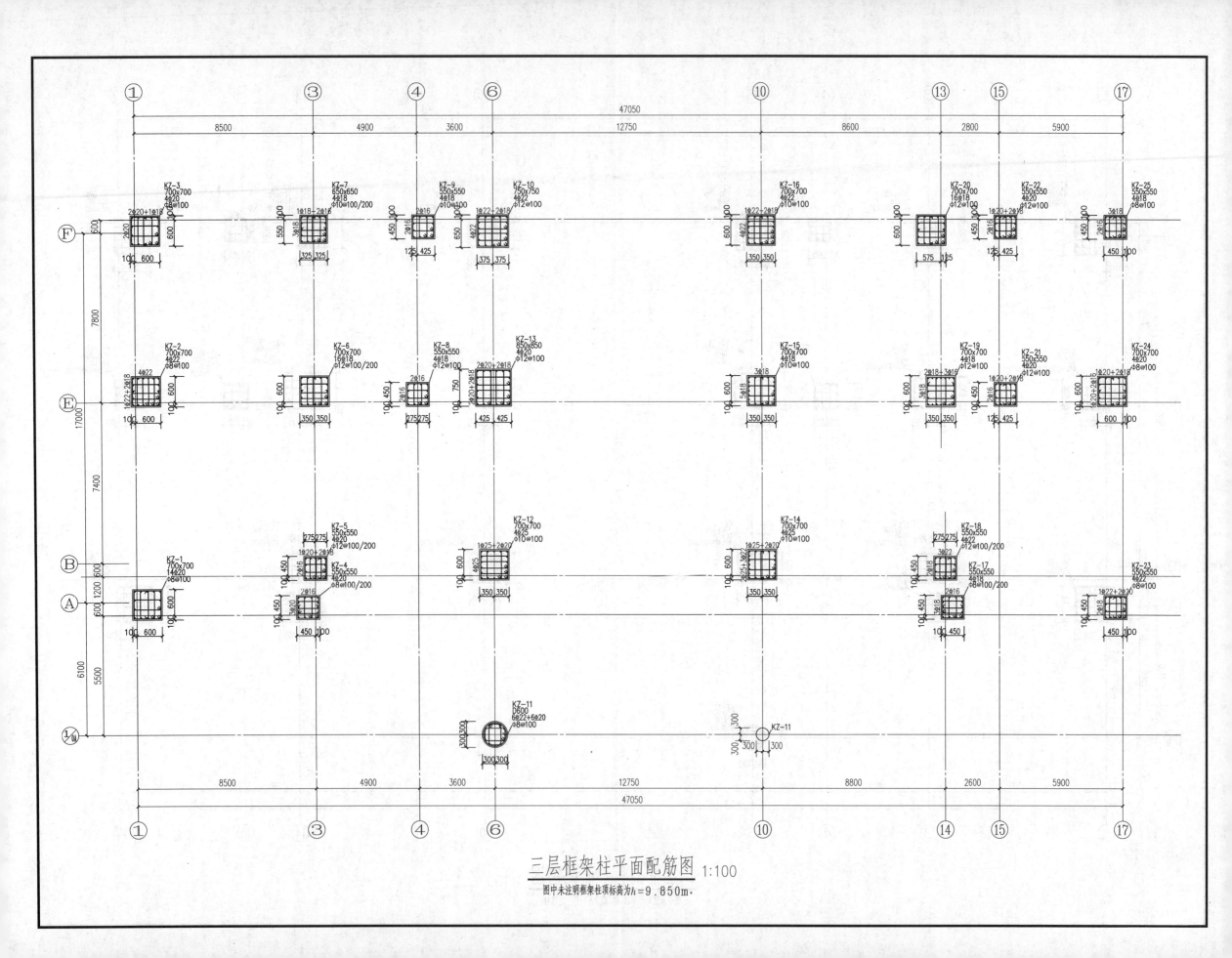

三层框架柱平面配筋图 1:100

图中未注明框架柱顶标高为 $h=9.850\mathrm{m}$。

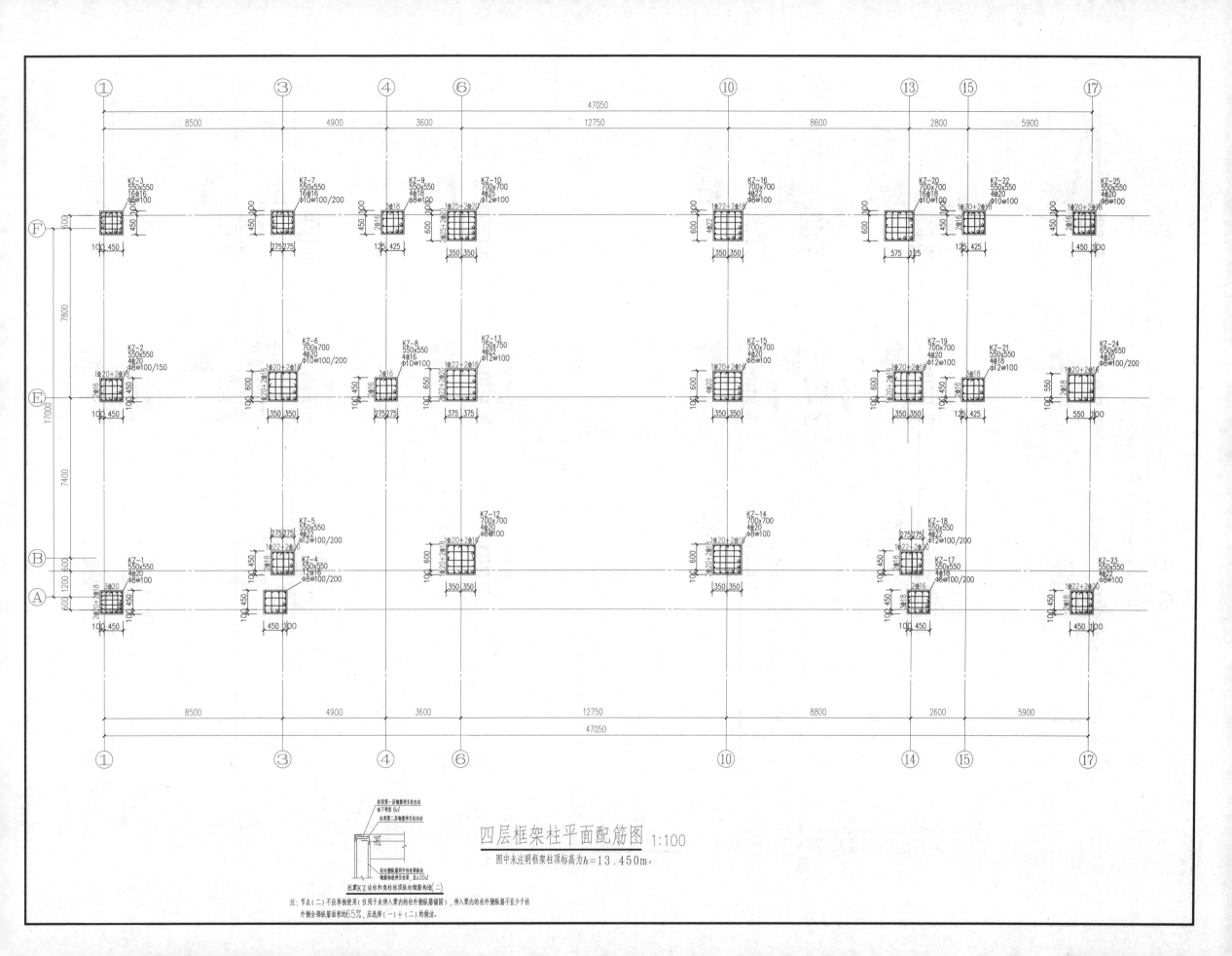

四层框架柱平面配筋图 1:100

图中未注明框架柱顶标高为 $h=13.450\text{m}$。

注: 节点(二)不应单独使用(仅用于未伸入梁内的柱外侧箍筋锚固图),伸入梁内的柱外侧纵筋不宜少于柱

外侧全部纵筋面积的65%,应选择(一)+(二)的做法。

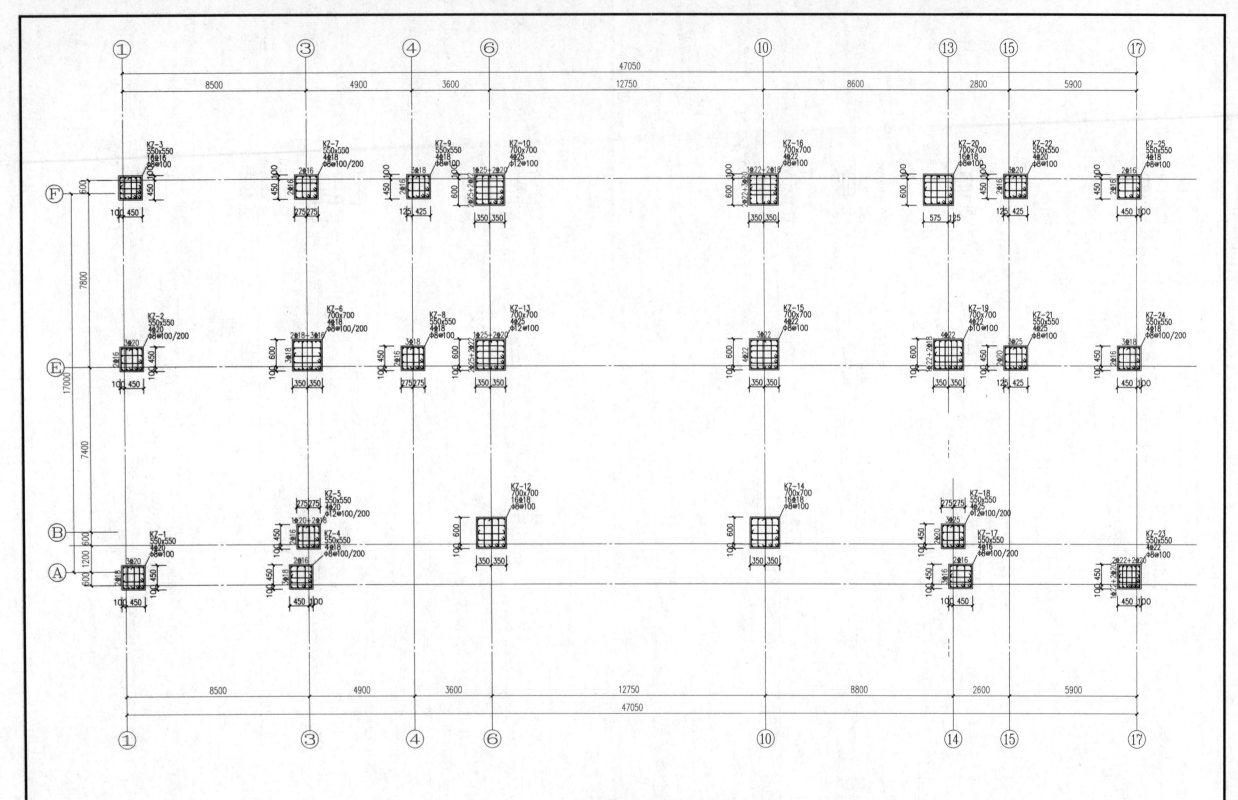

五层框架柱平面配筋图 1:100

图中未注明框架柱顶标高为h=17.050m.

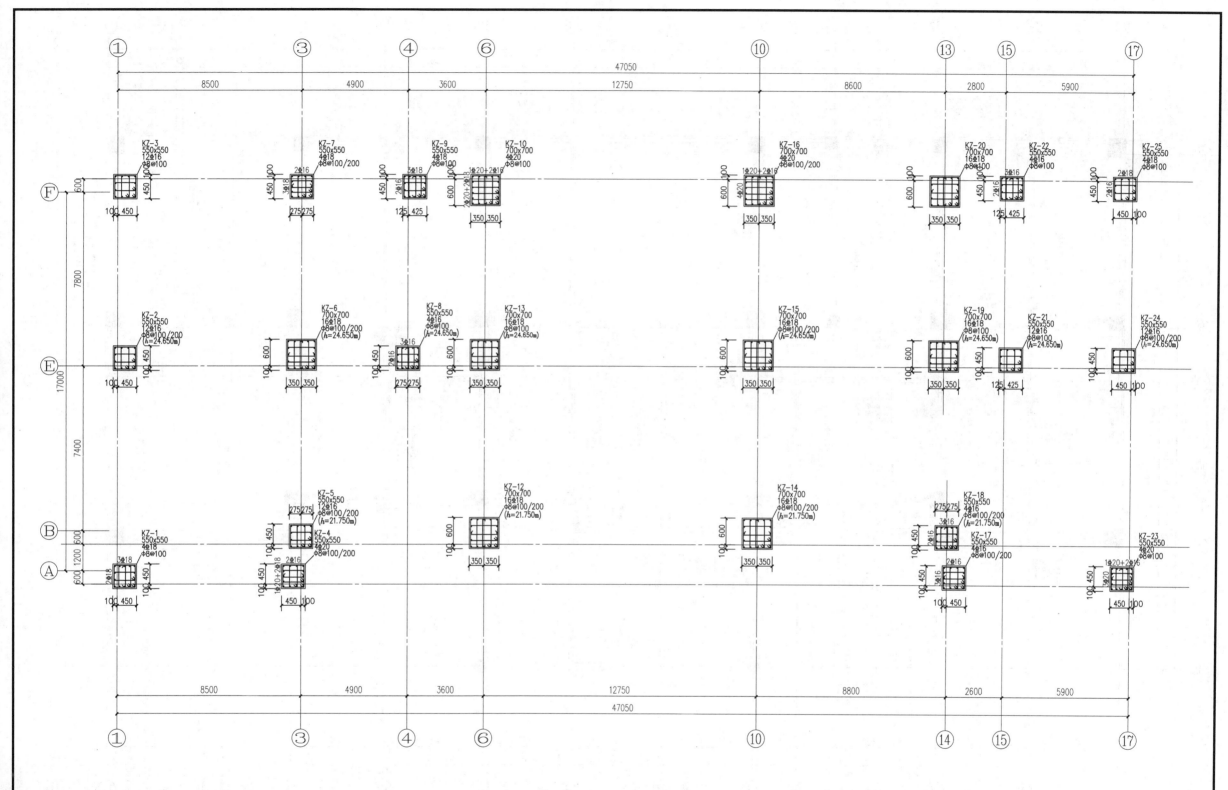

六层框架柱平面配筋图 1:100

图中未注明框架柱顶标高为 $h=21.050m$。

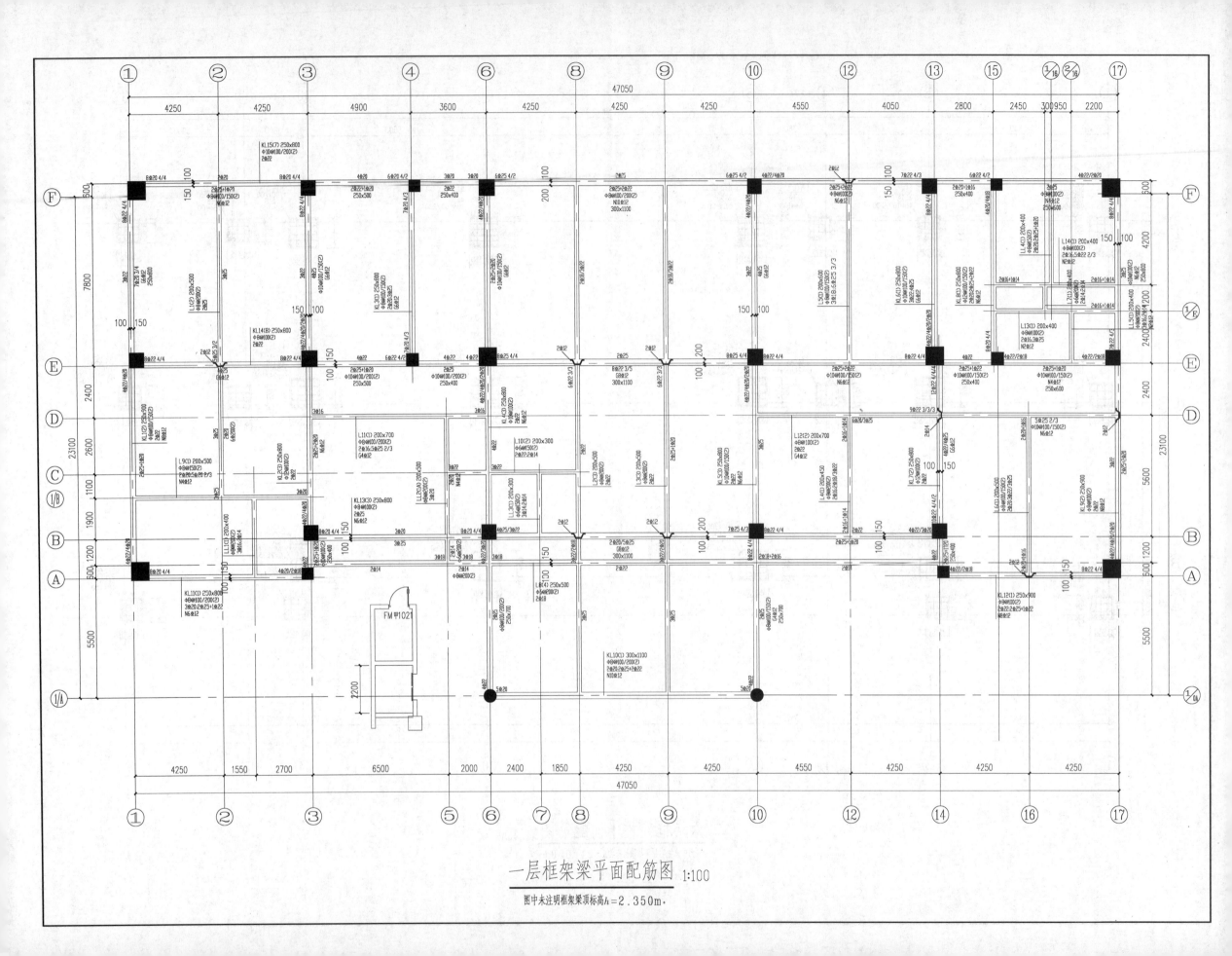

一层框架梁平面配筋图 1:100

图中未注明框架梁顶标高h=2.350m.

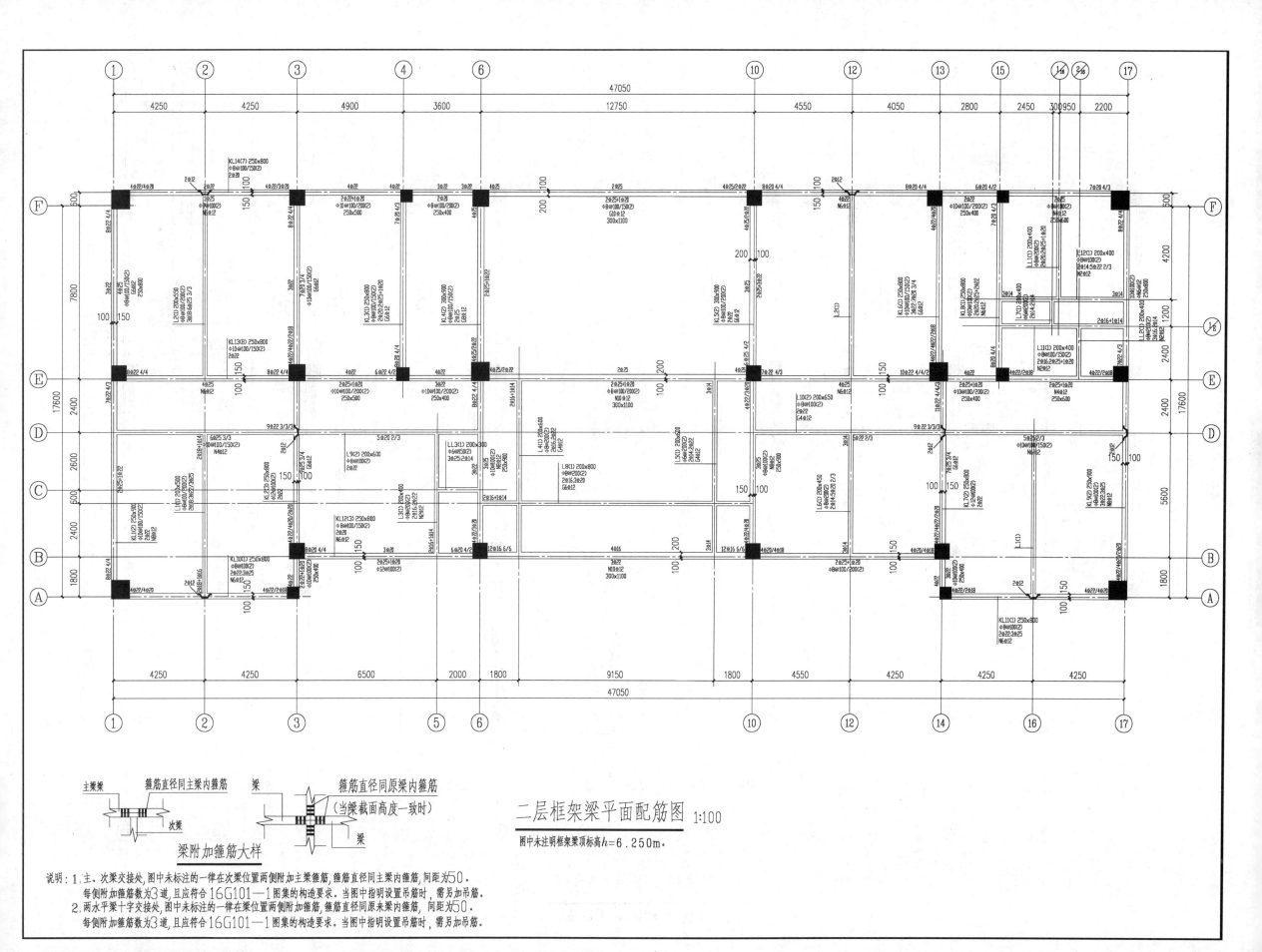

二层框架梁平面配筋图 1:100

图中未注明框架梁梁顶标高h=6.250m。

梁附加箍筋大样

说明：1.主、次梁交接处,图中未标注的一律在次梁位置两侧附加主梁箍筋,箍筋直径同主梁内箍筋,间距为50。
每侧附加箍筋数为3道,且应符合16G101—1图集的构造要求。当图中指明设置吊筋时,需另加吊筋。
2.两水平梁十字交接处,图中未标注的一律在梁位置两侧附加箍筋,箍筋直径同原梁内箍筋,间距为50。
每侧附加箍筋数为3道,且应符合16G101—1图集的构造要求。当图中指明设置吊筋时,需另加吊筋。

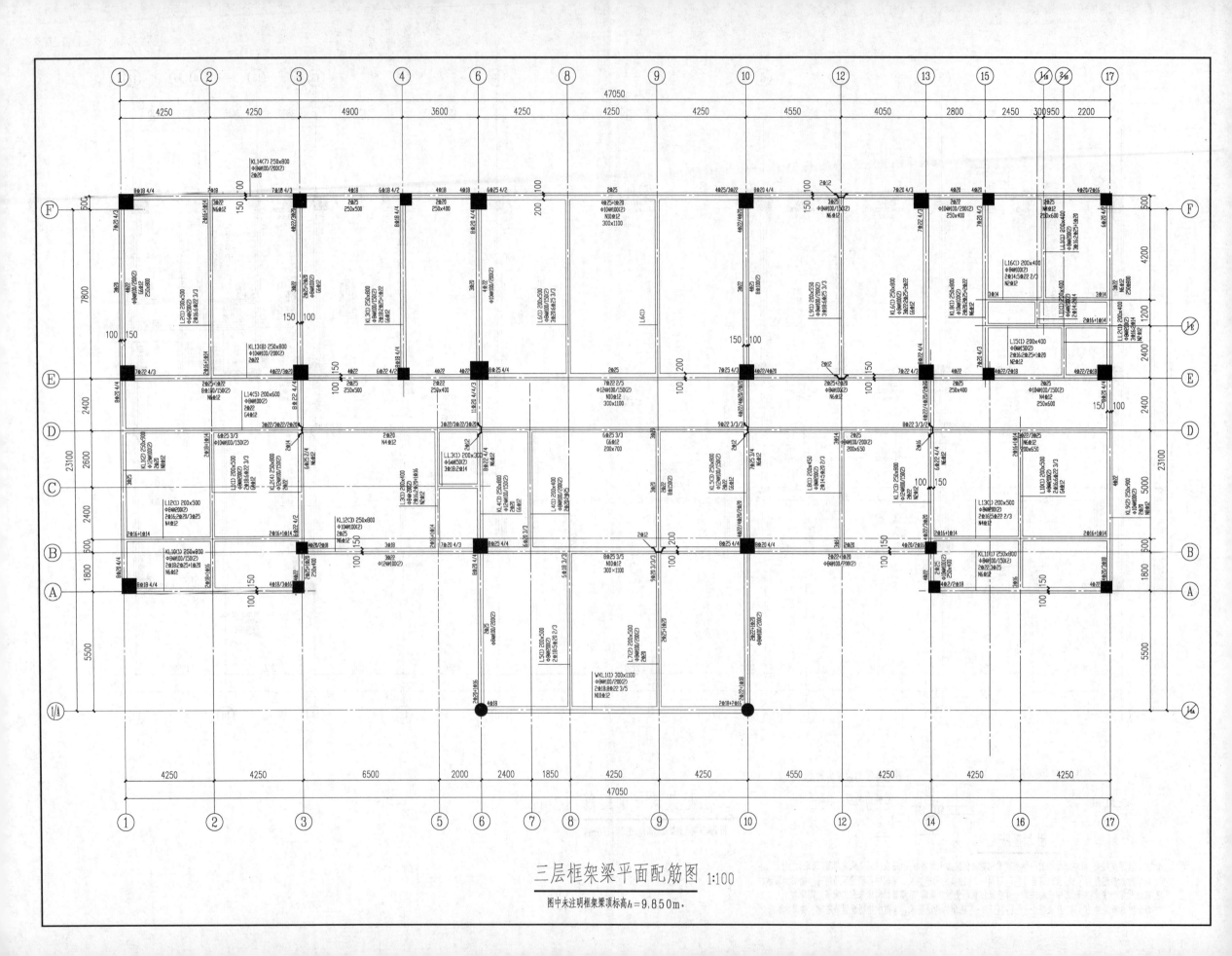

三层框架梁平面配筋图 1:100

图中未注明框架梁梁顶标高h=9.850m。

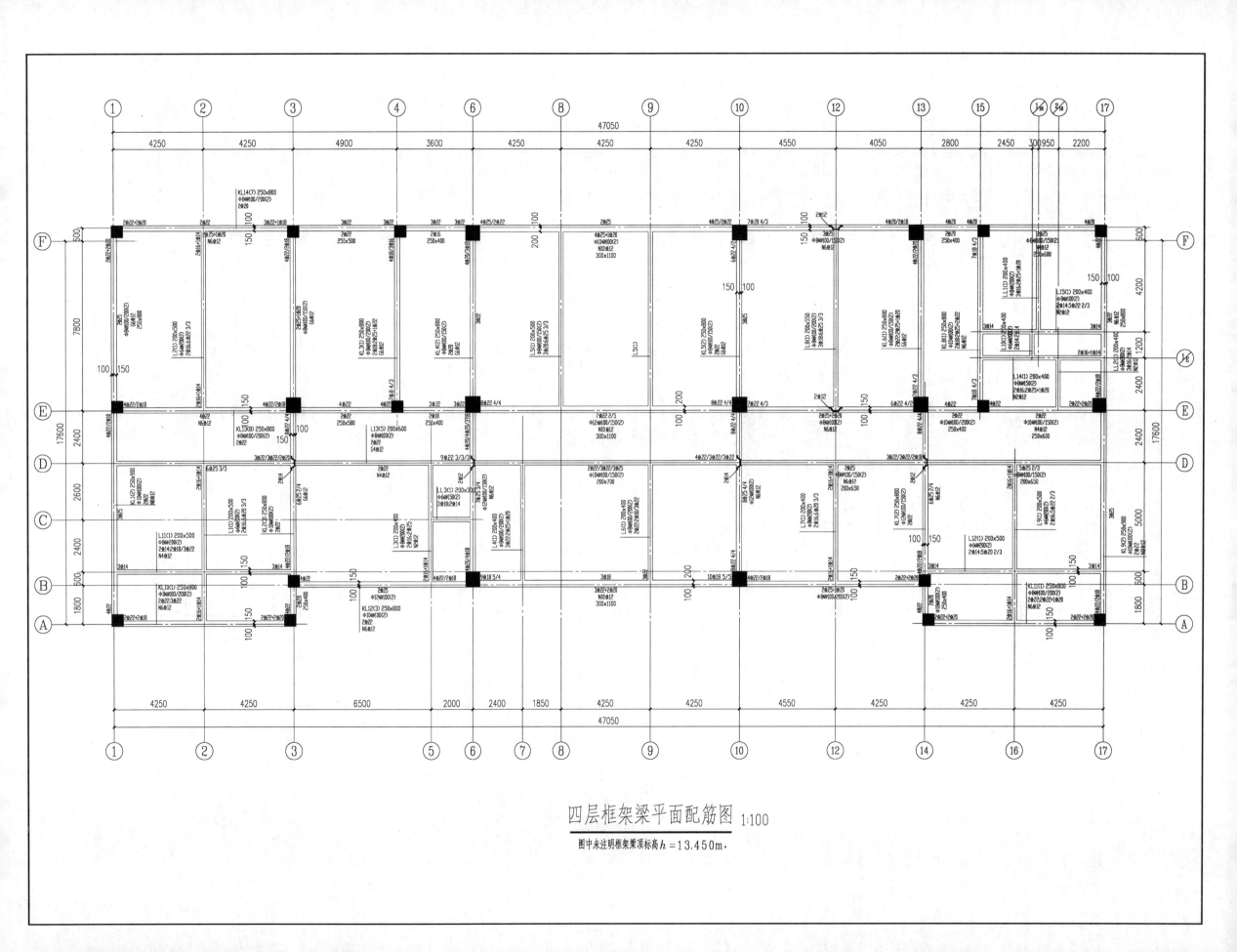

四层框架梁平面配筋图 1:100

图中未注明框架梁顶标高 h=13.450m。

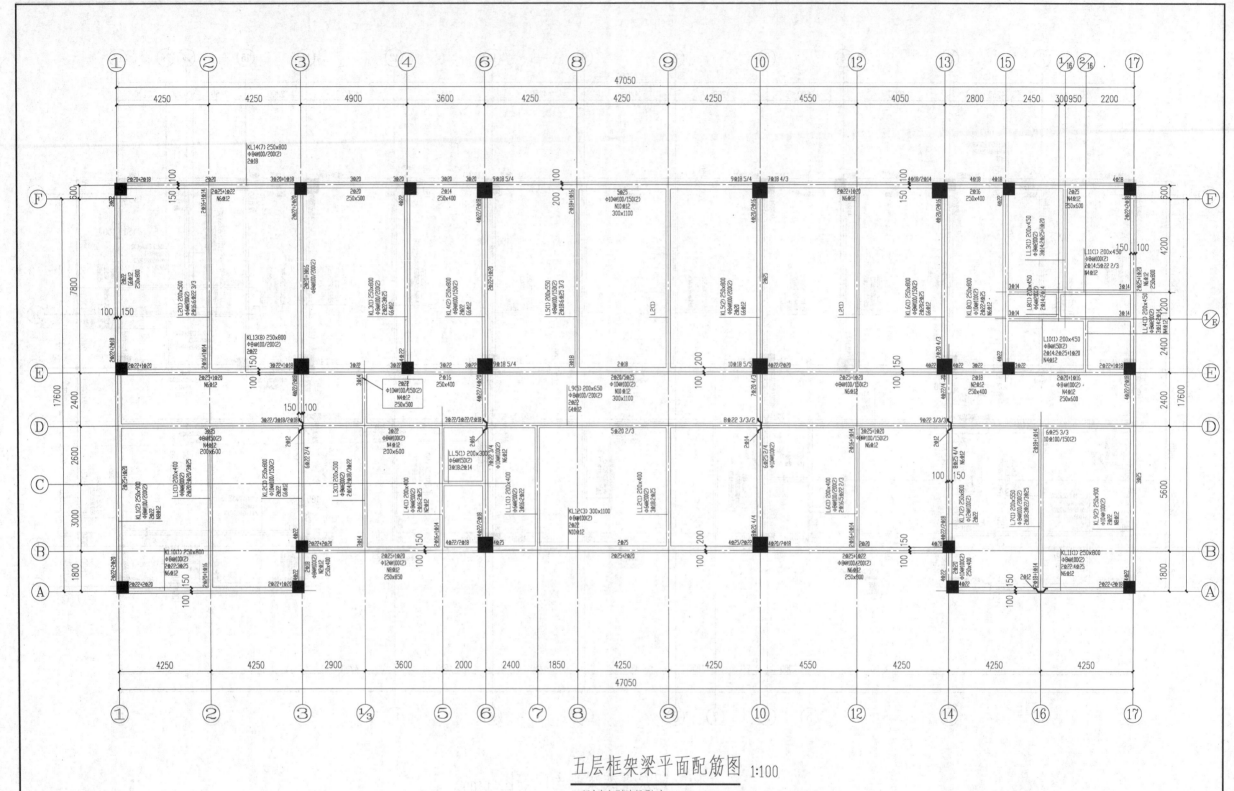

五层框架梁平面配筋图 1:100

图中未注明框架梁顶标高 h=17.050m。

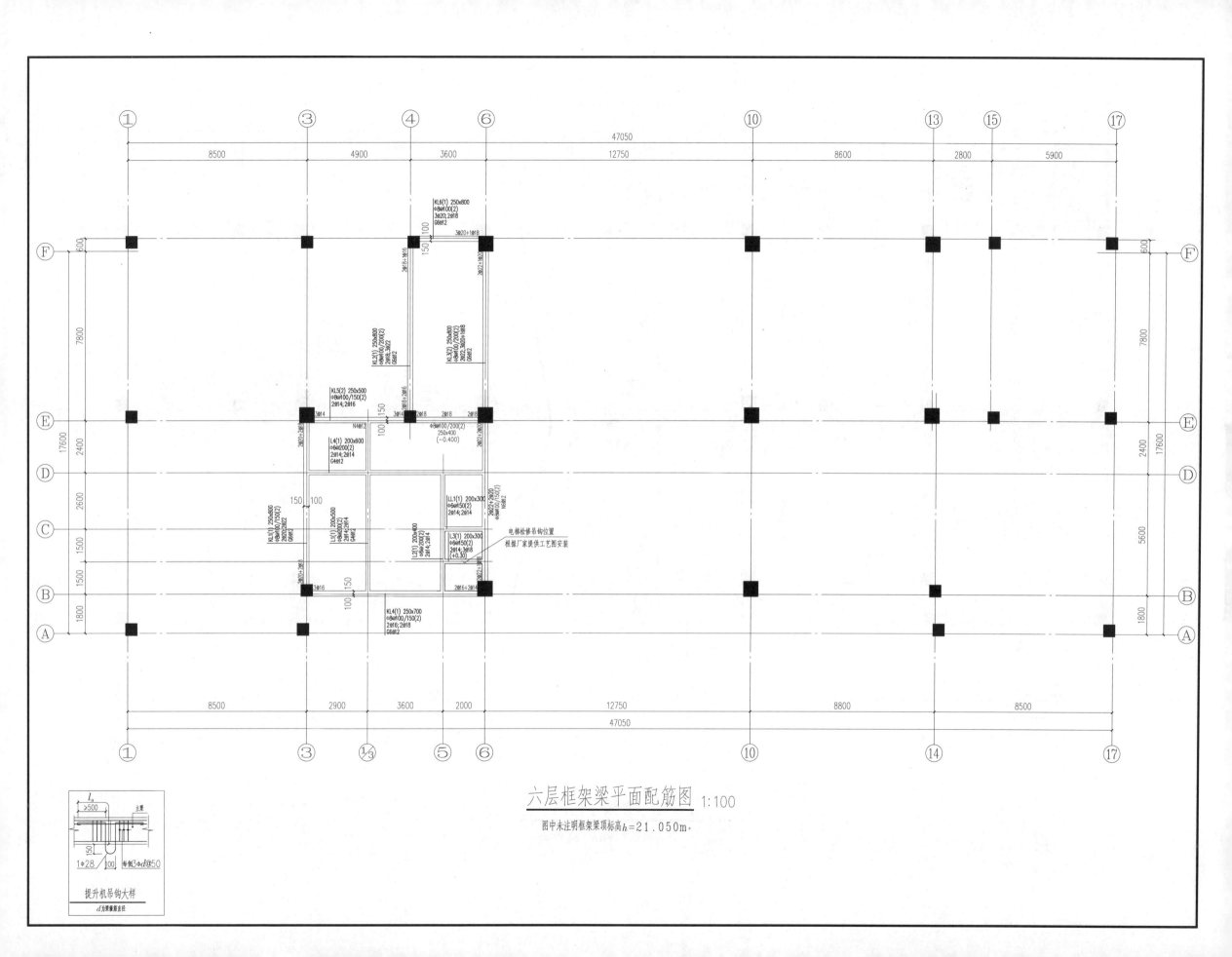

六层框架梁平面配筋图 1:100

图中未注明框架梁顶标高 $h=21.050m$。

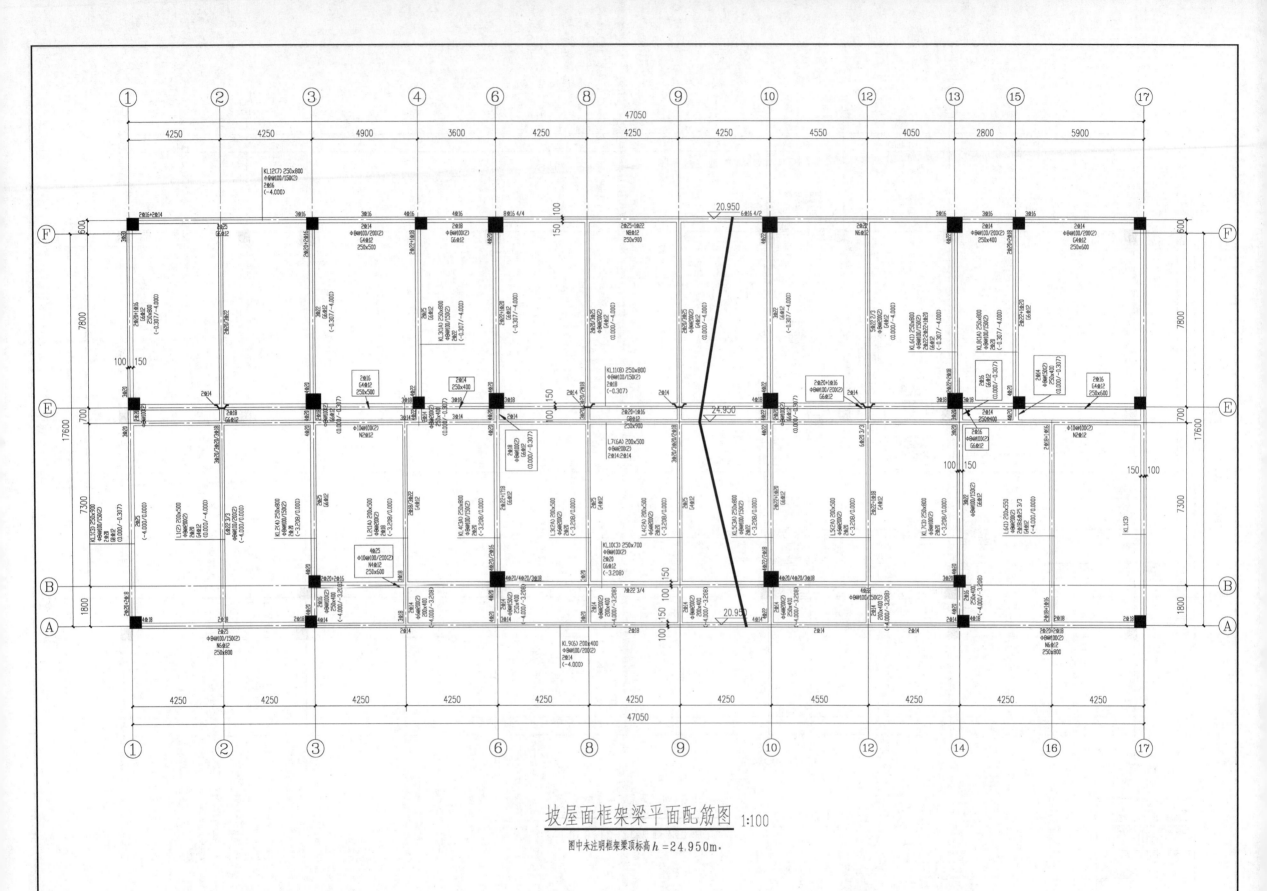

坡屋面框架梁平面配筋图 1:100

图中未注明框架梁顶标高 h＝24.950m。

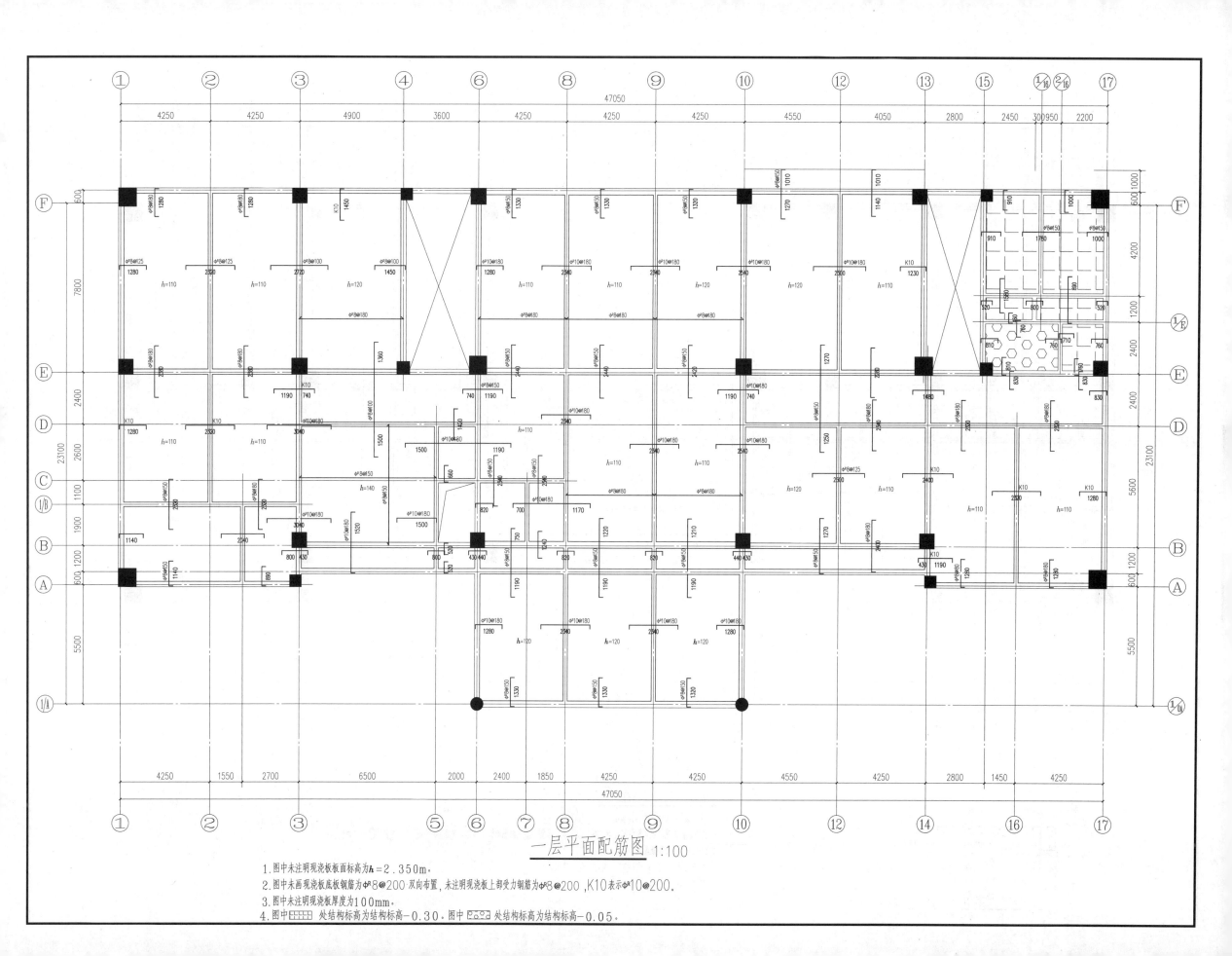

一层平面配筋图 1:100

1.图中未注明现浇板板面标高为 $h=2.350m$。
2.图中未画现浇板底板钢筋为 $\phi^R 8@200$ 双向布置，未注明现浇板上部受力钢筋为 $\phi^R 8@200$，K10表示 $\phi^R 10@200$。
3.图中未注明现浇板厚度为 100mm。
4.图中 ▭▭▭▭ 处结构标高为结构标高-0.30。图中 ▭▭▭▭ 处结构标高为结构标高-0.05。

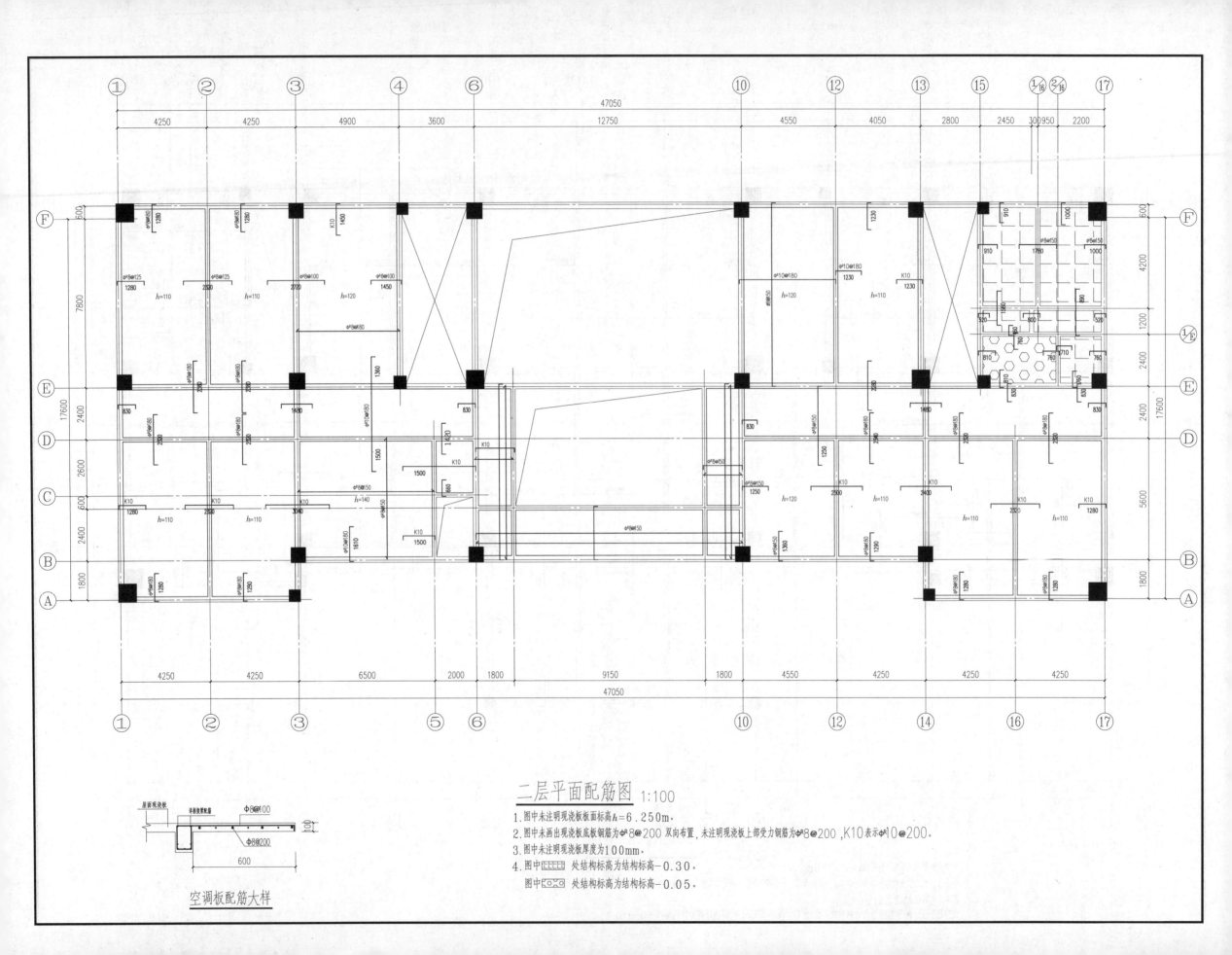

二层平面配筋图 1:100

1.图中未注明现浇板板面标高h=6.250m。
2.图中未画出现浇板底板钢筋为Φ8@200双向布置，未注明现浇板上部受力钢筋为Φ8@200，K10表示Φ10@200。
3.图中未注明现浇板厚度为100mm。
4.图中▭▭▭处结构标高为结构标高-0.30。
  图中▭○▭○处结构标高为结构标高-0.05。

空调板配筋大样

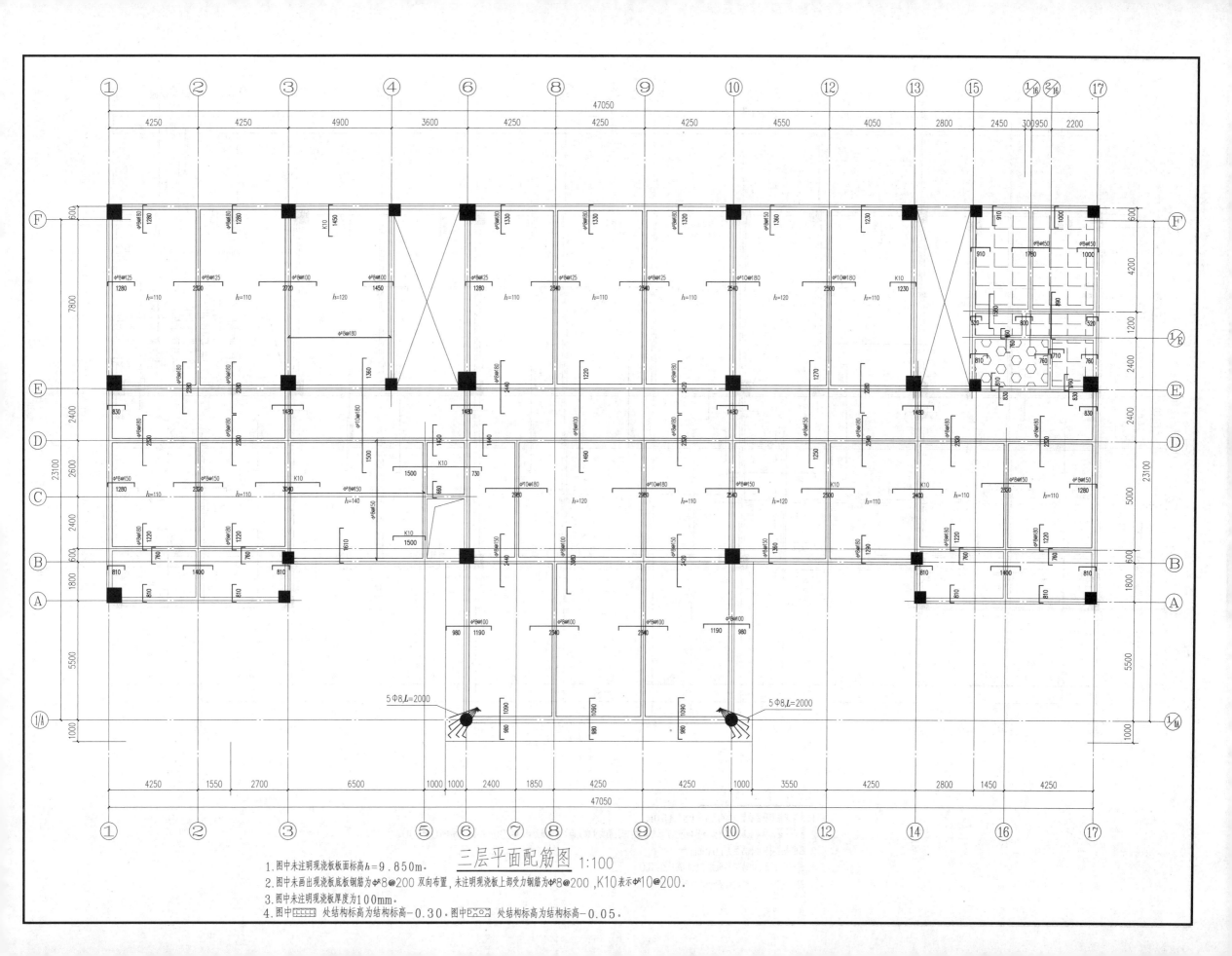

三层平面配筋图 1:100

1.图中未注明现浇板板面标高h=9.850m。
2.图中未画出现浇板底板钢筋为φ8@200双向布置,未注明现浇板上部受力钢筋为φ8@200,K10表示φ10@200。
3.图中未注明现浇板厚度为100mm。
4.图中▭▭▭▭处结构标高为结构标高-0.30。图中▭▭▭处结构标高为结构标高-0.05。

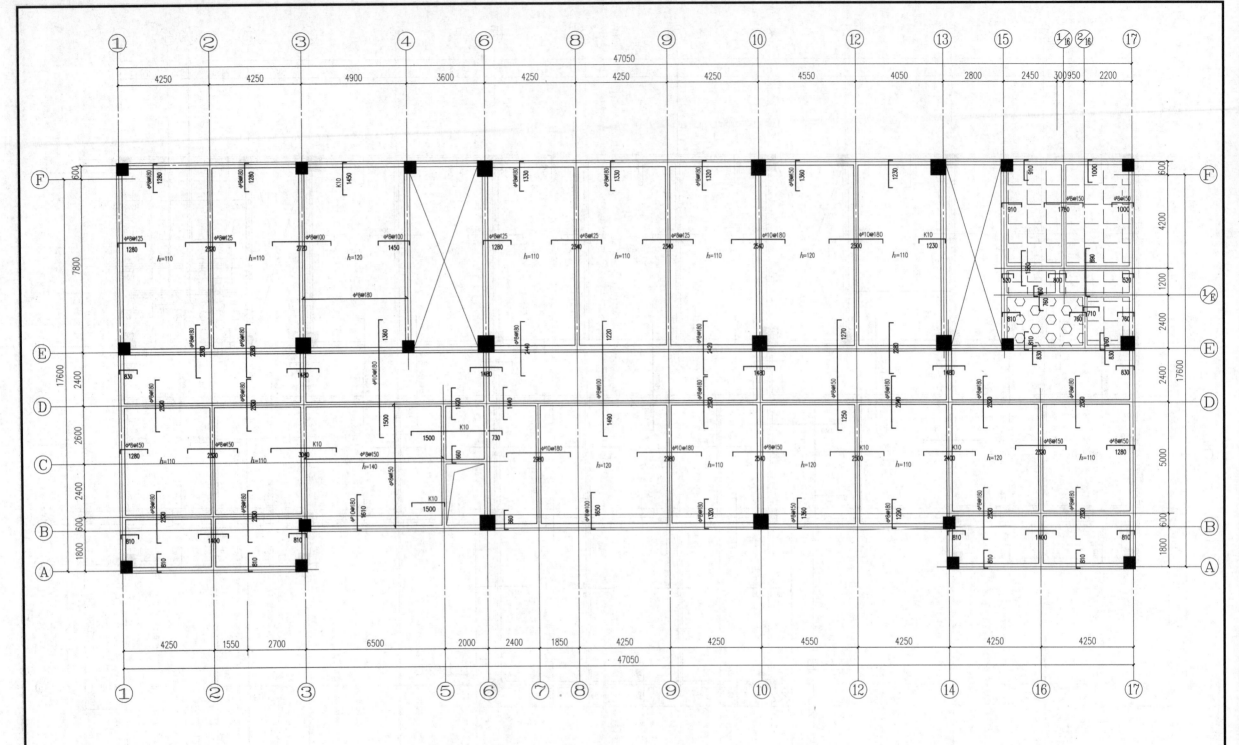

四层平面配筋图 1:100

1. 图中未注明现浇板板面标高为 $h=13.450m$。
2. 图中未画出现浇板底板钢筋为$\phi^R 8@200$双向布置，未注明现浇板上部受力钢筋为$\phi 8@200$，K10表示$\phi 10@200$。
3. 图中未注明现浇板厚度为100mm。
4. 图中 ⊞⊞⊞ 处结构标高为结构标高−0.30。
   图中 ⟨○○○⟩ 处结构标高为结构标高−0.05。

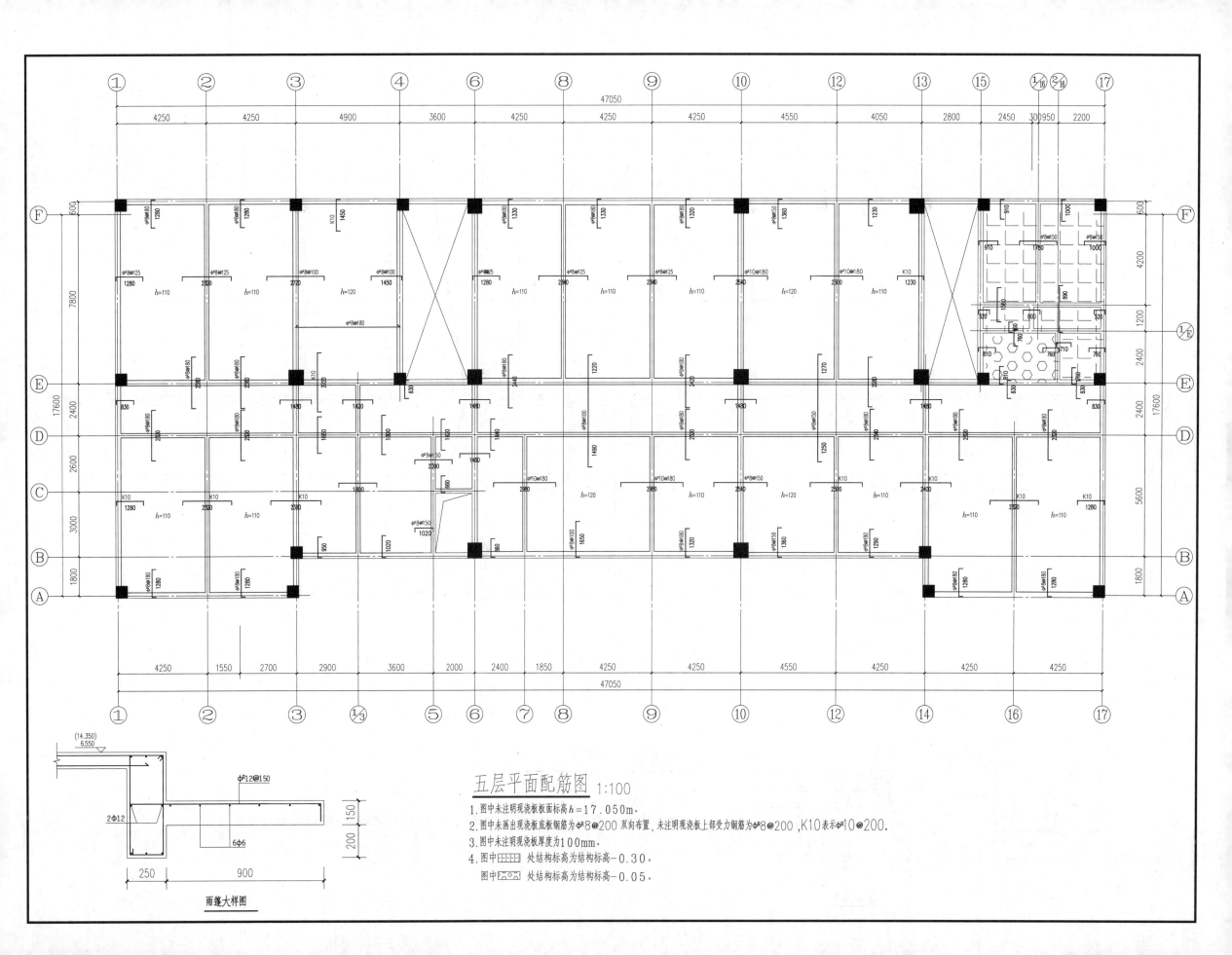

五层平面配筋图 1:100

1.图中未注明现浇板板面标高 h=17.050m。

2.图中未画出现浇板底板钢筋为φ8@200双向布置,未注明现浇板上部受力钢筋为φ8@200,K10表示φ10@200。

3.图中未注明现浇板厚度为100mm。

4.图中 ▦ 处结构标高为结构标高-0.30;
   图中 ▭ 处结构标高为结构标高-0.05。

雨篷大样图

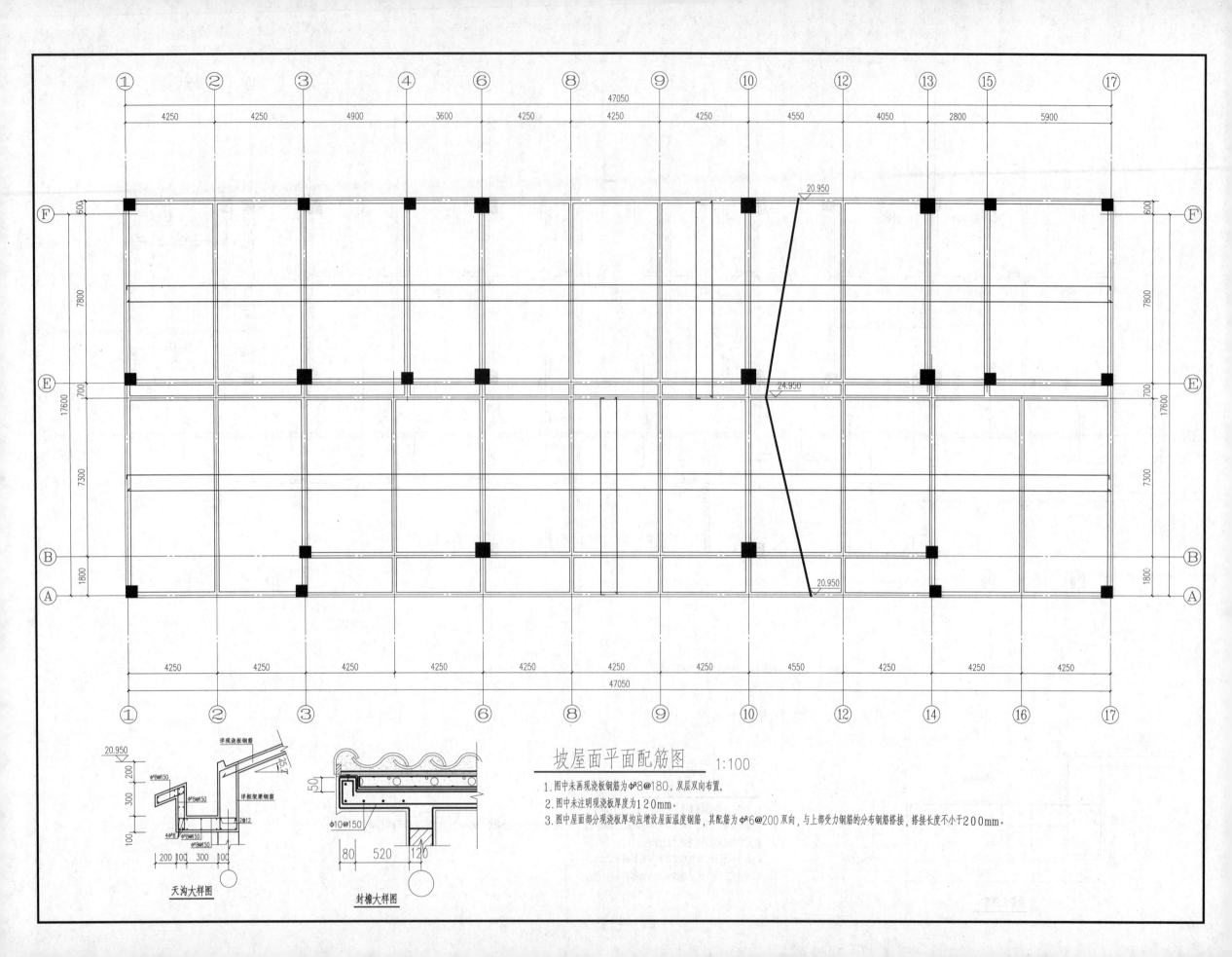

坡屋面平面配筋图 1:100

1. 图中未画现浇板钢筋为Φ<sup>R</sup>8@180，双层双向布置。
2. 图中未注明现浇板厚度为120mm。
3. 图中屋面部分现浇板厚均应增设屋面温度钢筋，其配筋为Φ<sup>R</sup>6@200双向，与上部受力钢筋的分布钢筋搭接，搭接长度不小于200mm。

天沟大样图

封檐大样图

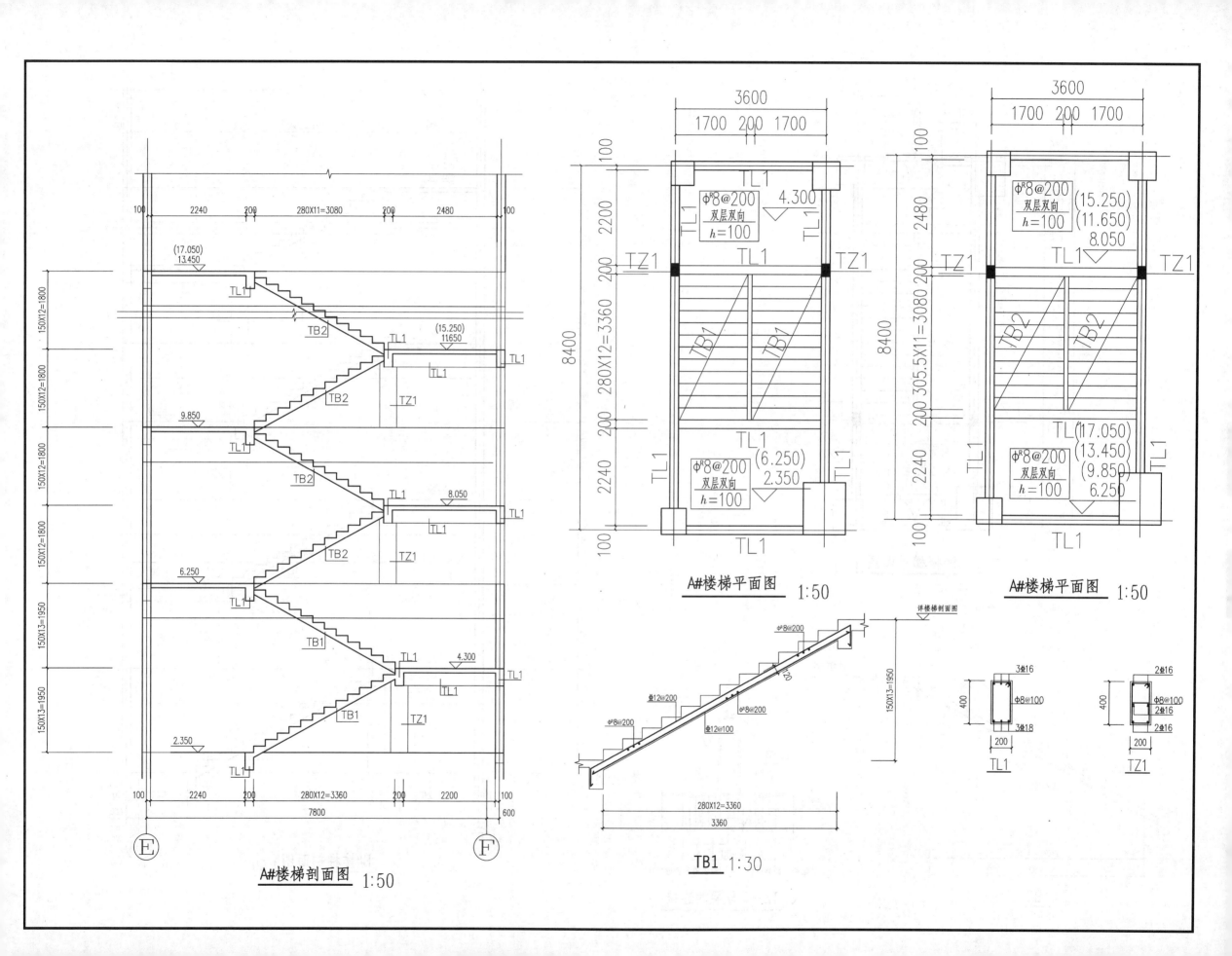

A#楼梯剖面图 1:50

A#楼梯平面图 1:50

A#楼梯平面图 1:50

TB1 1:30

TL1    TZ1

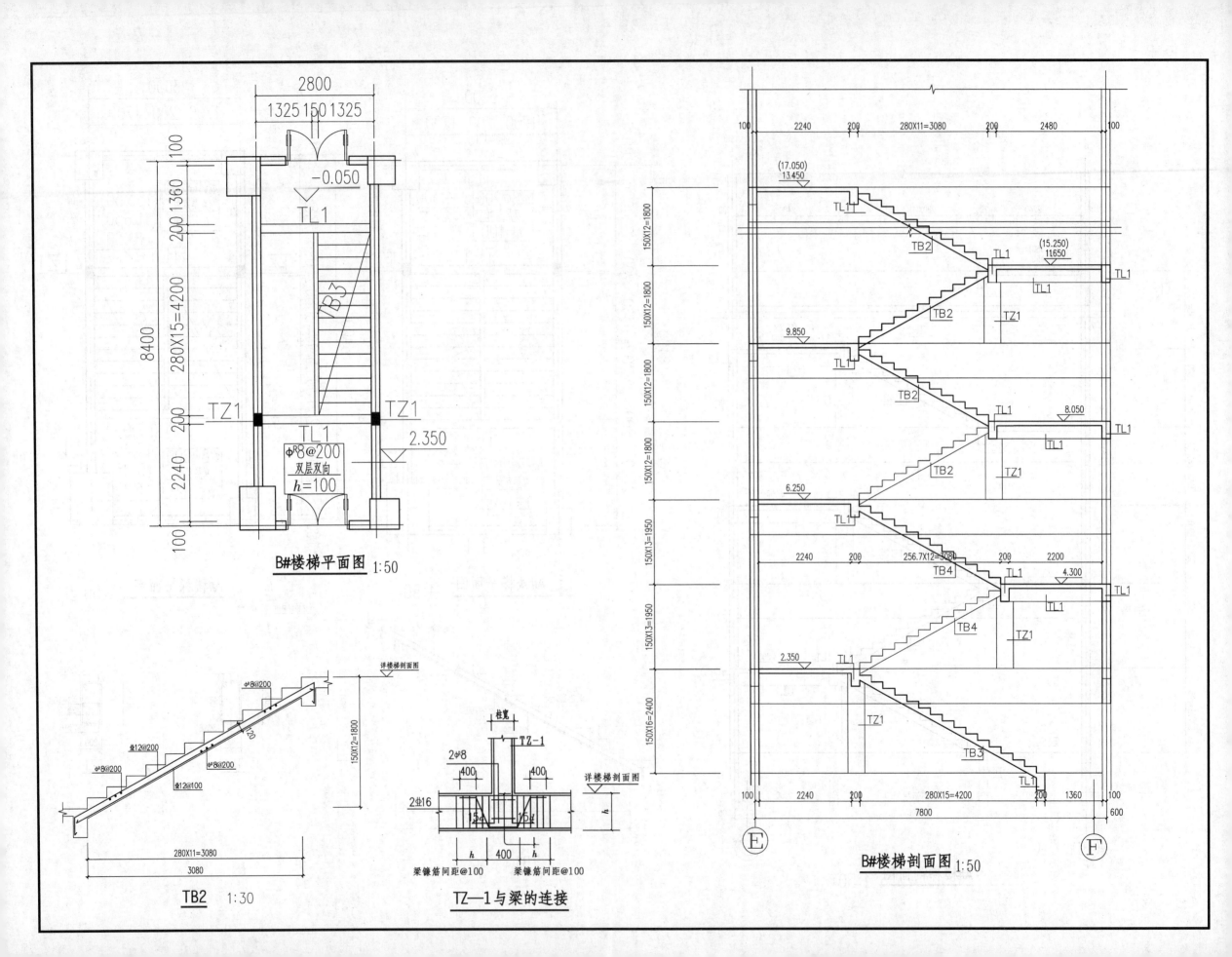

B#楼梯平面图 1:50

TL1
φR8@200
双层双向
h=100

2800
1325 150 1325
−0.050
TL1
TB3
TZ1 TZ1
TL1
2.350
100
200 1360
200
280X15=4200
200
2240
100
8400

TB2 1:30

φ8@200
φ8@200
φ8@200
φ12@200
φ12@100
280X11=3080
3080
150X12=1800

TZ—1与梁的连接

柱宽
2φ8
TZ-1
400 400
详楼梯剖面图
2φ16
h
h 400 h
梁镶筋间距@100  梁镶筋间距@100

B#楼梯剖面图 1:50

100 2240 200 280X11=3080 200 2480 100
(17.050)
13.450
TL1
TB2
(15.250)
11.650
TL1
TL1
9.850
TL1
TB2
TZ1
TB2
8.050
TL1
TL1
TL1
TB2
TZ1
6.250
TL1
2240 200 256.7X12=3080 200 2200
TB4
TL1
4.300
TL1
TL1
TB4
TZ1
2.350
TL1
TZ1
TB3
TL1
100 2240 200 280X15=4200 200 1360 100
7800 600

150X12=1800
150X12=1800
150X12=1800
150X12=1800
150X13=1950
150X13=1950
150X16=2400

E F

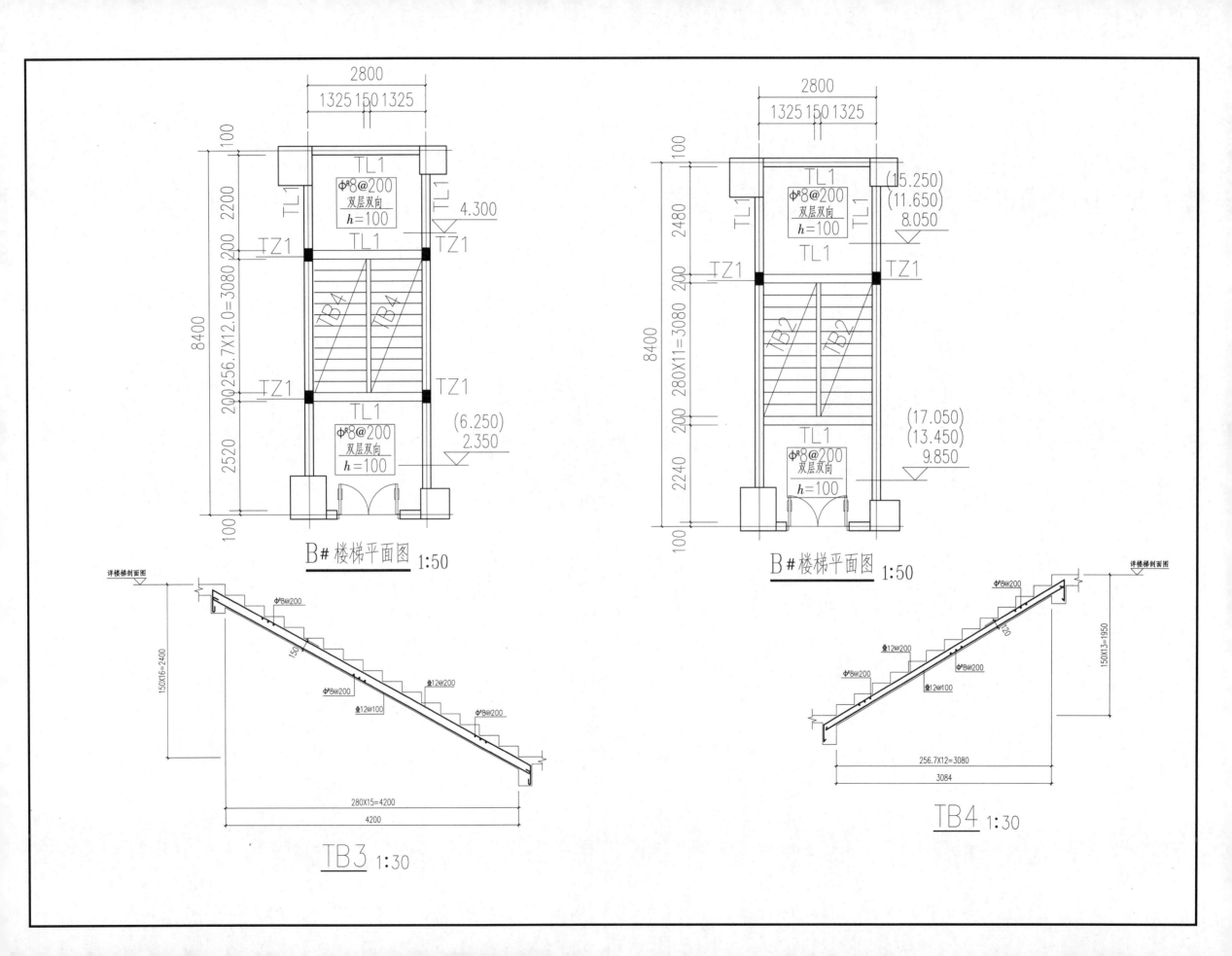

2800
1325 150 1325

100
2200
200
200 256.7X12.0=3080
200
2520
100

8400

TL1
TL1
φ^R8@200
双层双向
h=100
TL1
TL1
TZ1
TZ1
TB4
TB4
TZ1
TZ1
TL1
φ^R8@200
双层双向
h=100

4.300

(6.250)
2.350

B# 楼梯平面图 1:50

2800
1325 150 1325

100
2480
200
280X11=3080
200
2240
100

8400

TL1
φ^R8@200
双层双向
h=100
TL1
TL1
TZ1
TZ1
TB2
TB2
TL1
φ^R8@200
双层双向
h=100

(15.250)
(11.650)
8.050

(17.050)
(13.450)
9.850

B# 楼梯平面图 1:50

详楼梯剖面图

φ^R8@200
150
φ^R8@200
Φ12@200
Φ12@100
φ^R8@200

150X16=2400

280X15=4200
4200

TB3 1:30

详楼梯剖面图

φ^R8@200
120
Φ12@200
φ^R8@200
Φ12@100
φ^R8@200

150X13=1950

256.7X12=3080
3084

TB4 1:30